同登记　图字:军-2016-107 号

图书在版编目(CIP)数据

石墨烯纳米电子学:从材料到电路/(美)拉古·穆
拉利(Raghu Murali)主编;王雪峰译.—北京:国
防工业出版社,2023.1
(新材料新能源学术专著译丛)
书名原文:Graphene Nanoelectronics:From
Materials to Circuits
ISBN 978-7-118-12677-8

I.①石… II.①拉… ②王… III.①石墨—纳米材
料—电子学—研究　IV.①TB383

中国国家版本馆 CIP 数据核字(2023)第 003030 号

※

国防工业出版社出版发行

(北京市海淀区紫竹院南路 23 号　邮政编码 100048)
三河市腾飞印务有限公司印刷
新华书店经售

*

开本 710×1000　1/16　插页 4　印张 15½　字数 285 千字
2023 年 1 月第 1 版第 1 次印刷　印数 1—1500 册　定价 156.00 元

(本书如有印装错误,我社负责调换)

国防书店:(010)88540777　　书店传真:(010)88540776
发行业务:(010)88540717　　发行传真:(010)88540762

装备科技译著出版基金

新材料新能源学术专

著作权合同

石墨烯纳米

——从材料到

Graphene Nanoelectro
From Materials to Circu

[美]拉古·穆拉利(Raghu Murali)

王雪峰　译

国防工业出版社

·北京·

译者序

石墨烯自 2004 年被发现以来,在科学界激起了巨大的波澜,成为凝聚态物理与材料科学等领域的一个研究热点。目前,石墨烯是世界上最薄也是最坚硬的纳米材料,因为它的电阻率极低,电子运动的速度极快,具有非同寻常的导电性能、超出钢铁数十倍的强度和极好的透光性。在石墨烯中,电子能够极为高效地迁移,而传统的半导体和导体,如硅和铜,远没有石墨烯表现得好。由于电子和原子的碰撞,传统的半导体和导体用热的形式释放了一些能量;石墨烯则不同,它的电子能量不会被损耗,这使它具有非比寻常的优良特性。石墨烯的出现有望在现代电子科技领域引发一轮革命,因此可用来发展更薄、导电速度更快的新一代电子元件或电晶体。

上述特性加上材料来源广泛和容易制作等特点,使人们很快意识到这种材料是制作未来量子电子器件的理想材料。目前,基于石墨烯的纳米电子器件已经大量涌现,因此碳材料将取代硅材料成为未来电子器件的材料。石墨烯的超高室温载流子迁移率与可剪裁加工的特性,使其成为未来纳米电子器件的重要候选材料。

目前,市场上已经有不少论述石墨烯基本物理特性和材料特性的书籍,出版一部专门论述石墨烯纳米电子器件的书籍非常必要。本书根据 Springer 出版社出版的 *Graphene Nanoelectronics:From Materials to Circuits* 一书翻译而来。原著主编 Raghu Murali 博士是美国乔治亚理工学院的高级研究员,他担任大学纳米光刻中心主任并领导一个研究小组从事石墨烯纳米器件的研制工作,另外还创立了 Kilorie LLC 公司。原著主编在实验和理论研究方面都具有相当丰富的经验,本书涵盖了从物理基础到材料制作以及电子器件工艺的各个方面。原著将许多在石墨烯领域出色的权威人士对石墨烯纳米电子器件的见解进行了整理、总结,并经过原著主编的合理调整,使其顺利出版。

全书共 9 章,在概括了 CMOS 器件发展历史和发展趋势后,首先用 4 章分别论述了石墨烯纳米晶体管的器件物理性质;然后再用 4 章论述了制作石墨烯纳米器件的材料和工艺方法。本书包含了石墨烯在纳米电子器件领域中的最新研究成果,为相关科研人员在该领域的应用创新奠定了坚实基础。

本书所涵盖的内容较为广泛,对于从事石墨烯器件以及材料研究的科研人员和工程技术人员都具有很好的参考价值。各章之间相互连贯又相对独立,读者也可以根据自己的兴趣和需要选择阅读相应的章节。本书根据原著直接翻译而成,为方便读者阅读,有些地方根据中文阅读习惯做了少量调整。本书由苏州大学王雪峰教授翻译,由吴雪梅教授进行审校,部分研究生参与了本书的翻译、整理工作。同时,本书的翻译出版得到装备科技译著出版基金的资助,在此表示衷心感谢。

鉴于译者水平有限,书中难免存在不妥之处,敬请读者批评指正。

译者

2022 年 1 月

前　言

自从戈登·摩尔(Gordon Moore)在 1965 年预言每 18~24 个月芯片中晶体管数目将翻倍以来,半导体工业在近半个世纪一直沿着这个摩尔定律发展[1]。在最近的30 年中,技术上主要依赖于 Si 基互补型金属氧化物半导体(CMOS)场效应晶体管(FET),并依照罗伯特·登纳德(Robert Dennard)的尺寸理论[2]进行器件缩小,成功维持了摩尔定律的成立。这个过程让集成电路(IC)和所有电子信息技术(IT)系统的性能一直呈指数增长,使全球半导体工业产值从 1980 年的 200 亿美元上升到2010 年的 3000 亿美元,并成为驱动美国整体经济发展的主要动力。1995 年—2005年,虽然美国 IT 工业产值只占国内生产总值(GDP)的 3%,但是却贡献了经济增长的 25%。总的来说,"这些工业对经济生产力增长的贡献大于其他所有工业的总和"[3]。

尽管如此,早在 21 世纪,当 Si 基场效应晶体管的栅电极长度进入亚百纳米范围且其绝缘层厚度接近 10nm 时,人们发现继续按照登纳德定律来缩小尺寸并伴随相应的电压变化时会出现问题。其后一代的技术中更发现漏电功率随开关数成指数增长,这限制了利用传统技术缩小器件并使晶体管数目翻倍的优势。这些问题使人们越来越重视利用新材料和新器件来维持之前的尺寸变化趋势。

2004 年,诺沃肖洛夫(Novoselov)、盖姆(Geim)及其合作者利用胶带纸获得的天才性发现[4]使石墨烯成为有希望冲击许多传统技术领域的令人振奋的明星材料。因此,有关石墨烯的研究成果在过去的 5 年中获得了爆炸性增长,每个月都会出现新的理论和取得实验突破。当然,从发现石墨烯到将其真正应用到实际的器件和技术中应该会需要很长时间。本书将从纳米电子学应用角度深入浅出地讲述石墨烯中的关键物理问题、材料性质以及制造器件的挑战。本书主要面向希望将石墨烯应用到新颖晶体管和集成电路技术的科技工作者;希望本书不仅能够指导刚入门的研究人员,也能成为有经验学者的重要参考书。

细致地分析目前的技术现状,有利于理解新纳米电子技术即将面临的挑战。在第 1 章"CMOS 器件性能进展"中阐述了 Si 基场效应晶体管(FET)尺寸能够缩小到目前几十纳米的内在物理机制,强调了继续之前的性能提升速度将要面对迅速上升的有效和耗散功率带来的挑战。本章也探讨了持续利用新技术,如在栅极和沟道部位使用应变和新材料,来实现 FET 尺寸缩小到极限的可能途径。

在接下来的两章中,论述了在未来的 FET 中采用石墨烯来帮助解决这些挑战的前景。第 2 章"石墨烯中的电子输运"概述了石墨烯的基本材料和物理特性,并重点介绍了这些特性如何被应用于电子输运器件中。在此基础上,第 3 章"石墨烯晶体管"详细论述了如何将该材料应用于模拟和数字电路中的晶体管。这一章列举了制造合格晶体管需要考虑的所有因素。虽然,石墨烯中自然存在的极高载流子迁移率使它很具有吸引力,但是二维未调制石墨烯能隙为零的事实将带来新的挑战,特别是将其用于制造数字开关的时候。

第 4 章"非电态参量石墨烯晶体管"在如何改善当前器件结构方面提出了一些利用石墨烯特有物理性质的新颖想法。与一般晶体管通过调制电流来操控数字信息不同,这一章我们寻求用其他态参量,如自旋、赝自旋甚至机械运动等,来表征信息的可能性。如果在石墨烯中找到能操控这些参量的新方法,这将为我们制造全新器件提供途径。这个方向面临的新问题是可能会需要更多的创新来实现将这些器件连接成有效的电路。第 5 章"新型态参量的输运"从物理的角度考虑如何实现在石墨烯电子器件之间进行不同态参量的传输,从电荷、自旋到等离激元等信息载体,并比较它们在最先进 CMOS 中潜在的性能和功耗。应该说,输运特性可能是决定未来态参量和器件的关键因素。

石墨烯能提供许多获得新技术的机会,这是令人激动的,然而要实现它们不仅需要成功制造出高质量的单原子层或多原子层的石墨烯薄膜,还需要找到合理设计器件或将其与其他材料结合成完整器件结构的方法。第 6 章~第 8 章从讨论石墨烯薄膜生长开始,论述了与其相关的各个方面:"石墨烯的外延生长""利用化学气相沉积法生长石墨烯""制备石墨烯氧化物及相关材料的化学方法"。虽然所有这些方法与最初的"胶带纸方法"相比有很大的优势,但是为满足器件制造工艺,要求获得大面积均匀而无缺陷薄膜,它们同样面临非常严峻的挑战。最后,鉴于栅电极结构在所有电子器件中的重要性,本书第9章"石墨烯上的电介质原子层沉积"讨论了在石墨烯薄膜上沉积高质量绝缘界面的方法。

一般来说,在研究新材料的早期总是到处弥漫着热情与悲观情绪,有些材料很快被认为具有开创新技术的潜力,另一些材料则被认为甚至不能用来代替现有的技术。本书客观分析了石墨烯在纳米电子学领域能提供的机会和即将面对的挑战,以便预判其发展方向,并倡导持续地、有条不紊地研究如何在未来的纳米电子学中利用这个明星材料。

杰夫·韦尔泽(Jeff Welser)

参 考 文 献

[1] G. E. Moore, "Cramming more components onto integrated circuits," Electronics, vol. 38, no. 8, pp. 114 – 117, 1965.

[2] R. H. Dennard, F. H. Gaensslen, H.-N. Yu, V. L. Rideout, E. Bassous, and A. R. LeBlanc, "Design for ion-implanted MOSFET's with very small physical dimensions," IEEE J. Solid-State Circuits, vol. SC-9, no. 5, pp. 256–268, Oct. 1974.

[3] D. Jorgenson, "Moore's law and the emergence of the new economy," Semiconductor Industry Association, Washington, DC, 2005 Annual Report, 2005.

[4] K. S. Novoselov, A. K. Geim, S. V. Morozov, D. Jiang, Y. Zhang, S.V. Dubonos, I.V. Grigorieva, and A.A. Firsov, "Electric field effect in atomically thin carbon films," Science, vol. 306, pp. 666-669, 2004.

Jeff Welser, 美国加利福尼亚州圣何塞市半导体研究公司(SRC)和 IBM 阿尔马登研究中心,纳米电子学研究项目(NRI)主任。

撰稿人名单

Dimitri A. Antoniadis,美国马萨诸塞州剑桥市,麻省理工学院,微系统技术实验室

Kosmas Galatsis,美国加利福尼亚州洛杉矶市,加州大学

Nelson Y. Garces,美国华盛顿哥伦比亚特区,美国海军研究实验室

D. Kurt Gaskill,美国华盛顿哥伦比亚特区,美国海军研究实验室

Ajey P. Jacob,美国俄勒冈州波特兰市,英特尔公司

Ali Khakifirooz,美国加利福尼亚州圣何塞市,IBM 研究实验室

Jing Kong,美国马萨诸塞州剑桥市,麻省理工学院,电气工程与计算机科学系

Raghu Murali,美国佐治亚州亚特兰大市,佐治亚理工学院,纳米技术研究中心

Azad Naeemi,美国佐治亚州亚特兰大市,佐治亚理工学院,电气与计算机工程学院

Luke O. Nyakiti,美国华盛顿哥伦比亚特区,美国海军研究实验室

Shaloo Rakheja,美国佐治亚州亚特兰大市,佐治亚理工学院,电气与计算机工程学院

Alfonso Reina,美国马萨诸塞州剑桥市,麻省理工学院,电气工程与计算机科学系

Alexander Shailos,美国加利福尼亚州洛杉矶市,加州大学

Alexander Sinitskii,美国内布拉斯加州林肯市,内布拉斯加州大学,化学系

目　录

第 3 章　石墨烯晶体管

第 4 章　非电态参量石墨烯晶体管

第 5 章　新型态参量的输运

第6章 石墨烯的外延生长

第7章 利用化学气相沉积法生长石墨烯

第8章 制备石墨烯氧化物及相关材料的化学方法

第 9 章　石墨烯上的电介质原子层沉积

第1章

CMOS 器件性能进展

Ali Khakifirooz, Dimitri A. Antoniadis

在过去的 20 年里,互补型金属氧化物半导体(complimentary metal oxide semiconductor,CMOS)晶体管的集成度一直呈指数增长,器件的基本性能也遵循类似的趋势。在大于 90nm 工艺时期,根据 Dennard 发展理论,仅仅通过减小器件的尺度,就足以保证器件性能的提升;当进入小于 90nm 工艺时期,要想继续提高器件的性能,就必须采用技术革新。在过去的 10 年里,应变工程和高介电材料/金属栅技术是保证器件性能持续提升的两种主要技术革新方法。然而,未来仍将不断需要新的器件结构和提升性能的方法。本章首先概述了 MOSFET 尺寸缩小的趋势,并基于虚拟源注入模型讨论了 10nm 尺度下 MOSFET 的工作方式;然后用一个描述晶体管电流-电压(I-V)特性和内禀时延的简单解析模型来量化 MOSFET 性能的发展趋势,分析表明,载流子速度将是继续提高金属氧化物半导体场效应晶体管(metal-oxide-semiconductor field effect transistor, MOSFET)性能的关键因素;最后展望了在硅(Si)、锗(Ge)以及化合物半导体中通过改变应变提高载流子速度的可能性。

1.1 引 言

在过去的 40 年里,集成电路产业成长迅速。正如摩尔定律所预言的,这是通过不断缩小晶体管的尺寸来实现的:单个芯片上晶体管的数目每两年翻一番。因此,在此期间,芯片的面积和实现给定功能的能耗都呈指数减少。实际上,往往是芯片的面积不变,芯片的功能则不断提升。

实现 CMOS 技术指数提升的关键是减小 MOSFET 的栅间距,历史上相邻两代技术之间的栅间距比例为 0.7,如图 1.1 所示。根据 Dennard 缩放理论[1],晶体管的其他尺寸以几乎同样的比例缩小。注意,栅极长度只要能匹配栅间距就行,并不一定要与栅间距同比例变化。从图 1.1 可以看出,实际上从 180nm 技术节点开始,栅极长度的缩小速度要比栅间距更快,这或许是为了获得更快的速度。然而从 65nm 节点技术开始,它们之间的相对尺寸实际上已经开始保持不变。这个趋势当然也不可能一直持续,估计当栅极长度达到 22nm 时,栅极长度的变化就要相对减小。直到 65nm 节点时,每下一个节点晶体管时延都减小 30%。到 130nm 为止主要通过缩减尺度来实现,从 90nm 节点开始则需要采用应变技术。然而,到达 45nm 节点以后,时延减小的速度就开始变慢。这是由于与 MOSFET 配套的寄生组件并未遵循前面的缩小趋势,而它们的重要性则随着晶体管的急剧缩小而增加。

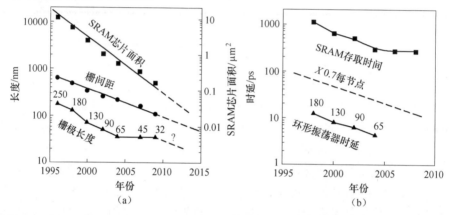

图 1.1　过去 15 年里 MOSFET 结构尺度的变化趋势(a)和相应的时延缩短(b)。在每个新技术节点,晶体管数目能够翻一倍,MOSFET 栅间距缩小为原来的 7/10。直到 65nm 节点处,每个节点的回路时延保持同步缩短到原来的 7/10(来自 Intel 公司的数据)

图 1.2 所示为最新 MOSFET 中的主要寄生元件。等效边缘电容 C_f^* 约为 0.5fF/μm,而且不随栅极长度而缩小[3],它包括:内边缘电容 C_{if}、外边缘电容 C_{of} 和叠加电容 C_{ov}。事实上,由于与栅电极接触的邻近源极/漏极,未来技术节点将存在巨大的寄生电容[4]。另外,新型 nFET 源极/漏极间的串联电阻率约为 80$\Omega \cdot \mu$m 每边且不会很好地缩放,这个串联电阻包括硅化物/半导体的接触电阻、重掺杂的源/漏区域及其扩散区域的电阻。此外,随着器件的缩小,有限电导金属接触的电阻变得越来越重要,诸如铜接触被用来最小化这些额外的部分。

要保持器件的可靠性,且保持功耗的可控性,减小电源电压 V_{DD} 对先进 CMOS 器件同样重要。虽然在早期技术节点,电源电压和阈值电压 V_T 的变化遵循类似的趋势,最终阈值电压的减小可以减慢备用电源的指数级增长。这意味着更小的栅极过载驱动 $V_{DD}-V_T$ 是可用的,类似电子器件的缩小。随着寄生元件增加的重要性,这已经减缓了时延缩小。

采用新材料来改善输运性质,是解决由于栅极过载驱动减小以及寄生部分增加引起的性能降低的补偿方法。事实上,在过去的 10 年中,应变工程已经广

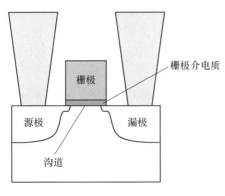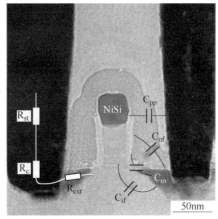

图 1.2　MOSFET 的结构和它的主要寄生元件。等效边缘电容 C_f^*，约 0.5fF/μm，且不随栅极长度改变，它包括内边缘电容 C_{if}、外边缘电容 C_{of} 和叠加电容 C_{ov}。事实上，由于栅电极和源极/漏极之间的近距离接触，并随着器件间距的进一步减小，形成了另一个电容 C_{pp}。源极/漏极之间的串联电阻包括硅化物/半导体的接触电阻 R_c、重掺杂的源/漏区域和扩散区域的串联电阻 R_{ext}，且不会有很大的减小。随着器件的不断减小，由于接触点的有限电导率，总的串联电阻中还有一个额外的串联电阻 R_{st}（TEM 照片引自文献［2］© 2005 IEEE）

泛用于改善 Si 沟道的输运性质，也正因如此，使得器件的性能能够持续地按照历史趋势增强。然而，当器件间距缩小到 100nm 以下，应变工程方法的一些有效性随之下降，应变硅达到了它的极限。用于在未来可继续提高晶体管性能的新沟道材料正在研制中。

1.2　MOSFET 操作的基本原理

如图 1.2 所示，MOSFET 是一个三端器件，栅极控制沟道区域的电导，因此能控制源极和漏极之间的电流。源极和漏极都是重掺杂的，它们与沟道区域极性相反。例如，一个 Si 基 n 型 MOSFET 的源极和漏极是砷或者磷掺杂的，掺杂浓度大于 1×10^{20} cm^{-3}。然而，沟道区域是硼或者铟掺杂，掺杂浓度小于 1×10^{19} cm^{-3}。栅极和沟道之间是一层厚度为 1nm 左右的介电质。当栅电压比较小的时候，源极和漏极之间没有电子的转移。当栅电压加大到阈值电压时①，

---

①　注意：阈值电压的定义有点随意性，因为从关闭状态到打开状态的转变是逐渐变化的，也称之为强反转，转变区域一般称为弱反转。相关文献中给出了阈值电压的几种定义。两种最常见的定义是基于晶体管的电流-电压特性：①恒流阈值电压 V_T 定义为漏极电流达到一个经验值时的栅极电压，通常情况下该值为 $10^{-7}A/(WL)$ 左右，W 和 L 分别为栅极在微米量级的宽度和长度；②外推阈值电压是电流-电压曲线中跨导的最大值的斜率和其在 x 轴的截距得到的。

在沟道区域,紧邻着栅介质形成一薄层电子,称为反转层,从而使源极和漏极之间形成电子的转移。因此,MOSFET 可以作为一个开关器件:当栅电压小于阈值电压时,源极和漏极之间没有电子的转移,晶体管处于断开状态;当栅电压大于阈值电压时,晶体管处于导通状态。

MOSFET 并不是完美的开关器件。当晶体管是断开状态时,源极和漏极之间的电流并非完全为零,实际上电流和栅电压成指数关系。电流降低一个数量级所需要的栅极电压,称为亚阈值摆幅;常温下,理想情况亚阈值的摆幅为 60mV/dec,然而最先进的晶体管的亚阈值摆幅一般为 80~100mV/dec。此外,不同于理想开关,阈值电压还与端电压有关,也就是源极和漏极之间的偏压。这个现象称为漏致势垒降低(drain-induced barrier lowering,DIBL),该现象将在 1.3 节进一步讨论。理想情况下,DIBL 应该为零,但事实上最先进的 MOSFET 的 DIBL 一般为 50~200mV/V。

为了最小化亚阈值摆幅和 DIBL,栅极与沟道的耦合要比与漏极的耦合强。这可以通过减小栅介质厚度和减小源极和漏极之间沟道的厚度来实现。此外,通过设置成类似体 MOSFET 中的重掺杂,或类似全耗尽绝缘硅(fully-depleted silicon-on-insulator,FDSOI)电子器件,将衬底做成只有几纳米厚,这些都有助于限制载流子趋近栅介质。

很显然,作为一个开关器件,MOSFET 需要具备极高的开关比 I_{on}/I_{off}。在典型的 CMOS 逻辑电路中,任意时刻大部分晶体管是处于关闭状态的。减小断电流可以降低即使在电路闲置时也会浪费掉的静态功耗:

$$P_{\mathrm{Static}} = \sum I_{\mathrm{off}} V_{\mathrm{DD}}$$

另外,由于逻辑电路中的晶体管大部分是驱动电容性负载,更高的开电流可获得更快的开关速度。

$$时延:C_{\mathrm{eff}} V_{\mathrm{DD}}/I_{\mathrm{on}}$$

如何获得更精确的时延度量将在 1.5 节中介绍。

1.3 10nm 尺寸 MOSFET 器件物理

最先进的 MOSFET 功能的基本物理原理可以通过沟道势垒模型来理解。需要注意的是,这是一个描述模型,势垒的实际形状取决于器件结构的细节、偏压条件、半导体能带结构和载流子输运。

沟道中的势垒可以控制从源极到漏极的载流子输运。在亚阈值区域,也就是栅极电压小于阈值电压时,对于从源极到漏极的载流子存在一个较高的势垒,如图 1.3(a)所示。栅极电压线性地控制势垒的高度,但是载流子通过热发射克服势垒的概率和势垒高度成指数关系,因此电流大小与栅极电压和温度成指数关系。当然,如果沟道足够短,载流子可以直接从源极遂穿过窄势垒到漏极,但设计好的 MOSFET 不会出现这种情况。在亚阈值范围内,增加漏极偏压可以稍微降低势垒高度并使势垒稍微变窄,如图 1.3(b)所示。这就是 DIBL,这时阈值电压一般随漏极偏压成正比地降低。然而,必须注意的是,势垒高度的降低并不与漏极偏压成线性关系,在偏压较小的时候势垒高度降低得更加厉害。

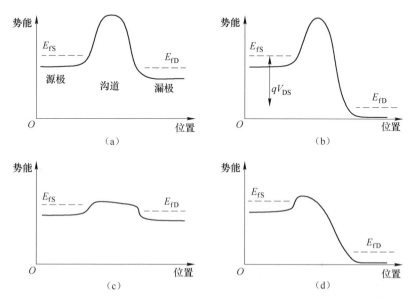

图 1.3　不同偏压条件下的沟道势垒。(a)在亚阈值区域内,即 $V_G < V_T$,有一个很高的势垒阻碍载流子从源极流到漏极。(b)随着漏极偏压的增加,势垒变低且变窄。这个效应就是众所周知的漏致势垒降低(DIBL)或阈值电压降正比于漏极偏压的模型。当 V_G 大于阈值电压时,势垒变得足够低,从而大量载流子可以跨越势垒流向漏极。(c)当施加一个较小的漏极偏压时,低势垒扩展到整个沟道,电流取决于整个沟道的散射机制。这称为线性区域,此时电流随漏极偏压线性变化。(d)如果漏极偏压足够大,势垒只存在于源极附近的小区域。载流子输运由其克服势垒高度的比例决定,这就是所谓的虚拟源

当栅电压 V_G 大于阈值电压时,势垒足够低以至于大量载流子可以穿过势垒到达漏极。沟道中的"反转"电荷密度由费米分布决定,费米分布依赖于费米能级和局域势垒的差。如图 1.3(c)所示,在近平衡的情况下,势垒几乎扩展到整个沟道。因此,载流子的输运由跨越整个沟道的散射率决定。在此情况下,晶体管的电流和漏极偏压成线性关系,故这个区域称为线性区域。当漏极偏压足够高时,如图 1.3(d)所示,势垒仅仅出现在源极附近一个很小的区域内。载流子的输运依赖于载流子克服势垒峰值的比例,所以称为虚拟源极。一旦载流子跨越这个点,后面的散射就不太可能使其回到源极。在最简单的模型中,虽然假设晶体管电流只取决于虚拟源极附近的散射率,但需要注意的是,势垒的确切形状

是由载流子密度决定的,载流子密度又是由沟道中符合费米统计的载流子分布决定的。电荷沿着沟道的连续性使电荷密度依赖于平均载流子速度,载流子速度则由整个沟道的散射率决定。此外,除了 DIBL 导致阈值电压减小的效应,晶体管电流是假定不受漏极偏压影响的。换言之,晶体管电流随着漏极偏压的增加而饱和,因此称为饱和区。

1.4 简单的 MOSFET 模型

本节给出一个工作于饱和区 MOSFET 的简单电流-电压模型,如图 1.4 所示。这适用于线性区和饱和区以及两者之间转换的完整模型,读者可以参见文献[5]。这个模型将漏极电流对 MOSFET 的宽度进行归一,即 I_D/W,可以用沟道中局部电荷面密度和局部载流子速度的乘积来表示。根据虚拟源 MOSFET 模型,除 DIBL 因素外,在高品质 MOSFET 的虚拟源处反转电荷密度不随漏极偏压变化。通过直接与测试数据对比发现,当存在偏压的晶体管处于饱和区时,虚拟源处的载流子平均速率随 V_{GS} 或 V_{DS} 的变化不大。因此有

$$I_D/W = Q_{ix0}v_{x0} \tag{1.1}$$

式中:Q_{ix0} 为虚拟源的反转电荷密度;v_{x0} 为虚拟源的平均载流子速度。

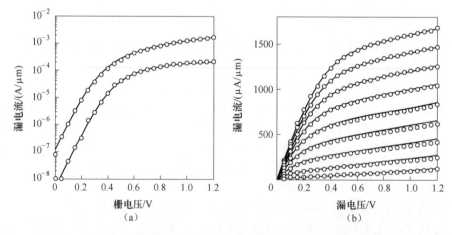

图 1.4 对比解析晶体管模型(线)和 65nm 节点单向应变 nFET 数据(圆圈)

要模拟虚拟源反转电荷密度,可用如下经验表达式的从弱到强反转的连续模型:

$$Q_{ix0} = C_{inv}n\phi_t\ln\left\{1 + \exp\left[\frac{V'_{GS} - (V_T - \alpha\phi_t F_f)}{n\phi_t}\right]\right\} \tag{1.2}$$

式中:C_{inv} 为在强反转情况下单位面积栅极到沟道的有效电容;ϕ_t 为热偏

压($k_B T/q$)、V'_{GS} 为剔除源电阻 R_S 上的压降后栅极和源极之间的内建电压，$V'_{GS} = V_{GS} - I_D R_S$；$n$ 为与"亚阈值摆幅"（$S = n\phi_t$）有关的亚阈值系数；$V_T = V_{T0} - \delta V'_{DS}$ 中 V_{T0} 为 $V_{DS} = 0$ 时强反转阈值电压，其中 $V'_{DS} = V_{DS} - I_D(R_S + R_D)$ 为剔除源漏电阻上压降的内建源漏电压，δ 为单位为伏特每伏特的 DIBL 系数；$\alpha\phi_t F_f$ 可使表达式适用于强反转和弱反转时不同的阈值电压值，或者说所谓的"恒流"和"外推"阈值电压，其中费米转换函数 F_f 让两个值之间的转换变得连续[5]。

在强反转区域，上述的模型可以简化为

$$I_D/W = C_{inv}(V_{GS} - V_T)v \tag{1.3}$$

其中

$$v = \frac{v_{x0}}{1 + C_{inv} R_S W(1 + 2\delta) v_{x0}} \tag{1.4}$$

为有效速率。这里引入有效速率只是为了简化公式。存在源漏串联电阻时，栅极-漏极的内建电压小于在终端测得的 V_{GS}，因此实际反转电荷小于 $C_{inv}(V_{GS} - V_T)$。式(1.3)中定义有效速率主要是为了配合定义反转电荷 $C_{inv}(V_{GS} - V_T)$。

1.5　MOSFET 性能指标

历史上，CV/I 是用来度量 MOSFET 的本征性能的指标，其中：C 为剔除了一些寄生电容的反转电容，即 $C_{inv}L_G$；V 为操作电压 V_{DD}；I 为开启电流，即 $V_{GS} = V_{DS} = V_{DD}$ 时的电流。尽管开关电荷 $C_{inv}L_G V_{DD}$ 没有考虑晶体管固有的寄生电容且在开关过程中漏极偏压无法获得 I_{on}，这个简单的度量很适用早期技术，这是由于采用 CV/I 度量会高估反转电荷。然而，如 1.1 节所述，寄生电容的重要性随着晶体管尺寸的减小而增加。

为了完善时延的度量，将晶体管在两个逻辑状态之间转换时，I–V 曲线上若干点的平均值定义为有效电流，使之能更好地判断晶体管的时延。最常见的定义为[6]

$$I_{eff} = [I_D(V_{GS} = V_{DD}, V_{DS} = V_{DD}/2) + I_D(V_{GS} = V_{DD}/2, V_{DS} = V_{DD})]/2 \tag{1.5}$$

此处一个重要的现象是，随着晶体管尺寸的减小，DIBL 的增强使晶体管的输出电阻减小，I_{eff}/I_{Dsat} 会变小。未来器件的设计目标是在维持开启电流的同时通过控制短沟道效应来增加有效电流。

本征晶体管时延的定义为 $\tau = \Delta Q_G/I_{eff}$[3]，其中 I_{eff} 由式(1.5)给出，ΔQ_G 为两个逻辑状态之间的电荷变化量，它包括沟道和边缘场的电荷。由此可得

$$\tau = \frac{(1 - \delta) V_{DD} - V_T + (C_f V_{DD}/C_{inv} L_G) L_G}{(3 - \delta) V_{DD}/4 - V_T} \frac{L_G}{v} \tag{1.6}$$

将式(1.6)与 CV/I 的结果进行对比,有

$$\tau = \frac{V_{DD}}{V_{DD} - V_T} \frac{L_G}{v} \tag{1.7}$$

显然它不依赖于 DIBL 和寄生电容。

此处,时延公式(1.6)中使用的有效电流概念只有当 $V_{DD} > 2V_T$ 时才成立[6]。同时,严格地说,分子中的电荷应该用 p 通道金属氧化物半导体(p-channel metal oxide semiconductor,p-MOS 或 PMOS)参数,而分母中的有效电流用 n 通道金属氧化物半导体(n-channel metal oxide semiconductor,n-MOS 或 NMOS)参数,反之亦然。然而,在一定的技术下,NMOS 和 PMOS 晶体管一般具有相近的阈值电压、DIBL、栅极长度以及反转和边缘电容,因此基于任意类型晶体管从式(1.6)得到的本征器件时延都是合理的。式(1.6)的优势在于,它提供了具有物理意义的基于技术参数获得晶体管时延的解析式。因此,它提供了一个探索设计空间、器件结构和材料系统的简单方法。

1.6 MOSFET 性能的历史发展趋势

图 1.5 所示为利用式(1.6)计算的基准技术本征时延的历史趋势。有趣的是,横跨几代不同构型的器件结构,晶体管本征时延与栅极长度几乎呈线性关系。当然,近年来这个历史趋势的延续得益于靠各种应变工程方法增强的载流子沟道输运。从图 1.5 中可以发现,应变工程是持续提高晶体管性能的基础。否则,随着栅极长度的变化时延会出现饱和。

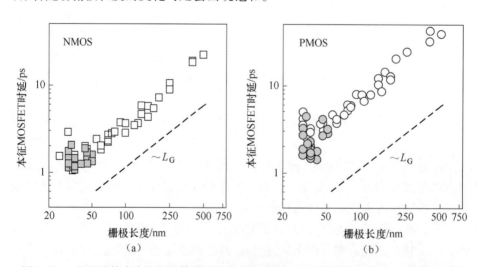

图 1.5　一些基准技术中本征晶体管时延的历史趋势。实心图形代表应变工程器件。横跨几代不同构型的器件结构,本征晶体管时延随栅极长度(L_G)几乎呈线性变化。然而,在 2012 年技术节点下晶体管性能的饱和趋势已经出现,特别是在不用应变工程时

1.7　Si 基 MOSFET 的速度演化

随着晶体管的缩小,虽然寄生元件尤其是寄生电容的重要性因式(1.6)中 $C_f^*/C_{inv}L_G$ 的增加而不断加强。但是,图 1.5 所示的 MOSFET 的本征时延在过去的 20 多年里随着栅极长度的增加而减小。实际上,为了补偿式(1.6)中的第一项的增加和保持时延随栅极长度的等比缩放,有效速度必须增加。为了分析速度随尺寸的变化规律,采用虚拟源速度 v_{x0} 来研究更具指导性。虚拟源速度可以通过弹道效率 B 与弹道速度 v_θ 得到

$$v_{x0} = Bv_\theta = \frac{\lambda}{2l + \lambda}v_\theta \tag{1.8}$$

式中: λ 为虚拟源附近载流子的背散射平均自由程; l 为背散射到源的临界长度[7]。

蒙特卡罗模拟显示 l 与势能降 $k_B T/q$ 对应的距离成正比。

图 1.6 所示为在各基准技术节点提取出来的虚拟源速度与栅极长度的函数关系。当 l 随着沟道长度的增大成比例地减小时,虚拟源的速度增加。然而,当栅极长度减小到 100nm 以内时,速度达到饱和。这主要是由于掺杂浓度增加后静电势导致了库仑散射增强。近些年,应变工程已经通过提高迁移率和弹道速度来恢复速度的增长。

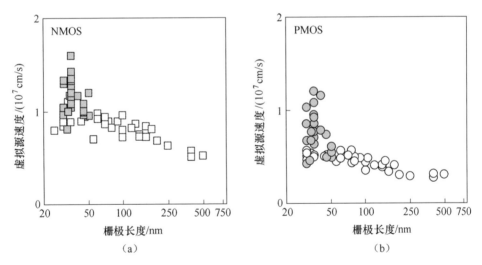

图 1.6　基准技术下提取出来的虚拟源速度与栅极长度的函数关系。实心图形表示应变工程器件。虚拟源速度在栅极长度为 100nm 以下的非应变器件中达到饱和

1.8 应变 Si 器件中的载流子速度增长极限

目前,电子速度的提高受晶体管沟道单轴应变强度的制约。大部分局域应变工程法能将沟道应变维持在 0.5% 左右的水平,利用双轴优先弛豫则可以实现超过 1% 的单轴应变[8-10]。早期的短沟道器件展现了极具希望的结果[10],但可用于评估较高应变强度是否能提高载流子速度的、提供更具竞争性 S/D 电阻的器件还没有制备出来。不过,低温下载流子迁移率可提高约 100% 的事实[8]说明很可能是因为有效质量的降低,并应该能明显提升速度[3]。

相反,短沟道 p 型场效应晶体管(p-type field effective transistor,pFET)的实验数据证实,与弛豫 Si 基(100)相比,虽然空穴迁移率在单轴应变 Si 基(100)中是其 4 倍[11],在应变(110)晶片中是其 8 倍,虚拟源速度只提高到 2 倍,如图 1.7(a)所示。事实上,能带结构的计算结果显示,空穴弹道速度的提高在 2 倍时饱和,如图 1.7(b)所示。这是由于当应力达到 2GPa 的时候,价带顶附近的能带结构不会继续改变。而在光学声子能量范围内的较高能带结构则会继续改变,这样带间散射的减弱会提高空穴迁移率。

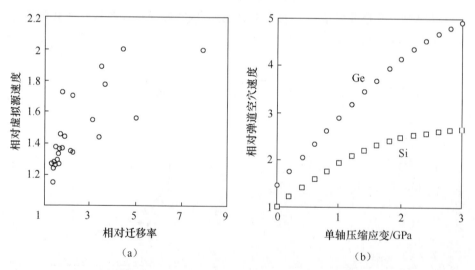

(a)　　　　　　　　　　(b)

图 1.7　(a)从短沟道应变工程 pFET 中提取出来的相对虚拟源速度和相对迁移率的关系。数据来自 Si 基(100)上沟道方向为[110]的器件。(b)用弛豫 Si 中的速度归一化的、对应于(100)面和[110]沟道方向的、单轴应变 Si 和 Ge 中计算的空穴弹道速度。非自洽 $k \cdot p$ 方法计算表明,应变约在 2GPa 以上时硅的空穴弹道速度不随压缩应变变化。弛豫 Ge 并不比 Si 有优势,这与实验数据相吻合。然而,我们期望在单轴应变 Ge 中出现非常高的速度(已从文献[4]获得转载权限© 2005 IEEE)

1.9　对 Ge 和Ⅲ-Ⅴ族半导体中的速度增长的展望

图 1.8(a)对比了从短沟道 Ge pFET 估算的虚拟源速度与最新的弛豫和应变 Si 晶体管中的相应值。尽管迁移率可以 2 倍于 Si 器件的值,但是不管是弛豫还是双轴应变的 Ge 和 SiGe,它们在性能上也只有小幅度的提高。相反,如图 1.7(b)所示,具有很高空穴速度的单轴应变 Ge 备受期望。事实上,早期的单轴应变 SiGe 沟道 MOSFET 取得了不错的结果,进一步的发展是值得期待的,因为嵌入式 SiGe 在亚 100nm 栅距晶体管中应变消失,且不能被直接集成在将在 20nm 以下节点应用的 FDSOI 器件结构上。

对于电子,Ⅲ-Ⅴ沟道的晶体管[13-15]具有比最新应变 Si 高很多的速度,如图 1.8(b)所示。然而,相应小的带隙和有效质量,会导致带间遂穿并限制供电电压[16]。结合高电子迁移率晶体管(high electron mobility transistor,HEMT)结构的降漏电场效益与源漏自排致电阻减小的特殊器件设计对于实现电子输运效益是最基本的。新的挑战包括:小量子质量使这些材料的反转电容在相同介电层厚度时比 Si 基 MOSFET 要小,从而限制了期望达到的驱动电流的增加和器件性能[17]。注意,既然开关电荷是由寄生电容决定的,因此传统的 CV/I 度量会得出减小反转电容是有益的结论,并不是性能评价的好选择[3]。因此,一般预计当 T_{inv}(反转层厚度)和 R_s 与 Si 基器件类似时,Ⅲ-Ⅴ沟道材料只能有效改善 nFET 器件性能。同样的条件也适用于空穴速度比 Si 基的空穴速度快的 Ge 基和 GeSi 化合物的 pFET。

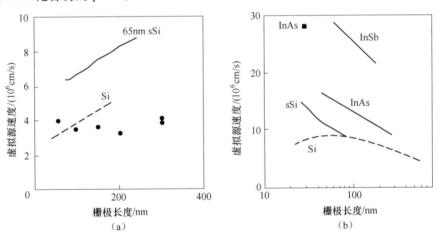

图 1.8　(a)文献[4]中(●)从短沟道 Ge 基 pFET 提取的虚拟源空穴速度与弛豫 Si 及应变 Si(sSi)中的历史数据对比。里面弛豫和双轴应变 Ge 的实验数据表明,除了单轴应变 Ge,Ge 并不比弛豫 Si 更有优势。(b)深度缩放Ⅲ-Ⅴ HEMT 的虚拟源速度与 Si 的历史数据的比较(引自文献[4])© 2005 IEEE)

1.10 小 结

本章概述了 MOSFET 性能进展的历史,研究了器件性能与参数的基本关联。综述了 10nm 尺度 MOSFET 操作的基本情况,提供了一个文献里经常用到的、简单且物理意义明确的并能基于一组参数描述 MOSFET 中 $I-V$ 特性的解析模型。并用其中的 MOSFET 本征时延表达式研究了 MOSFET 性能的历史趋势。在过去 20 年里,虚拟源载流子速度是提高器件性能的主要原因。一个结论是,应变工程取得的速度增加了在 Si 沟道 MOSFET 中受到的限制,这样应变 Si 中能实现的速度增加未必会比先进 MOSFET 的高。最后,展望了 Ge 和 Ⅲ-V 沟道器件的速度的提升。没有单轴压应变的 Ge 或 GeSi 沟道 MOSFET 并不比应变 Si 更有优势。单轴应变 Ge 可能实现更快的速度,但仍没有得到可靠的实验数据支持。相反,Ⅲ-V 器件的电子速度已经被证实远高于目前应变 Si 中的速度。然而,由于这些材料中较小的量子化和态密度有效质量,其 C_{inv} 比 Si 基 MOSFET 中的小,相应的器件性能也受到限制。

本章的内容可以作为对新型沟道材料器件进行评价的基础。特别是式(1.2)~式(1.4)给出了从 $I-V$ 和 $C-V$ 测量结果中提取虚拟源速度的方法。只要被测试的晶体管能正常运行,即具有合理的 DIBL 且栅极长度小于 100nm,则提取的速度可以用来估计具有更加激进的栅极长度和栅极电介质以及更小串联电阻的假想器件的性能。只要能提供一个逼真的寄生电容假设,式(1.6)就能估算出这个假想器件的本征时延。这个方法得到的结果比用流行的度量方法,如基于 CV/I 度量的长沟道迁移率、开启电流或时延和能量计算等得到的结果更符合实际。

参 考 文 献[①]

[1] R. H. Dennard, F. H. Gaensslen, H. -N. Yu, V. Leo Rideout, E. Bassous, and A. R. LeBlanc, "Design of ion-implanted MOSFET's with very small physical dimensions," *IEEE J. Solid-State Circuits*, vol. 9, pp. 256–268, 1974.

[2] F. Boeuf, et al., "0.248μm² and 0.334μm² conventional bulk 6 T-SRAM bit-cells for 45 nm node low cost-general purpose applications," in *Symp. VLSI Tech.*, pp. 130–131, 2005.

[3] A. Khakifirooz and D. A. Antoniadis, "MOSFET performance scaling—Part I: Historical trends," *IEEE Trans. Electron Devices*, vol. 55, no. 6, pp. 1391–1400, 2008.

[4] A. Khakifirooz and D. A. Antoniadis, "MOSFET Performance scaling—Part II: Future directions," *IEEE Trans. Electron Devices*, vol. 55, no. 6, pp. 1401–1408, 2008.

---

① 本书参考文献与原著保持一致。

［5］ A. Khakifirooz, O. M. Nayfeh, and D. A. Antoniadis, "A simple semiempirical short-channel MOSFET current-voltage model continuous across all regions of operation and employing only physical parameters," *IEEE Trans. Electron Devices*, vol. 56, no. 8, pp. 1674-1680, 2008.

［6］ M. H. Na, E. J. Nowak, W. Haensch, and J. Cai, "The effective drive current in CMOS inverters," in *IEDM Tech. Dig.*, Dec. 2002, pp. 121-124.

［7］ M. Lundstrom, "On the mobility versus drain current relation for a nanoscale MOSFET," *IEEE Electron Device Lett.*, vol. 22, no. 6, pp. 293-295, 2001.

［8］ T. Irisawa, T. Numata, T. Tezuka, N. Sugiyama, and S. Takagi, "Electron transport properties of ultrathin-body and tri-gate SOI nMOSFETs with biaxial and uniaxial strain," in *IEDM Tech. Dig.*, 2006, pp. 457-460.

［9］ P. Hashemi, L. Gomez, M. Canonico, and J. L. Hoyt, "Electron transport in gate-all-around uniaxial tensile strained-Si nanowire n-MOSFETs," in *IEDM Tech. Dig.*, 2008, pp. 865-868.

［10］ K. Maitra, A. Khakifirooz, P. Kulkarni, et al., "Aggressively scaled strained-silicon-on-insulator undoped-body high-k/metal-gate nFinFETs for high-performance logic applications," *IEEE Electron Device Lett.*, vol. 32, no. 6, pp. 713-715, 2011.

［11］ S. Narasimha, et al., "High performance 45 nm SOI technology with enhanced strain, porous low-k BEOL, and immersion lithography," in *IEDM Tech. Dig.*, 2006, p. 689.

［12］ B. Yang, et al., "Stress dependence and poly-pitch scaling characteristics of (110) PMOS drive current," in *Symp. VLSI Tech.*, 2007, pp. 126-127.

［13］ D. -H. Kim and J. A. del Alamo, "Logic Performance of 40 nm InAs HEMTs," in *IEDM Tech. Dig.*, 2007, p. 629.

［14］ D. -H. Kim and J. del Alamo, "30 nm E-mode InAs PHEMTs for THz and future logic applications," in *IEDM Tech. Dig.*, 2008, p. 30. 1. 1.

［15］ G. G. Dewey, M. K. Hudait, K. Lee, R. Pillarisetty, W. Rachmady, M. Radosavljevic, T. Rakshit, and R. Chau, "Carrier transport in high-mobility III-V quantum-well transistors and performance impact for high-speed low-power logic applications," *IEEE Electron Device Lett.*, vol. 29, no. 10, pp. 1094-1097, 2008.

［16］ D. Kim, T. Krishnamohan, H. S. P. Wong, and K. C. Saraswat, "Band to band tunneling study in high mobility materials : III-V, Si, Ge and strained SiGe," in *Device Research Conf.*, 2007, p. 57.

［17］ K. D. Cantley, Y. Liu, H. S. Pal, T. Low, S. S. Ahmed, and M. S. Lundstrom, "Performance analysis of III-V materials in a double-gate nano-MOSFET," in *IEDM Tech. Dig.*, 2007, p. 113.

延 伸 阅 读

Y. Taur and T. H. Ning, *Fundamentals of Modern VLSI Devices*, Cambridge University Press, 2nd Ed., 2009.

D. K. Schroder, *Semiconductor Material and Device Characterization*, John Wiley and Sons, 3rd Ed., 2006.

M. Lundstrom, *Fundamentals of Carrier Transport*, Cambridge University Press, 2000.

S. Datta, *Electronic Transport in Mesoscopic Systems*, Cambridge University Press, 1997.

第2章

石墨烯中的电子输运

Jun Zhu

本章给出了石墨烯和石墨烯纳米带电子输运性质的实验综述,着重于与电子应用相关的现象。2.1 节简述了石墨烯的电子能带结构。2.2 节讨论了单层石墨烯和石墨烯纳米带中各种散射机制的影响,并比较了剥落和合成石墨烯的特点。石墨烯场效应晶体管中的高场输运物理在 2.3 节中进行了阐述。2.4 节为小结。

2.1　石墨烯的电子能带结构

2.1.1　紧束缚计算

如图 2.1 所示,石墨烯是六角形的晶格,每个原胞内包含两个不等价的碳原子 A 和 B。晶格矢量 $a_1 = a/2(\sqrt{3},1)$,$a_2 = a/2(\sqrt{3},-1)$,其中晶格常数为 $a = \sqrt{3}a_{c-c} = 2.46\text{Å}$。在波矢 $k = (k_x,k_y)$ 倒格子空间里,石墨烯的第一布里渊区是正六边形。在布里渊区的 6 个顶点(狄拉克点)分别为 $\pm 2\pi/\sqrt{3}a(1,1/\sqrt{3})$,$\pm 2\pi/\sqrt{3}a(0,2/\sqrt{3})$,$\pm 2\pi/\sqrt{3}a(-1,1/\sqrt{3})$,其中只有两个不等价的狄拉克点$(K,K')$。石墨烯的低能电子能带可以用只考虑最近邻原子间相互作用且每个 C 原子一个 π 轨道的紧束缚哈密顿量很好地描述。这个简单的模型存在解析的能带解[1]:

$$E^{\pm}(k_x,k_y) = \pm\gamma_0\sqrt{1 + 4\cos(\sqrt{3}k_xa)\cos(k_ya) + 4\cos^2(k_ya/2)} \quad (2.1)$$

式中: $\gamma_0 \approx 2.7\text{eV}$ 为图 2.1(a)所示的最近邻原子间的跃迁积分。

在无掺杂的完美石墨烯中,导带与价带在 K 和 K' 点相交。$K(K')$ 点附近电

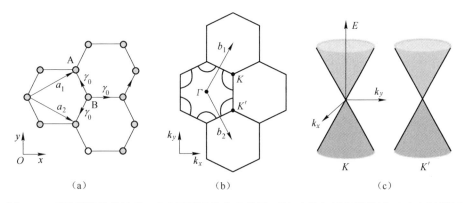

图 2.1　石墨烯的能带结构。(a)石墨烯的六角格子;(b)动量空间的倒格子;(c)布里渊区中 K 与 K' 点附近的狄拉克锥。相同锥中相反动量的载流子具有相反的赝自旋。不同锥中相反动量的载流子具有相同的赝自旋

子能带的色散关系为

$$E^{\pm}(\boldsymbol{\kappa}) = \pm h v_{\mathrm{F}} |\boldsymbol{\kappa}| \tag{2.2}$$

式中:$\boldsymbol{\kappa} = \boldsymbol{k} - \boldsymbol{K}(\boldsymbol{K'})$ 为从 $\boldsymbol{K}$ ($\boldsymbol{K'}$) 开始算的波矢; v_{F} 为费米速度,且有

$$v_{\mathrm{F}} = \sqrt{3}\gamma_0 a/2h。 \tag{2.3}$$

式(2.2)给出了图 2.1(c)所示的在布里渊区 K 点和 K' 点处接触的锥带。由于这个与光子类似的线性色散关系,石墨烯中的电子称为狄拉克费米子,动量空间中的接触点为狄拉克点。无掺杂石墨烯的费米能级 E_{F} 精确处于狄拉克点,而电子(空穴)掺杂则使 E_{F} 升高(降低)。只要能量不偏离 E_{F} 太远或动量不偏离 $K(K')$ 点太远,式(2.2)就是一个很好的近似目前大部分石墨烯器件都满足这个条件。

角分辨光电子发射谱(angle resolved photoemission spectroscopy,ARPES)显示,如果 E_{F} 上移[2]200meV 以上,电子-声子耦合会使能带轻微偏离线性。石墨烯还有另一个源于等价 A 和 B 子格的称为赝自旋的量子数,它与动量波矢锁定并绕狄拉克锥旋转。正负 $\boldsymbol{k}$ 载流子的赝自旋相反,它们的波函数正交无重叠。因此,石墨烯中无 180° 背散射。破坏 A-B 子格对称性的缺陷也将打破赝自旋守恒,如原子缺陷、褶皱、错位等。

由于线性能带,石墨烯中电子或空穴的有效质量由

$$m^* = h^2 k/[\mathrm{d}E(k)/\mathrm{d}k]|_{E=E_{\mathrm{F}}}$$

代替传统抛物线带半导体中的有效质量,即

$$m^* = h^2/[\mathrm{d}^2 E(k)/\mathrm{d}k^2]|_{E=E_{\mathrm{F}}}$$

该式与光子类比得到 $E_{\mathrm{F}} = m^* v_{\mathrm{F}}^2$ 。上面两个表达式得到相同的结果:$m^* = h\sqrt{\pi n}/v_{\mathrm{F}}$ 。在这个简单模型中,有效质量各向同性、电子空穴对称并且与 $\sqrt{n}$ 成

正比，n 为载流子密度。与 $\sqrt{n}$ 的关系已得到实验证实且费米速度近似为 $v_F \approx 1.0 \times 10^6 \sim 1.1 \times 10^6 \mathrm{m/s}$ [3]。这一数值稍大于第一性原理中的 γ_0，可能主要由于紧束缚模型中忽略的电子-电子相互作用修正[4-5]。引入有效质量 m^*，类似于传统的二维电子气（two-dimensional electron gas，2DEG），石墨烯的态密度可表示为

$$\rho(E) = \frac{2E}{\pi h^2 v_F^2} = \frac{2\sqrt{\pi n}}{\pi h v_F} = \frac{2m^*}{\pi h^2} \qquad (2.4)$$

式中，包括了四重简并（两个源于自旋，两个源于 K/K' 谷）。

态密度随能量线性增长或正比于 $\sqrt{n}$，在狄拉克点处为零。石墨烯的线性色散关系和无带隙导致其中有许多反常的电子性质，如半整数量子霍尔效应、克莱因隧穿、最小电导率和弱反局域化等。详细的综述见文献[3,6]。

2.1.2　石墨烯纳米带

当石墨烯层的尺寸沿一个方向收缩，它的电子性质也相应变化。两种重要性质出现在石墨烯纳米带（graphene nanoribbon，GNR）中，即量子受限和边缘态效应。图 2.2(a)和(b)示意了宽度 W 相同但边缘形状不同的两种 GNR：扶手椅型和锯齿型。类似于被限制在一维量子阱中的粒子，两者的电子态在 x 方向受限。这个量子受限导致了量子化的动量 $k_x = n\pi/W (n = 0,1,2,\cdots)$。它将布里渊区切割成如图 2.2(c)所示的离散的能带。相邻能带间隙的量级 $\Delta E \approx h v_F \pi/W$ 或 $2\mathrm{eV}/W$（W 的单位为 nm）。有限的能带间隙使 GNR 拥有零带隙完美单层石墨烯所不具备的在数字纳米电子学中的应用潜力。实际上，这是一个在技术上具有挑战性的途径。因为 $1\mathrm{eV}$ 的能隙意味着纳米量级的很小的 W。这个问题在 2.2.3 节中讨论 GNR 实验时将会有进一步的解释。

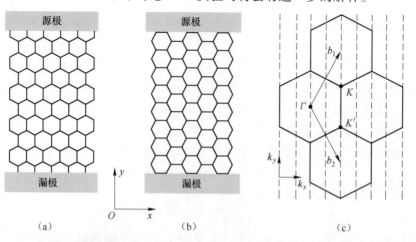

图 2.2　纳米带的边缘构型。(a)扶手椅型；(b)锯齿型；(c)x 方向的受限量子化 k_x，如虚线所示。量子受限将二维石墨烯能带切片成一维的离散能带

上述的快速估算忽略了边缘构型。石墨烯纳米带由于边缘形状的不同可以是金属或半导体。由于 GNR 真的仅仅是展开的碳纳米管,这并不足为奇。图 2.3 所示为一个锯齿型和两个扶手椅型的电子色散关系[7-8]。它们是近似边界条件下狄拉克方程的解。

图 2.3(a)显示锯齿型 GNR 在费米能处存在一个无色散态,它局限在纳米带的边缘并向纳米带的内部呈指数衰减。这些边缘态能被边缘之间的横向电场自旋极化,导致"半金属"特性[9]。扶手椅型 GNR 没有这样的边缘态,它依据纳米带的不同宽度可以是半导体或金属(有趣的是,扶手椅型 GNR 是锯齿型碳纳米管的展开,因而符合以下规则)。如图 2.3(c)所示,宽度 $W=(3n+1)a$(n 为整数),晶格常数为 $a=2.46$Å 的扶手椅型 GNR 是能带在布里渊区 Γ 点为锥状的金属。如图 2.3(b)所示,在其他宽度下,能隙打开因而纳米带为半导体。在实际的器件中,边缘构型通常是两者的混合。计算表明,在宽的纳米带中(几纳米以上)如果边缘没有太多扶手椅型点位,锯齿型纳米带的边缘态能保持下来[8]。由比以上简单图像复杂的第一性原理计算显示,带隙的大小不仅取决于纳米带宽度,还取决于边缘修饰和具体的晶体结构[10]。后两者为目前还未能很好理解和调控的实验因素。2.2.3 节给出了 GNR 器件输运特性的实验结果。

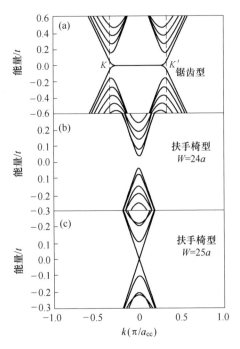

图 2.3 石墨烯纳米带的能带图。(a)无色散局域边缘态的锯齿型 GNR 能带结构;(b),(c)有带隙和无带隙扶手椅型 GNR 能带结构。$t=\gamma_0=2.7$eV,$a=2.46$nm,$a_{cc}=1.42$nm。

2.2 电子输运

2.2.1 电声子散射

自发现以来,石墨烯被誉为一种很有前途的晶体管材料。在室温下,它的载流子迁移率 μ 可达到 $10000\mathrm{cm}^2 \cdot \mathrm{V}^{-1} \cdot \mathrm{s}^{-1}$。相比之下,Si 基 MOSFET 中载流子迁移率小于 $1000\mathrm{cm}^2 \cdot \mathrm{V}^{-1} \cdot \mathrm{s}^{-1}$。什么是这个超级性能背后的秘密呢? 由于赝自旋守恒,电子 $180°$ 背散射被禁止。然而,大角度的散射仍然存在,这大约只能使迁移率提升两倍。石墨烯在室温下高迁移率的关键因素与里面的声子有关,也就是点阵振动。在传统的硅或者砷化镓等半导体器件中,室温下电声子散射占主导地位,电子迁移率随着温度的增加而迅速降低[11]。在石墨烯中,光学声子的能量太高($h\Omega > 150\mathrm{meV}$)因而在室温下没法被激发[12-13],当然,电子与纵向声学(longitudinal acoustic,LA)声子之间的相互作用以及 LA 声子的发射和吸收还是会使电子损失动量并且产生电阻。LA 声子对电阻的贡献与温度密切相关,可表示为[14]

$$\rho_{ph} = \frac{h}{e^2} \cdot \frac{\pi^2 D^2 k_B T}{2h^2 \rho_m v_{ph}^2 v_{\mathrm{F}}^2} \tag{2.5}$$

式中:D 为声学形变势能;v_{ph} 为 LA 声子速率, $v_{ph} = 2.1 \times 10^4 \mathrm{m/s}$;ρ_m 为单位面积的质量,$\rho_m = 6.5 \times 10^{-7} \mathrm{kg/m}^2$。

式(2.5)适用于 $T > T_{\mathrm{BG}}$ 的高温区,其中 $T_{\mathrm{BG}} = 2k_{\mathrm{F}} v_{ph}/k_B$ 为 Bloch-Grüneisen 温度。当 $T < T_{\mathrm{BG}}$ 时,声子波矢量下降到 $2k_{\mathrm{F}}$ 以下,正向散射占据主导地位。正向散射引起的动量变化很小,因此声子电阻随温度下降得很快,为幂函数 T^4 [15]。

式(2.5)中温度 T 的线性关系已经在实验中观察到且其中的声学形变势能 D 值约为 $18\mathrm{eV}$ [16-17]。石墨烯中很高的声速使 LA 声子电阻率的温度系数很小,约为 $0.1\Omega/\mathrm{K}$。它不依赖于载流子密度,因而有 $\mu_{\mathrm{LA}} \approx 1/n$。在室温下且 $n = 1 \times 10^{12}\mathrm{cm}^{-2}$ 时,迁移率 $\mu_{\mathrm{LA}} \approx 2 \times 10^5 \mathrm{cm}^2 \cdot \mathrm{V}^{-1} \cdot \mathrm{s}^{-1}$。这个内禀迁移率比目前大多数石墨烯器件中测得的值要大两个数量级,但它只是一个极限值。图 2.4(a)所示为 Chen 等的测量结果。线性温度区间延伸到最小 30K,约为 $T_{\mathrm{BG}} \approx 50\sqrt{n}$,其中 T_{BG} 的单位为 K,n 的单位为 $10^{12}\mathrm{cm}^2$。低温 Bloch-Grüneisen 区域很难在这些样品中测定,但可以在电解质-栅极石墨烯中测得。在电解质-栅极石墨烯中 $10^{14}\mathrm{cm}^{-2}$ 范围的高载流子浓度使 T_{BG} 增大了一个量级并且证实了与理论结果吻合的声子电阻 T^4 关系[14-15]。

读者可能已经注意到,图 2.4(a)中的线性 T 关系在 $T \approx 100 \sim 150\mathrm{K}$ 的区域内上升得更快。既然如前所述与石墨烯中的光学声子无关,那么这里多余的 T

依赖关系是怎么来的? 这是因为大部分石墨烯电子器件是在衬底上制备出来的,如 SiO$_2$ 衬底,而不是悬空的。这与 Si 基 MOSFET 相似,硅反型层中载流子受到相邻的栅极氧化层中极性光子声子模引起的电场散射[18]。远程氧化声子(remote oxide phonon,ROP)散射的过程也能在 SiO$_2$ 衬底上的石墨烯中发生。这种器件中 ROP 散射的实验证据令人信服,包括在很多样品中和在具有不同测量条件的实验中能定量重复[16-17]。这个效应也已经通过理论模型得到很好的理解[18-19],而且实验与理论的结果一致。在室温下,SiO$_2$ 衬底能量为 $\hbar\Omega_1 \approx$ 60meV 和 $\hbar\Omega_2 \approx 150$meV 的两个光学声子模参与 ROP 散射,并由此产生一个约 $4 \times 10^4 \mathrm{cm}^2 \cdot \mathrm{V}^{-1} \cdot \mathrm{s}^{-1}$ 的外部迁移率极限[16]。

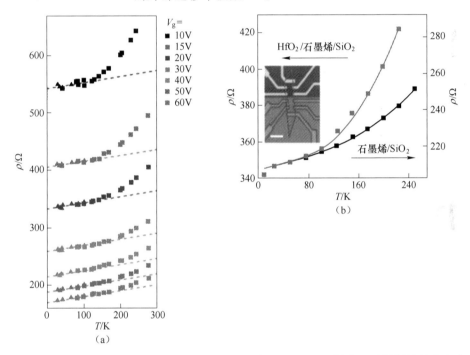

图 2.4　石墨烯电阻率与温度的关系。(a)不同背栅电压下 SiO$_2$ 衬底石墨烯样品的电阻率与温度的关系(引自文献[16])。(b)SiO$_2$ 衬底石墨烯样品的下半部被 HfO$_2$ 薄膜覆盖时的电阻率。$n = 3 \times 10^{12} \mathrm{cm}^{-2}$,比例尺为 5μm。由于 HfO$_2$ 薄膜 ROP 散射的作用,被 HfO$_2$ 薄膜覆盖部分的电阻率随着温度增加更明显(引自文献[17])

与硅反型层不同,石墨烯有两个表面。器件应用经常需要一个局域的顶栅以及栅氧化层。这会导致更多的 ROP 散射。如图 2.4(b)所示,Zou 等[17]研究了半覆盖的 HfO$_2$/石墨烯/SiO$_2$ 三明治结构,其中的两个氧化层提供不同的远程声子模但彼此屏蔽。HfO$_2$ 覆盖层中的软模主导一个约为 $2 \times 10^4 \mathrm{cm}^2 \cdot \mathrm{V}^{-1} \cdot \mathrm{s}^{-1}$ 的非本征迁移率上限。这些研究表明,虽然石墨烯具有由 LA 声子散射限制的高本征载流子迁移率,但实际的石墨烯器件还会受到非本征散射源的影响。而且如果需要栅极的话,有些散射源是不可完全排除的。然而,我们可以想办法平衡其功能和性能。这里栅极氧化层的选择很重要。通常来说,低 κ 介电质料具有硬声子模式,因而 ROP 散射较少。石墨烯外延生长衬底 SiC 应该比 SiO_2 的 ROP 散射少很多。随着石墨烯晶体管的发展,这些问题需要进一步仔细研究,并被应用到未来的器件设计中。

2.2.2　无序散射

在零温极限下,无论是本征的还是远程的声子散射都会消失。然而,目前石墨烯器件中的迁移率仍然是有限的。在 SiO_2 衬底上剥落产生的石墨烯的最大迁移率为 $2 \times 10^4 cm^2 \cdot V^{-1} \cdot s^{-1}$,悬浮能使这一数值改善一个数量级。SiC 表面生长或化学气相沉积(chemical vapor deposition,CVD)制备的石墨烯的典型迁移率 μ 在数千的范围。这节我们主要讨论机械剥落产生的石墨烯中的散射机理。SiC 和 CVD 制备的石墨烯将在 2.2.4 节中讨论。

非本征散射机制有哪些?这个问题一直是石墨烯研究人员关注的焦点,到目前为止还未达成共识。为了讨论这个问题,我们可以先分析二维系统,如硅反型层和调制掺杂 $GaAs/Al_xGa_{1-x}As$。在 Si/SiO_2 器件中,界面糙度及氧化层中 Si/SiO_2 附近电荷将低温电子迁移率限制在 $5 \times 10^4 cm^2 \cdot V^{-1} \cdot s^{-1}$ 以下[11,20]。由于 Si/SiO_2 界面的内在结构不连续性,且存在相应的缺陷态和界面电荷,很难进一步提高迁移率 μ。在 $GaAs/Al_xGa_{1-x}As$ 异质结中,这一局限不复存在,因为 GaAs 与 AlGaAs 非常完美地连接在一起。这里,限制 μ 的施主离子远离(约 100A)二维通道,所以迁移率可达 $3 \times 10^7 cm^2 \cdot V^{-1} \cdot s^{-1}$。为实现这一目标,分子束外延(molecular beam epitaxy,MBE)生长源必须非常纯净从而避免杂质散射。类似地可以确认几个散射源:库仑电荷、界面粗糙度、晶格缺陷(杂质或空缺)。

石墨烯器件最常用的衬底是作为背栅的重掺杂 Si 上一层 300nm 的 SiO_2。电荷是通过电场效应导入石墨烯的,反向离子离石墨烯 300nm 远,散射很弱。现在剩下石墨烯/SiO_2 界面,之前我们看到 Si/SiO_2 界面对 Si 反型层非常重要。有两个因素影响界面:界面粗糙度,石墨烯会顺着界面波动形变,以及界面电荷。尽管石墨烯不会与 SiO_2 表面形成化学键,它仍受到来自电离施主的电荷转移和库仑散射的影响。在周围环境条件下,SiO_2 的水合物表面容易被硅羟基(Si—OH)、硅氧烷(Si—O—Si)以及多层水覆盖[21]。由分子动力学计算可知,SiO_2 表面态可以向石墨烯转移电子,产生电子掺杂。测量表明这种 n 型掺杂只在长时间真空或高温的条件下才能发生[22],这是由于它通常被石墨烯表面吸附的 H_2O 和 O_2 引起的 p 型掺杂掩盖。SiO_2 表面还会发生诸多化学反应。与碳纳米管类似,SiO_2 表面上的石墨烯具有明显的滞后性,说明涉及表面束缚水分子的电荷陷阱[23-24]。尽管更详细的图像还有待进一步理解，但我们几乎可以肯定 SiO_2 表面上的石墨烯中存在界面电荷，而且是主要的散射源。

在扩散输运的自洽玻尔兹曼动力学理论框架下[25-28]，我们已经能很好地理解石墨烯和其他 2DEG 中的杂质库仑散射的过程。在石墨烯中，二维面电导为 $\sigma = 2e^2/h(k_F l)$，平均自由程为 $l = v_F \tau_t$，其中 τ_t 为输运散射时间，则

$$\frac{1}{\tau_t} = n_{imp} \int_0^\pi Q(\theta, k_F)(1+\cos\theta)(1-\cos\theta)\mathrm{d}\theta \tag{2.6}$$

式中：$\theta = \theta_{kk'}$ 为初始与最终波矢 $\boldsymbol{k}$ 与 $\boldsymbol{k}'$ 之间的角度；n_{imp} 为库仑杂质密度；$Q(\theta, k_F)$ 为电子与带电杂质之间的屏蔽库仑散射势能的矩阵元；$1+\cos\theta$ 因子来自赝自旋守恒，是石墨烯所特有的，它抑制背散射，$1-\cos\theta$ 因子则抑制小角度散射。

式(2.6)显示 τ_t 与 n_{imp} 成反比，但还依赖于载流子浓度。通过计算可知，τ_t 与 $\sqrt{n}$ 成比例，并且当载流子浓度离狄拉克点足够远时迁移率线性正比于该浓度[25]：

$$\sigma = 20e^2/h(n/n_{imp}) \tag{2.7}$$

一般情况下，$10000\mathrm{cm}^2 \cdot \mathrm{V}^{-1} \cdot \mathrm{s}^{-1}$ 的迁移率对应于界面附近的杂质浓度约为 $5 \times 10^{11}\mathrm{cm}^{-2}$。对于离石墨层较远的杂质，其散射势的空间变化较小；这就相当于在动量空间有一个很小的傅里叶分量或小角度散射占主导地位，因而导致 τ_t 的增强。因此，单独测量 τ_t 并不能区别是远距离的高浓度杂质还是近距离的低浓度杂质，必须要考虑单粒子的动量弛豫时间或量子散射时间 τ_q。不同于代表电子被背散射所需时间的 τ_t，τ_q 表示粒子发生任意角度两次连续碰撞的时间间隔。去掉 τ_t 中的 $1-\cos\theta$ 因子，得到 τ_q 的表达式：

$$\frac{1}{\tau_q} = n_{imp} \int_0^\pi Q(\theta, k_F)(1+\cos\theta)\mathrm{d}\theta \tag{2.8}$$

其中，τ_t/τ_q 包含了散射角度的信息。大比值说明小角度散射占主导作用，所以库仑电荷远离二维通道；小比值意味着附近有杂质电荷和/或由短程(如 δ 函数)散射源主导。τ_t/τ_q 经常用来鉴定 2DEG 中散射源的性质和位置。例如，在调制掺杂 $GaAs/Al_xGa_{1-x}As$ 异质结中，由于电离施主很远，τ_t/τ_q 经常能达到几十。在硅反型层中这个比例接近于 1，因为界面电荷和表面粗糙度对 τ_t 和 τ_q 的贡献几乎相同。

在石墨烯实验中比较容易观察到上面描述的库仑杂质散射。图 2.5(a)所示为常见的 $\sigma(n)$ 的线性关系。通过在超高真空中石墨烯表面的 K 原子吸附来主动引入掺杂和库仑散射，文献[30]证实了式(2.7)中载流子迁移率和带电杂质密度之间的关系。

式(2.7)没能捕捉到的一个实验观察特征为：在载流子浓度高时许多器件显示的次线性行为(图 2.5(a))。与石墨烯作用很弱的短程散射源，如中性吸附

物,会产生一个恒定电阻 ρ_s[31]。这个常数 ρ_s 在高载流子浓度区域显得尤为重要,并导致了 σ 与 n 关系曲线的弯曲。结合长程和短程散射源,石墨烯层的总电导率可表示为

$$\sigma_{tot}^{-1} = \sigma_{long}^{-1} + \rho_s, \quad \sigma_{long} = ne\mu_{FE} + \sigma_0 \qquad (2.9)$$

式中:σ_0 为量级为 10^{-4}S 的残余电导率;ρ_s 的值为几十到几百欧姆;场效应迁移率 $\mu_{FE} = \dfrac{1}{e}\dfrac{d\sigma}{dn}$ 为几千到 $20000\text{cm}^2 \cdot \text{V}^{-1} \cdot \text{s}^{-1}$。相应的 τ_t 为几十到几百飞秒,平均自由程 l 则可以达到几百纳米。

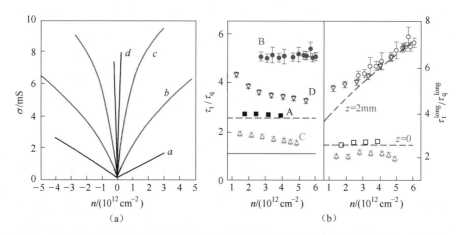

图 2.5 石墨烯中电导率随电子密度的变化以及两种散射时间的比例。(a)SiO_2 上(曲线 a 和 b)、h-BN 上(曲线 c)以及悬空(曲线 d)石墨烯中电导率随载流子密度(电子为正)的变化。样品 a~d 中的场效应迁移率分别为 $4400\text{cm}^2 \cdot \text{V}^{-1} \cdot \text{s}^{-1}$、$14500\text{cm}^2 \cdot \text{V}^{-1} \cdot \text{s}^{-1}$、$60000\text{cm}^2 \cdot \text{V}^{-1} \cdot \text{s}^{-1}$ 和 $230000\text{cm}^2 \cdot \text{V}^{-1} \cdot \text{s}^{-1}$。曲线 a 和 b 引自文献[29],曲线 c 由 Cory Dean 提供,曲线 d 由 Kirill Bolotin 提供。(b) τ_t/τ_q(左图)及其长程部分(右图)随载流子密度的函数(引自文献[29]© 2009 美国物理学会)

微观上,弱相互作用短程散射的起源是什么且带电杂质来自哪里?目前,第一个问题没有明确的答案。通过同时测量 τ_t 和 τ_q 并计算它们比值的方法,第二个问题已经取得了研究进展[29,32]。图 2.5(b)为 Hong 等[29] 的研究结果,他们分别测量了长程和短程散射对 τ_t 和 τ_q 的贡献,并发现 τ_t^{long} 和 τ_q^{long} 主要来源于石墨烯/SiO_2 界面 $z = 2$nm 处的库仑杂质。结合文献[32]中的数据,部分数据指出,在石墨烯/SiO_2 界面处存在带电杂质。这些结果与之前讨论的 SiO_2 表面的化学性质及表面态一致,但也不能直接揭示其微观来源。要理解这一重要问题还需要对其表面进行更多的研究。

要进一步提高载流子迁移率,就需要采用化学上惰性的衬底或使用悬浮石墨烯。这两种方法都已经有实验报道。Dean 等用晶体 BN 做衬底测得 μ_{FE} 最高

可到 $60000\mathrm{cm}^2 \cdot \mathrm{V}^{-1} \cdot \mathrm{s}^{-1[33]}$。Bolotin 和 Du 等在悬浮石墨烯装置中获得了 $\mu_{\mathrm{FE}} = 2.3 \times 10^5 \mathrm{cm}^2 \cdot \mathrm{V}^{-1} \cdot \mathrm{s}^{-1[34-35]}$。结果如图 2.5(a)所示。这些实验无疑义地表明衬底是限制石墨烯中载流子迁移率最重要的因素。

　　库仑杂质模型和短程散射已经能成功解释大部分电导率的测量结果。扫描隧道显微镜(scanning tunneling microscope,STM)测量到的电荷密度的空间非均匀性也被认为是由于库仑杂质随机分布引起在狄拉克点附近形成电子-空穴坑洼所致[36-37]。观测到的密度变化尺寸为 10 ~ 20nm,典型的 Δn 为几倍的 $10^{11} \mathrm{cm}^{-2}$。这两个特征与从现有器件中载流子迁移率得到的库仑杂质密度 $10^{11} \sim 10^{12} \mathrm{cm}^{-2}$ 一致。电子与空穴的共存使本征狄拉克点的一些物理性质,如最小电导率[3]等,无法在器件中实现。

　　晶格缺陷也会散射载流子,这个效应在合成石墨烯(如 CVD 生长或 SiC 析出的石墨烯)中更为突出。从石墨晶体剥落得到石墨烯层,STM 测得了近乎完美的、缺陷密度低于 $1 \times 10^8 \mathrm{cm}^{-2}$ 的石墨烯晶格[38]。由空位和化学吸附原子或分子基团产生的特定类型的原子缺陷称为隙态或共振散射体。它们与石墨烯中电子态强烈耦合,产生比库仑电荷更有效的电子散射[39-40]。虽然它们尺寸很小,但与弱相互作用短程散射不同,其对迁移率的贡献不能用常数 ρ_s 来描述,可表示为[39]

$$\sigma_\mathrm{d} = ne\mu_\mathrm{d} = \frac{2e^2}{\pi h} \frac{n}{n_\mathrm{d}} \ln^2(k_\mathrm{F}R_0) \qquad (2.10)$$

式中:n_d 为隙态密度;R_0 为相互作用势的半径,一般只有几埃(Å)。

　　式(2.10)给出了近似线性的 $\sigma(n)$ 并在高密度下由于 $\ln^2(k_\mathrm{F}R_0)$ 项成亚线性关系。如图 2.5(a)所示,曲线形状反映了库仑杂质和弱短程散射共同作用的结果。

　　通过离子轰击[41]、化学吸附氢[42]或氟原子[43]等方法产生空位,一些小组研究了带隙散射对迁移率的影响。Chen 等[41]通过逐渐增加离子浓度,演示了隙态散射使迁移率逐渐下降的过程。Lucchese 等[44]的研究表明,在低缺陷密度情况下,D 带的拉曼强度(对 G 带归一化后)与缺陷密度成正比。通过 STM 和拉曼数据校正,n_d 与 $I_\mathrm{D}/I_\mathrm{G}$ 的关系如图 2.6 所示,$I_\mathrm{D}/I_\mathrm{G} \approx 1$ 对应于 $n_\mathrm{d} \approx 1 \times 10^{12} \mathrm{cm}^{-2}$ 的空位面密度。由于缺陷的合并,当 $I_\mathrm{D}/I_\mathrm{G} > 2$ 时,$I_\mathrm{D}/I_\mathrm{G}$ 呈现出高度非线性及非单调关系[44]。通过慢慢增加石墨烯中的缺陷,Chen 等[41]和 Ni 等[42]研究了 $1/\mu$ 随离子浓度[41]或 $I_\mathrm{D}/I_\mathrm{G}$ [42]的演化。两者都证实了 $1/\mu$ 与 n_d 的线性关系,如式(2.10)所示。利用文献[44]的结果将 $I_\mathrm{D}/I_\mathrm{G}$ 转化为 n_d,文献[42]发现 $1/\mu$ 随 n_d 变化的斜率为$(1.2 \sim 6.7) \times 10^{-15}\mathrm{V} \cdot \mathrm{s}$。而在文献[41]中,斜率范围为$(7.9 \sim 9.3) \times 10^{-16} \mathrm{V} \cdot \mathrm{s}$。虽然不同的缺陷类型会导致一些小的差异,但如此大范围的迁移率变化还难以理解。

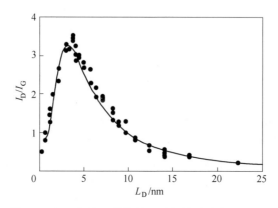

图 2.6　归一化的 D 带拉曼强度与缺陷密度的关系，
L_D 为缺陷之间的平均距离(引自文献[44])

　　有意思的是,从石墨晶体剥落的、未添加缺陷的石墨烯的 I_D/I_G 值很小,只有 0.01,目前还不知道这个小的 D 带的来源。就像之前讨论过的,剥落石墨烯中的天然缺陷密度只有能合理解释小 D 带密度的百分之一。经过辐射和光刻过程之后缺陷会增加,虽然实验上还没有证实这一假设。如果未处理的器件中的 D 带也来自于原子缺陷,这意味着 $n_d \approx 1 \times 10^{10}/cm^2$ 且 $1/\mu$ 对 n_d 的斜率可以用于估算其对迁移率的作用。根据文献[41-42]中的斜率估算的 μ_d 为 $15000 \sim 130000 cm^2 \cdot V^{-1} \cdot s^{-1}$。因此,测得的所有器件的迁移率极值 $\mu_{total} = 20000 cm^2 \cdot V^{-1} \cdot s^{-1}$ 中隙态散射的贡献并不确定。然而,可以肯定的是,仅仅靠原子缺陷很难解释实验结果。例如,隙态散射给出的 $\tau_t/\tau_q < 2$[32],与图 2.5(b)中一些器件的结果不符[29],也很难用 $1 \times 10^{10} cm^{-2}$ 左右的缺陷面密度来解释 STM 观测到的电子-空穴坑[36-37]特性。隙态散射更可能在晶格缺陷密度较大的合成石墨烯中产生重要的影响,其大小可用式(2.10)估算。

　　在 BN 衬底上获得的高迁移率 $\mu_{total} = 60000 cm^2 \cdot V^{-1} \cdot s^{-1}$ 证实了衬底有至关重要的作用。到底是什么原因引起的呢? 化学惰性? BN 衬底无表面悬空键和官能团,这比石墨烯/SiO$_2$ 界面当然要好很多。或者是由于它原子尺度的平坦? 下面我们将简要讨论石墨烯表面的粗糙度-皱褶的作用。在理论和实验这两方面的进展都在不断出现[45-47]。

　　透射电子显微镜(Transmission electron microscope,TEM)测量显示无衬底石墨烯褶皱的高度为 1nm 量级[48]。尽管这个系统也很有意思,但这里我们并不准备讨论。我们将主要关注有衬底的,特别是有 SiO$_2$ 衬底的石墨烯,因为它更易应用于纳米电子器件。石墨烯层会贴合粗糙的表面以便提高其与表面的附着力。与 SiO$_2$ 表面特征的贴合程度取决于附着能和产生褶皱曲率需要的弹性能之间的平衡。贴合表面尖角时曲率很大,弹性能很高,这时悬空层可能在能量上更加稳定。最近的研究表明[47]，尽管比衬底光滑，石墨烯表面粗糙度与 SiO_2 衬底表面高度相关，会顺着曲率半径小于 $1nm^{-1}$ 的结构生长（99.9% 的 SiO_2 表面粗糙度满足上述条件）。在云母衬底上，石墨烯层具有原子级别的平整度，表面粗糙度小于 $25pm$[49]。这时衬底会极大地抑制石墨烯层自由产生褶皱的行为。

石墨烯层与衬底之间在形貌上的相关性提供了调控石墨烯力学性能的有意义的机会，有的已经得到了应用[50]。但石墨烯层的曲率对其输运性质有着什么样的影响呢？从理论上讲，弯曲改变了局部 C—C 键的长度，并导致相邻跳跃积分的变化，这就相当于虚构了一个无规则磁场使电子发生偏转，从而产生散射[45]。当 $2H > 1$ 时，载流子浓度遵从关系 $\sigma_r \propto n^{2H-1}$；当 $2H = 1$ 时，有 $\sigma_r \propto \ln^2(k_F a)$，其中 $a = 2.46Å$。$2H$ 是表面高度-距离关联函数 $\langle [h(r) - h(0)]^2 \rangle \propto r^{2H}$ 的指数[45]。实验中观察到，当 $2H = 2$ 时可能呈线性关系 $\sigma(n)$。关于指数 $2H$ 的测量目前尚无定论，对于皱褶散射的定量估测也将非常困难，这主要是因为理论的定性性质以及实验上难以控制石墨烯表面粗糙度并将其与其他散射机制分开。要回答"皱褶散射对电阻率的影响？"这一个问题，还需要进行大量的研究工作。

本节的最后简单介绍一下化学掺杂。石墨烯拥有较大的表面体积比，并且其表面易于获得。这为开发用于有毒气体和生物分子的化学和生物传感器提供了有效途径，目前已经实现了对 NO_2 气体的高灵敏度检测[51]。吸附则提供了另一种通过改变载流子浓度进而调控石墨烯输运性质的方法[52]。另外，理解并去除不必要的化学吸附对石墨烯器件的性能和稳定性有着重要的影响。对于大多数杂质来说，石墨烯是化学惰性的，所以这里将主要考虑物理吸附在石墨烯表面的杂质。第 3 章将介绍通过晶格替换来掺杂石墨烯[53]。改变费米能级（等同于改变霍尔系数）是检测石墨烯物理吸附的主要机制。然而这种掺杂效应是多方面的。实验表明，碱性金属和过渡金属可以通过直接电荷转移实现对石墨烯的掺杂。因此，石墨烯中的载流子被电离的施主分散，进而导致载流子迁移率随着掺杂物的增加而降低，类似于库仑杂质模型[30,54]。吸附物为分子的情况则更复杂。一般认为 H_2O 导致了处于一般环境中的石墨烯器件中广泛存在的 p 型掺杂。这种掺杂可以通过抽真空或者热退火去除。NO_2 分子也会引起 p 型掺杂，而 NH_3 分子则导致了 n 型掺杂。这些分子能否直接与石墨烯实现电荷转移目前尚不清楚。对于诸如 NO_2 这样的开壳层分子，密度泛函理论（density functional theory，DFT）计算能给出解释[55-56]，但这种机理并不适用于 H_2O 和 NH_3 这样的闭壳层分子，它们的最高被占分子轨道（highest occupied molecular orbital，HOMO）与最低未被占分子轨道（lowest unoccupied molecular orbital，LUMO）的能级离石墨烯的费米能级比较远。也有人提出了由偶极吸附层诱导石墨烯功函数的变化，从而产生通过其他渠道（如 SiO_2 表面态）的间接电荷转移[40]。然而,附近源导致的电荷转移理论面临的一个困难是难以解释重要的实验结果。例如,H_2O、NO_2 和 NH_3 这三种偶极吸附物能够以大于 $10^{12}\,cm^{-2}$ 的浓度掺入石墨烯,而不会影响其迁移率[51-52]。这种结果与金属掺杂不同并且与附近的施主离子所导致的库仑散射结果相互矛盾,如果 $2×10^{12}\,cm^{-2}$ 浓度的施主离子存在于石墨烯表面,那么相应的迁移率限制为 $2500\,cm^2 \cdot V^{-1} \cdot s^{-1}$。即使它们与石墨烯之间有 2nm 的聚甲基丙烯酸甲酯(poly methyl methacrylate,PMMA)残留层(这在光刻工艺器件中常见),也会出现 $6000\,cm^2 \cdot V^{-1} \cdot s^{-1}$ 的迁移率限制(计算方法见文献[29]),这些变化在文献[51-52]中有体现。但是,实验现象并非如此。一种可能的解释是,室温下分子沉积形成群簇,从而导致库仑散射减弱。文献[54]就报道了群簇的形成导致散射减弱的现象。然而,就算是库仑散射减小到最小,$2×10^{12}\,cm^{-2}$ 的掺杂浓度仍然会导致 $5000\,cm^2 \cdot V^{-1} \cdot s^{-1}$ 的迁移率限制。分子聚集成簇的理论是否能够解释无迁移率减小以及分子聚集到什么程度才会对器件特性无影响,都是仍需解决的问题。以上的讨论说明,尽管分子的化学掺杂广泛存在,但掺杂的机制仍然不完全清楚。

除了金属和气体分子外,人们发现许多有机物,如 F4-TCNQ[57] 和 4-氨基-TEMPO[58] 以及无机小分子(HNO_3)[59] 也能够掺入石墨烯。这种方法特别适用于薄膜加工技术,也可用于将石墨烯集成到有机光伏和柔性电子器件中。

2.2.3 石墨烯纳米带中的输运

本节对石墨烯纳米带输运性质做了简要概述。GNR 因为具有带隙而有望成为在数字电子学中应用石墨烯的途径。这个领域的出现使 GNR 的制备和研究成为石墨烯研究中非常活跃的方向。在 2.1.2 节中已经介绍了 GNR 打开带隙的机制是量子限制。带隙的大小 E_g 和纳米带的宽度 W 成反比,约为 $2eV/W$(W 的单位为 nm)左右。亚 10nm 的 GNR 才能打开较大的带隙,这在技术上还是一个挑战。近年来,已经有很多方法可以制备出石墨烯纳米带,每种方法都有各自的优点和缺点,但在技术上现在还没有完美的方案。采用先进的电子束光刻技术已经可以制备出宽度小于 20nm 的 GNR[62],这一方法可用于大规模生产,但却面临着边缘粗糙的挑战。CVD 法可以制备出大量的、不同宽度的 GNR 晶体[63]。石墨的化学剥离可以产生边缘是光滑的亚 10nm GNR,但是很难控制其宽度[64]。通过解压氧化处理[65]或者等离子体腐蚀[66]的方法打开碳纳米管也可以制备出亚 10nm 条带。一种自下而上的自组装方法可以合成出边界清晰的、只有几个六角晶格宽度的 GNR[67]。目前,化学辅助方法在制备窄 GNR 时具有一定的优势,但还需要解决实际器件应用中需要的宽度均匀、集成度、缩放等问题。

尽管存在这些挑战,但是对于 GNR 中电子输运的理解已经取得了很大的进展。虽然理论上存在金属性的 GNR,但到目前为止,所有 GNR 器件都是半导体性的。这是因为目前 GNR 的边缘总存在缺陷，即使很小的无序都会破坏锯齿型 GNR 的边缘态和部分扶手椅型 GNR 的金属态。本节中我们主要关注与纳米电子学相关的半导体 GNR 的几方面性质：带隙的大小和它在晶体管和连接器中的特性。

1. 带隙的大小

为了清楚地讨论这一问题，我们需要定义"间隙"的含义。半导体 GNR 具有光谱间隙 E_g，但这不一定是输运实验测到的间隙。背栅 GNR 器件就像双极二极管，在电荷中性点附近的一定 V_g 范围内，当源漏偏压 V_{sd} 很小时，微分电导 dI/dV_{sd} 接近于 0（称为"关"的状态）；这个范围 ΔV_g 称为"输运间隙"，超出这个间隙器件的电导率急剧上升（称为"开"的状态）。对于一个在 300nm SiO_2 上的 $W = 30$nm 的 GNR，ΔV_g 约为几十伏，相当于几百毫电子伏的费米能级跨度 Δ_m[68-70]。一般情况下，这个能量变化可表示为 $\alpha/(W - W_0)$，W_0 为无活性的宽度，部分归因于刻蚀掩模的宽度与实际条带之间的差异，部分归因于边缘无序诱发的局域/钝化[71-72]。Han 等[71]发现 $\alpha \approx 5$eV·nm 且 $W_0 = 12$ nm。输运间隙与条带的长度无关。在输运间隙，通过加大 V_{sd} 观察 I_{sd} 急速上升，实验上也测得源极、漏极之间的间隙 ΔV_b（图 2.7（a）、（b））。ΔV_b 可以达到几十毫伏，而且随条带长度 L 增加，而随条带宽度变小。除了 Δ_m 和 ΔV_b 以外，还有两个能量，即活化能 E_a 和 $k_B T^*$。前者描述输运间隙内 dI_{sd}/dV_{sd} 与温度的关系 $dI_{sd}/dV_{sd} \propto \exp(-E_a/2k_B T)$；后者显示 dI/dV_{sd} 从开启变为一维变程跃迁行为，即 $T < T^*$ 时 $dI/dV_{sd} \propto \exp[-(T_0/T)^{1/2}]$。活化能 E_a 可以达到几十兆电子伏，而 $k_B T^*$ 比 E_a 小一个数量级（图 2.7（c））[68]。

在理想半导体中，$E_g = \Delta m = \Delta V_b = E_a$，$T^*$ 是不存在的。为什么在 GNR 中会变得复杂？复杂性来自于无序。GNR 中有两种类型的无序。和平面片材类似，在 SiO_2 衬底上制作的 GNR 也受到电荷杂质散射和由此产生的库仑势扰动 Φ_d 的影响。扫描探针测得的库仑势扰动范围 $\Delta\Phi_d = 15 \sim 77$meV[36-37,73]。相应的电子-空穴坑的典型横向尺寸约为 $10 \sim 20$nm。由于量子限制引起 GNR 能隙，这些坑变成了孤立的量子点。要使 GNR 导电性好，需要通过调节栅压来使大部分电子-空穴坑空置或被填满，它们之间的 V_g 范围也许可解释为输运间隙。因此 ΔV_g 受无序势 $2\Phi_d$ 的振幅控制。图 2.8（a）描述了这种情况。有时很粗糙的线边缘也会出现形成量子点的局部束缚[74]。

另外，即使是轻微的边缘无序（宽度变化、缺失原子、功能化）也会在边缘附近产生局域态（以下简称为安德森态，以便区分库仑势变化导致的量子点），并渗透到条带内部阻断电导。如图 2.8（b）所示，安德森态出现在带隙 E_g 内外且形成准迁移率边缘 E_c。安德森态带内电子的迁移率比较低，可认为是在传输间隙里。由此可见，ΔV_g 与边缘无序有关。一些计算结果发现，安德森态的能量范

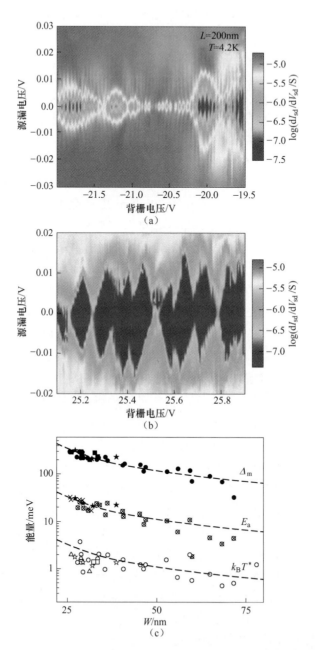

图 2.7　石墨烯纳米带中的输运性质。(a),(b)微分电导随着源漏电压和背栅电压变化的伪色图。条带宽 30nm,长 200nm。图中显示了由库仑阻塞引起的振荡(引自文献[69])。(c)长 GNR 中一些特征能量参数随条带宽度的变化

(引自文献[68]© 2010 美国物理学会)

围与实验中测量的输运间隙与宽度的关系相似,即 $\Delta_m = \alpha/(W - W_0)$,其中 α 为几个 eV·nm[72,75-76]。

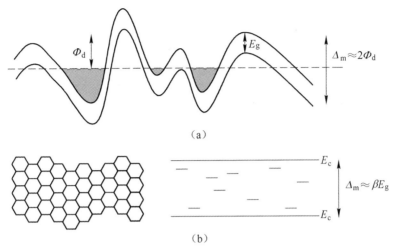

图 2.8　石墨烯纳米带中的无序(a)库仑势涨落产生的量子点;
(b)边缘无序导致的安德森局域态

检查 $W = 30$nm GNR 中不同的能量尺度:原始带隙 $E_g \approx 60$meV;库仑无序幅度 $2\Phi_d$ 的范围约为 $30 \sim 160$meV;安德森态的能量范围为 100meV 的量级。在实际的器件中这些无序都不可避免,且他们的能量尺度很接近,他们应该都对 GNR 中的电导有影响。在短 GNR 中,量子点往往是最显著的一种局域态,所以出现库仑阻塞和库仑振荡[69-70]。热处理能改变库仑杂质,这一效果已被实验证实[69]。长条带中,安德森态的行为体现在传输间隙对宽度的依赖[68]。在这两种情况下,因为输运间隙比实验中 $k_B T$ 要大得多,无论对量子点还是安德森态,文献[68]中测量电导与温度的关系得到的不是输运间隙而是相邻局域态之间跃迁需要的能量。观测到的 E_a 和安德森态之间的跃迁能量是一致的[77],也和相邻量子点间的跃迁能量相同[78],甚至与库仑充电能量相同[77]。实验[68]表明,低温下从 $\exp(-E_a/2k_B T)$ 形式的最近邻跃迁转变为 $\exp[-(T_0/T)^{1/2}]$ 形式的变程跃迁类似于一般的渗流行为。在有间隙的双层石墨烯中,栅诱导带隙和库仑无序一起作用也能产生这种局域物理现象[79-81]。

2. 晶体管特性

即使存在复杂的无序,GNR 还是可以用作双极晶体管。栅压 V_g 在输运间隙外时就导电了。在接近室温的情况下,用光刻法制作 GNR($W>20$nm)[71,82] 的电流开关的比值小于 10,而用化学剥离法制作的极窄纳米带($W=2$nm)的开关比可达 10^6,如图 2.9 所示,这时在亚阈值区每 210mV 能增加十倍电流[83]。生产的 GNR 的低开关比并不奇怪,因为输运间隙内的电导由最近邻的跃迁概率

$\exp(-E_a/2k_BT)$ 决定,其中 E_a 只有几十毫电子伏。文献[83]中提到的高开关比可能是由更窄的纳米带、更平整的边缘以及更短的沟道等因素产生的综合效应。这些高性能 GNR 器件表明,只要能控制好无序 GNR 晶体管就有很好的发展前景。

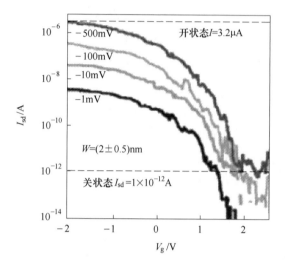

图 2.9 GNR 晶体管的开关比。2nm 宽的 GNR 中源漏电流随栅压的变化显示高达 10^6 的开关比
(引自文献[83]© 2008 美国物理学会)

结果表明,在带宽小于 60nm 的纳米带中,用于制备 GNR 的刻蚀工艺会降低载流子的迁移率[62]。当 $W=20$nm 时,载流子的迁移率下降到了几百平方厘米每伏特秒。线边缘粗糙产生的带边扰动以及由此带来的载流子散射是导致这种退化的主要因素。在窄纳米带中,电导趋向于一维化,线边缘粗糙(光刻条带中为几纳米)的影响更大[84-85]。根据以往经验,线边缘粗糙限制的迁移率 μ_{LER} 随条带宽度 W 按 $W^{4.3}$ 变化,迁移率随带宽的减小而急剧下降[62]。这在第 3 章中有进一步的讨论。

碳纳米管和单层二维石墨烯的击穿电流密度都超过 1×10^8 A/cm^2。GNR 也保持了这一优异性质。目前,GNR 器件的击穿电流密度可以达到 1×10^9 A/cm^2,比铜的高 1000 倍[83,86]。这一极高的载流容量使 GNR 成为连接线的有力候选者。

总之,在目前的阶段,无序主导着 GNR 的输运性质,实验中测得的各种各样的间隙与量子约束引起的真正带隙的关系不大。作为一个晶体管或者连线,理想 GNR 有许多令人满意的重要特征,包括高电流开/关比、高载流子迁移率和高载流容量。目前,无序严重削弱了这些高性能预期。获得具有原子尺度光滑边缘的 GNR 将会是提高其电子性能并实现其在数字电子技术中应用的关键一步。

2.2.4　SiC 生长和 CVD 生长石墨烯中的输运

现在,我们已经讨论过机械剥离到衬底上,特别是 SiO_2 衬底上的石墨烯中的输运性质。很多器件的应用都需要一个可大量生产并可升级的方法。大面积石墨烯的合成一直是一个活跃的领域。目前,石墨烯可以通过化学气相沉积(CVD)法在 SiC 衬底[87]和过渡金属[88-89]上外延生长制备出来。这将在第 6,7 章详细阐述。在本节中,根据散射机制,我们讨论合成材料的某些独特性质。在 SiC 衬底上的外延石墨烯(epitaxial graphene, EG)合成是通过高温(1200～1800℃)将硅原子从表面分离出来。这种生长可以从 Si 面(称为(0001))或者 C 面(称为(000$\bar{1}$))上开始。在 Si 面生长时更容易控制石墨烯的层数,并在几微米宽的原子级平坦长条 SiC 台阶上连续生长单层石墨烯[90]。台阶边缘似乎对输运没有显著的影响[91]。实验表明,Si 面生长的石墨烯具有典型的狄拉克锥色散关系[2],以及随之而来的磁输运中的半整数量子霍尔序列[91-92]。在 C 面生长往往会产生多层片材,层与层之间的角度约为 0°或 30°。旋转使层间有效退耦,因此对许多应用来说,系统为相互平行的独立石墨烯层,而非石墨。这些生长特性对输运性质具有重要的影响。

不管 EG 在 SiC 衬底的哪个表面上生长,SiC 和石墨烯之间功函数的不同都会在界面处产生偶极场,因此石墨烯将会有 10^{12}～10^{13} cm^{-2} 的电子掺杂。因为施主离子在石墨层附近,所以是带电杂质散射的主要来源。读者也许还记得,石墨烯层附近密度为 $5×10^{11}$ cm^{-2} 带电杂质的随机分布使载流子迁移率限制在 10000 $cm^2 \cdot V^{-1} \cdot s^{-1}$ 左右。在 SiC 衬底的 Si 面生长出的单层石墨烯,其迁移率最高为几千 $cm^2 \cdot V^{-1} \cdot s^{-1}$[91-92]。这时带电杂质散射起着核心作用。最近,Riedl 等[93]发现,嵌入到 Si 表面和缓冲层之间的氢原子层可以饱和硅表面的悬挂键,从而产生准独立的石墨烯。这种钝化也消除了衬底的电子掺杂效应,并有可能在更大的密度范围内制作更高质量的器件。

在 SiC 衬底的 C 面生长的多层石墨烯中,电流在各层中流过,但主要通过底层,这是因为衬底导致了底层的重掺杂电子。屏蔽作用使上层载流子密度迅速减小。这种密度梯度使最顶层中的载流子密度低至 10^9 cm^{-2}[94-95]。由于下层的屏蔽,顶层展示出了高质量的单层石墨烯的电子属性。如图 2.10 所示,STM 和红外线吸收的研究均表明,这一层的量子散射时间 τ_q 达到了几百飞秒[94-95],这和低载流子密度下约为 200000 $cm^2 \cdot V^{-1} \cdot s^{-1}$ 的量子迁移率 $\mu_q = e\tau_q/m^*$ 相对应。这个值与之前讨论过的悬浮石墨烯的值差不多。目前,已经成功在 C 面生长出单层石墨烯[96]。

在文献[90,97]中,Si 面上生长的 EG 的拉曼光谱显示 D 带的强度 I_D/I_G 的变化范围为 0.05～0.2。D 带是由晶格缺陷或者晶界引起的。正如 2.2.2 节中

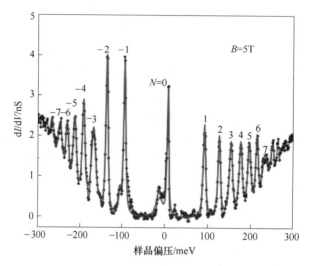

图 2.10 用 STM 探测在 4H-SiC 的 C 面上生长的外延石墨烯(EG)的
朗道能级量子化。隧道微分电导与样品偏压的函数。图中数字对应
狄拉克费米子的朗道能级(转自文献[94])

讨论的,石墨烯中晶格缺陷对电子的散射符合式(2.10)。孤立原子缺陷引起的值为 0.1 的 I_D/I_G 对应的迁移率限制为 1000~10000cm² · V⁻¹ · s⁻¹,这是不可忽略的。晶界连接不同晶向的晶畴。与碳纳米管带隙的形成类似[98],在最简单的直线周期性晶界的情况下,入射到晶界的电子根据两个晶畴的指数可能被完全透射或反射。对于外延石墨烯晶界的详细研究还很少[94],但是最近关于 CVD 制备出的石墨烯的研究发现了不规则的、非周期性晶界[99]。要想了解这种复杂边界的输运性质,需要更多的模型。这将会在后面讨论 CVD 生长石墨烯的时候再次提到。

在 2.2.1 节中,已经讨论了 LA 声子散射和 ROP 散射(由于近邻衬底和顶栅氧化层)对电阻率随温度变化的贡献。EG 中的内禀 LA 声子散射应保持不变。按照文献[17]中所描述的方法,可以用 SiC 的静态和光学介电常数 $\varepsilon_0 = 6.5$ 和 $\varepsilon_\infty = 9.7$ 及其表面光学声子频率 $\hbar\omega = 116\text{meV}$[100]计算石墨烯/6H-SiC 界面上 ROP 散射的大小。这些估算表明,SiC 界面 ROP 散射导致室温下迁移率限制为 360000cm² · V⁻¹ · s⁻¹。与其他散射源相比,它的作用微不足道,这使 SiC 成为比 SiO₂ 更好的衬底。然而,顶栅对于控制 SiC 上 EG 中的载流子密度是必要的,且带 Al₂O₃ 或 HfO₂ 顶栅氧化物的晶体管大阵列已经被制造出来(见第 9 章)。ROP 散射将由顶栅氧化物决定,因而找出这些器件中声子对性能的限制十分重要。

　　下面我们简要讨论一下 CVD 生长的石墨烯的电子输运特性。虽然这个制备方法从几年前刚开始使用[88-89]，但在制备大面积和高质量石墨烯片方面已经显示出很好的前景。第 7 章将详细介绍这种方法。这里，我们重点讨论在铜衬底上合成的石墨烯，这种石墨烯主要是单层的，只有一小部分是多层的[89]。通过把长好的石墨烯片转移到 SiO_2/掺杂 Si 衬底上来制造电子器件。最好的器件可以和载流子迁移率为 $9000cm^2 \cdot V^{-1} \cdot s^{-1}$ 的剥落石墨烯相媲美，并且具有很好的半整数量子霍尔效应，但是大部分 CVD 生长的石墨烯的 μ 为 $1000cm^2 \cdot V^{-1} \cdot s^{-1}$ 的量级，低于剥落的石墨烯的值[59,89-99,101]。由于这些器件是在同种类型的衬底（SiO_2/掺杂 Si）上测试的，所以其差异必定源自于生长和转移过程。通过改变生长条件，Hwang 等[101]证明了载流子迁移率和拉曼 D 带的强度之间有很强的相关性：随着 D 带强度的增加迁移率的降低。拉曼 D 带信号可能来自晶格缺陷或晶界，这项研究表明，高的缺陷和/或晶界的密度会导致迁移率降低。同一研究还表明，即使 $I_D/I_G < 0.05$，这对 CVD 生长的石墨烯来说也是相当普遍的，载流子迁移率仍然小于 $1500cm^2 \cdot V^{-1} \cdot s^{-1}$，说明还有其他主要散射源的存在。

　　Huang 等[99]的实验为 CVD 生长的石墨烯的生长形态和输运特性提供了关键信息。结合原子分辨扫描透射电子显微镜和衍射技术，他们描绘出生长样本的晶粒和晶界，并证明晶粒大小（从几百纳米到 $1\mu m$ 以上）取决于石墨烯生长所在的 Cu 衬底的纯度及其生长方法。然而，扫描静电力显微镜还表明，晶界散射对载流子输运不具有重要作用，至少不会在几千 $cm^2 \cdot V^{-1} \cdot s^{-1}$ 的水平上。Li 等[102]独立的研究表明，低压生产过程可以制备出尺寸为 0.5mm 的石墨烯颗粒，但是其 μ 还是保持在几千平方厘米每伏特秒。μ 对晶粒大小的不敏感度起初很让人费解，但是从载流子的平均自由程上就很容易理解，如当 $n = 2 \times 10^{12} cm^{-2}$，$\mu = 5000cm^2 \cdot V^{-1} \cdot s^{-1}$ 时它只有 80nm，比晶粒的尺寸小得多。随着迁移率的提高，与晶界有关的晶体错配、缺陷和吸附终将成为限制因素。

　　如果不是晶界，那么是什么导致 CVD 制备的石墨烯中的低载流子迁移率？答案可能在于生长和输运过程中的污染物。文献[99]中，在超纯（99.999%）Cu 膜上生长的石墨烯的迁移率比在相对较低纯度（99.8%）的 Cu 膜上生长的石墨烯的迁移率要高 7 倍（图 2.11）。这表明，在预生长退火过程中，Cu 中杂质可能浮现出来并起了一定的作用。将石墨烯转移到衬底的过程包含溶液蚀刻（一般为 $FeCl_3$）和 PMMA 印记的溶液去除。两个过程都会在石墨烯上留下残留物。干净的生长和转移过程也许是制备高质量 CVD 石墨烯生长的关键，大尺寸以及使用任何衬底的自由使这种合成方法在不同应用中具有独特的优势。

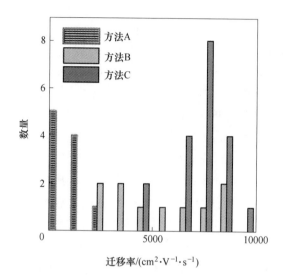

图 2.11 载流子迁移率和生长方法的相关性。方法 A:生长条件类似于文献[89]中采用纯度为 99.8% 的铜膜。方法 B:在处于快速加热管式炉中纯度为 99.8% 的铜膜上生长。方法 C:与方法 A 的生长条件一样,但是是在 99.999% 的超纯铜膜上(转载自文献[99])

2.3　石墨烯场效应晶体管中的高场输运

　　本节将讨论在高源漏偏压(横向电场)下石墨烯 FET 中的电子输运特性。图 2.12 给出了双栅石墨烯 FET 中在不同顶栅偏压 V_{tg} 和背栅偏压 V_{bg} 下,漏极电流 I_d 与源漏偏压 V_{sd} 的关系图[103]。在低偏压 V_{sd} 下,漏极电流 I_d 和 V_{sd} 呈线性关系。在这个线性区,I_d-V_{sd}(I-V)曲线的斜率代表器件的电导,它与载流子密度 n 和迁移率 μ 成正比。在高偏压下,I-V 曲线呈强非线性关系且趋向于饱和。高饱和电压或电流及伴随的电流饱和平台(低输出电导),使得石墨烯 FET 有望用于高频线性放大器。在这方面的清晰理解将对设计、建模和优化性能方面至关重要。

　　在 Drude 模型中,电子在电场 E 中加速一段时间 τ_t(输运散射时间)后,动量达到 $mv = eE\tau_t$,或相当于漂流速度 $v = Ee\tau_t/m = \mu E$。在低偏压下,v 和 E 之间的线性关系转化为线性 I-V 曲线。当电子漂移速度增大时,与声子的非弹性碰撞变得越来越重要,使电子失去动量和能量。另外,器件产生的焦耳热提高了电子温度 T_e,使费米分布展宽。电子和空穴之间的库仑相互作用引起牵引,使相反符号的载流子同向运动,净电流减小[104-105]。这两种效应最终导致电子漂移速度达到饱和值 v_{sat}。

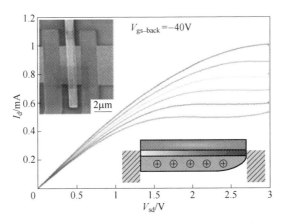

图 2.12　双栅石墨烯场效应晶体管中的电流-电压(I-V)特性。上插图:器件的 SEM 图像,
比例尺:2μm;下插图:截面示意图(转载自文献[103])

在单栅和双栅石墨烯 FET 中,几个声子通道参与非弹性散射,其中包括 LA 和光学声子(能量为 $\hbar\Omega = 196\mathrm{meV}$ 的 Γ 点 LO 模和 $\hbar\Omega = 149\mathrm{meV}$ 的 K 点 TO 模[13])。声子的非弹性散射将电子系统产生的热量散发到石墨烯晶格中,使晶格温度 T_L 升高。热晶格将通过衬底和金属接触冷却。知道与不同声子的耦合强度便可以计算出动量和能量损失,以及电子漂移速度和温度并与实验值进行对比[104-108]。只考虑石墨烯声子的贡献计算出的饱和速度比实验值低太多[106-108]。另外,DaSilva 等[107]又考虑了相邻衬底与顶栅氧化物的表面光学声子,结果表明,在无调节参数时得到与实验值吻合得很好的结果(图 2.13(a))。此外,文献[107,109]表明,衬底光学声子的直接发射是工作在高源漏偏压下石墨烯晶体管中的热电子失去动量和能量的主要通道。这种直接冷却的机制降低了 T_e,并使 v_{sat} 得以提升。饱和电流密度在几 mA/μm 范围内,并且在高载流子浓度 n 时与 n 呈近似线性关系(图 2.13(b))。计算还表明,尽管速度饱和发生在低偏压下的清洁样品中[107-108],但库仑杂质的密度(图 2.13(b))和衬底(图 2.13(c))对 v_{sat} 的影响都不大。

比较石墨烯和金属性碳纳米管 FET 在高偏压下的输运是有意义的。后者可用一个简单的模型 $I = \dfrac{V}{R_0 + V/I_{\mathrm{sat}}}$ 来描述,其中 R_0 为样品在小偏压下的电阻,I_{sat} 为饱和电流。在高偏压下,稍长碳纳米管的饱和电流 $I_{\mathrm{sat}} \approx 25\mu\mathrm{A}$[110-112]。用电子漂移速度表示的话,上式为 $v = \dfrac{\mu E}{1 + \mu E/v_{\mathrm{sat}}}$。如果光学声子的发射是瞬时的,这个模型就准确地描述了电流的饱和过程,即电子-声子的背散射长度 l_{ph} 比电子在电场中加速到能发射声子的能量阈值所需的长度 $l_\Omega = \hbar\Omega/eE$ 要短得多。在碳纳米管中,l_Ω 有几百纳米而 l_{ph} 为 10nm 量级,因此 $l_{\mathrm{ph}} \ll l_\Omega$ 是满足

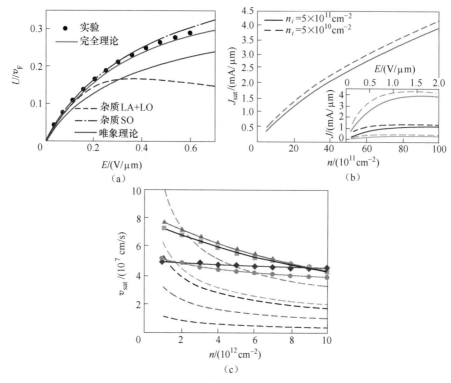

图 2.13 高偏压下石墨烯晶体管中电流饱和的机制。(a)在 SiO_2 背栅石墨烯器件中,漂移速度的测量值和计算值随源漏电场的变化关系图。载流子密度为 $n = 2.1 \times 10^{12}\ cm^{-2}$。数据只能由包括 SiO_2 衬底的表面光学声子解释。(b)在两个库仑杂质密度下饱和电流密度与载流子密度的函数关系。插图显示,三个载流子密度 n(从上到下)分别为 $1 \times 10^{13}\ cm^{-2}$、$2 \times 10^{12}\ cm^{-2}$ 和 $5 \times 10^{11}\ cm^{-2}$ 时的 $I-V$ 曲线。干净样品中 $I-V$ 曲线在低电场下饱和(引自文献[107])。(c)室温下不同衬底上石墨烯中饱和速度随载流子密度的关系。●—无衬底,○—BN,■—SiC,▲—SiO_2 衬底,◆—HfO_2,虚线为瞬时发射模型的预测(引自文献[108]© 2010 美国物理学会)

的[110,112]。根据兰道尔(Landauer)公式,我们得到 $l_{sat} = (4e/h)\hbar\Omega = 25\mu A$,其中 $\hbar\Omega = 160meV$[110]。在石墨烯中,类似的推导将得到 $v_{sat}/v_F = \hbar\Omega/E_F$[103],其中 $v_{sat} \propto 1/\sqrt{n}$。然而,研究表明,较弱的电-声耦合作用[106-107]使石墨烯中的 l_{ph} 不够短,因而瞬时发射模型并不适用,必须使用完整的微观理论。比较图 2.13(a)中的数据可以发现,瞬时发射模型中低估了电流值。事实上,还有一个很有用的经验表达式 $v = \dfrac{\mu E}{[1 + (\mu E/v_{sat})^\beta]^{1/\beta}}$ 用来描述硅晶体管的 $I-V$ 特性,并可以得到饱和速度[113]。这种方法已经被用来分析石墨烯中高偏压下的输运性质[114]。

单层石墨烯中几 $mA/\mu m$ 的饱和电流密度相当于超过 $10^8\ A/cm^2$ 的极高块材电流密度,这在放大器应用上非常有利。这也说明在设计这种器件时能量管理非常重要。石墨烯晶体管在高偏压状态下,每平方微米的石墨烯片上产生的焦耳热为 1mW 量级,中心部位的温度可超过 1000K[109]。大部分热量是通过石墨烯/衬底界面及氧化层直接或间接消散的(一小部分通过金属接触点消散)。研究表明,石墨烯/SiO$_2$ 界面的热导率在 2000~10000W/(m·K) 范围内并因设备而异,可能对界面的细节很敏感[109,115]。300nm SiO$_2$ 氧化层的热导率约为 300W/(m·K),转换成块材热导率为 1W/(cm·K)。减少氧化物的厚度并改善界面的热接触可以增强衬底中的热流动并进一步降低电子温度,使得饱和电流达到更高值[108]。

最后,有必要指出图 2.12 和图 2.13 中 I-V 曲线的差别。图 2.12 中,I-V 曲线达到了饱和,其中一条在高偏压 V_{sd} 下显示出向上的趋势。图 2.13(a)中,I-V 曲线的实验值与计算值一样都没在 $E = 1V/\mu m$ 以下达到饱和。图 2.12 中器件出现饱和的原因是通道中载流子密度的空间变化,这是由于顶栅电压和高 V_{sd} 下通道内电势的差异而产生的[103]。如图 2.12 下面的插图所示,一小部分通道被“截断”了。这种效应在顶栅氧化物比较薄的晶体管中最为明显,在石墨烯放大器中可以通过建模用于实现完全饱和(零输出电导)。

2.4　小　　结

在从块材中分离出单层石墨烯的 6 年之后,石墨烯这一新兴蓬勃的领域已经在理解其新颖二维电子系统的基本性质以及开发其在纳米电子学、光子学和能源等应用潜能方面有了迅速进展。本章重点阐述了目前对二维石墨烯、石墨烯纳米带和场效应器件中电子输运的理解;讨论了各种迁移率限制机制,包括带电杂质、原子缺陷、表面褶皱、内在石墨烯声子以及外在远程氧化物声子。目前,带电杂质是石墨烯器件中散射的主要来源,消除它的方法包括悬浮或使用化学上惰性的衬底,如 BN。高源漏偏压与低偏压下的输运有着明显不同,衬底表面光学声子的发射对饱和电流和热发散至关重要。库仑势扰动和边缘无序的存在使纳米带中的电导非常复杂。与剥离石墨烯相比,外延石墨烯和 CVD 制备的石墨烯在大规模器件生产方面具有明显的潜在优势,但是还需要更好的生长技术。衬底在石墨烯电子器件的许多方面具有重要作用。要在石墨烯晶体管中实现高开/关比和亚阈值斜率,就必须消除无序引起的跳跃传导。使用更干净的衬底来生长石墨烯从而进一步提高载流子迁移率,以及将石墨烯和功能氧化物(如磁性材料[116]、铁电薄膜[117-118])结合,从而实现新的功能,这将面临更多的挑战和机遇。将石墨烯与生物传感器[119]和有机光纤[61]结合设计器件已经开始实施。在这些跨学科领域中充分应用石墨烯的电子和光学性质有望取得更进一步的发展。

致谢

非常感谢 Bill Cullen、Michael Fuhrer、Philip Kim、Elena Polyakova 和 Arend Van Der Zande 的有益建议。感谢 Ke Zou 在制图、Vincent Crespi 在文字校对方面的贡献。本章内容所述相关科研工作由 NSF Grants No. NIRT ECS−0609243 和 No. CAREER DMR−0748604 基金支持。

参 考 文 献

[1] Wallace, P. The Band Theory of Graphite. *Physical Review* **71**, 622−634 (1947).

[2] Bostwick, A., Ohta, T., Seyller, T., Horn, K. & Rotenberg, E. Quasiparticle dynamics in graphene. *Nature Physics* **3**, 36−40 (2006).

[3] Castro Neto, A., Guinea, F., Peres, N., Novoselov, K. & Geim, A. The electronic properties of graphene. *Reviews of Modern Physics* **81**, 109−162 (2009).

[4] Park, C., Giustino, F., Spataru, C., Cohen, M. & Louie, S. Angle-resolved photoemission spectra of graphene from first-principles calculations. *Nano letters* **9**, 4234−4239 (2009).

[5] Borghi, G., Polini, M., Asgari, R. & MacDonald, A. Fermi velocity enhancement in monolayer and bilayer graphene. *Solid State Communications* **149**, 1117−1122 (2009).

[6] Peres, N. Colloquium: The transport properties of graphene: An introduction. *Reviews of Modern Physics* **82**, 2673 (2010).

[7] Brey, L. & Fertig, H. Electronic states of graphene nanoribbons studied with the Dirac equation. *Physical Review B* **73**, 235411 (2006).

[8] Nakada, K., Fujita, M., Dresselhaus, G. & Dresselhaus, M. S. Edge state in graphene ribbons: Nanometer size effect and edge shape dependence. *Physical Review B* **54**, 17954−17961 (1996).

[9] Son, Y., Cohen, M. & Louie, S. Half-metallic graphene nanoribbons. *Nature* **444**, 347-349 (2006).

[10] Barone, V., Hod, O. & Scuseria, G. Electronic structure and stability of semiconducting graphene nanoribbons. *Nano Lett* **6**, 2748−2754 (2006).

[11] Ando, T., Fowler, A. & Stern, F. Electronic properties of two-dimensional systems. *Rev. Mod. Phys.* **54**, 437−672 (1982).

[12] Piscanec, S., Lazzeri, M., Mauri, F. & Ferrari, A. Optical phonons of graphene and nanotubes. *The European Physical Journal-Special Topics* **148**, 159−170 (2007).

[13] Charlier, J. C., Eklund, P., Zhu, J. & Ferrari, A. Electron and phonon properties of graphene: Their relationship with carbon nanotubes. *Carbon Nanotubes*, 673−709 (2008).

[14] Hwang, E. & Das Sarma, S. Acoustic phonon scattering limited carrier mobility in two-dimensional extrinsic graphene. *Physical Review B* **77**, 115449 (2008).

[15] Efetov, D. K. & Kim, P. Controlling Electron-Phonon Interactions in Graphene at Ultrahigh Carrier Densities. *Physical Review Letters* **105**, 256805 (2010).

[16] Chen, J., Jang, C., Xiao, S., Ishigami, M. & Fuhrer, M. Intrinsic and extrinsic performance limits of graphene devices on SiO_2. *Nature Nanotechnology* **3**, 206−209 (2008).

[17] Zou, K., Hong, X., Keefer, D. & Zhu, J. Deposition of high-quality HfO2 on graphene and the effect of remote oxide phonon scattering. *Physical Review Letters* **105**, 126601 (2010).

[18] Fischetti, M., Neumayer, D. & Cartier, E. Effective electron mobility in Si inversion layers in metal-oxide-semiconductor systems with a high-kappa insulator: The role of remote phonon scattering. *Journal of Applied Physics* **90**, 4587-4608 (2001).

[19] Fratini, S. & Guinea, F. Substrate-limited electron dynamics in graphene. *Physical Review B* **77**, 195415 (2008).

[20] Deal, B. The current understanding of charges in the thermally oxidized silicon structure. *Journal of the Electrochemical Society* **121**, 198C (1974).

[21] Zhuravlev, L. The surface chemistry of amorphous silica. Zhuravlev model. *Colloids and Surfaces A: Physicochemical and Engineering Aspects* **173**, 1-38 (2000).

[22] Romero, H. E. et al. n-Type behavior of graphene supported on Si/SiO(2) substrates. *ACS NANO* **2**, 2037-44 (2008).

[23] Kim, W. et al. Hysteresis caused by water molecules in carbon nanotube field-effect transistors. *Nano Lett* **3**, 193-198 (2003).

[24] Aguirre, C. et al. The Role of the Oxygen/Water Redox Couple in Suppressing Electron Conduction in Field-Effect Transistors. *Adv. Mater.* **21**, 3087-3091 (2009).

[25] Adam, S., Hwang, E., Galitski, V. & Das Sarma, S. A self-consistent theory for grapheme transport. *Proceedings of the National Academy of Sciences* **104**, 18392 (2007).

[26] Hwang, E., Adam, S. & Das Sarma, S. Carrier transport in two-dimensional graphene layers. *Physical Review Letters* **98**, 186806 (2007).

[27] Ando, T. Screening effect and impurity scattering in monolayer graphene. *Journal of the Physical Society of Japan* **75**, 074716 (2006).

[28] Nomura, K. & MacDonald, A. Quantum transport of massless dirac fermions. *Physical Review Letters* **98**, 076602 (2007).

[29] Hong, X., Zou, K. & Zhu, J. Quantum scattering time and its implications on scattering sources in graphene. *Physical Review B* **80**, 241415 (2009).

[30] Chen, J. et al. Charged-impurity scattering in graphene. *Nature Physics* **4**, 377-381 (2008).

[31] Shon, N. H. & Ando, T. Quantum transport in two-dimensional graphite system. *Journal of the Physical Society of Japan* **67**, 2421-2429 (1998).

[32] Monteverde, M. et al. Transport and Elastic Scattering Times as Probes of the Nature of Impurity Scattering in Single-Layer and Bilayer Graphene. *Physical Review Letters* **104**, 126801 (2010).

[33] Dean, C. et al. Boron nitride substrates for high-quality graphene electronics. *Nature Nano-technology* **5**, 722-726 (2010).

[34] Bolotin, K. et al. Ultrahigh electron mobility in suspended graphene. *Solid State Communications* **146**, 351-355 (2008).

[35] Du, X., Skachko, I., Barker, A. & Andrei, E. Y. Approaching ballistic transport in suspended graphene. *Nature Nanotechnology* **3**, 491-495 (2008).

[36] Zhang, Y., Brar, V., Girit, C., Zettl, A. & Crommie, M. Origin of spatial charge inhomogeneity in graphene. *Nature Physics* **5**, 722-726 (2009).

[37] Deshpande, A., Bao, W., Miao, F., Lau, C. & LeRoy, B. Spatially resolved spectroscopy of monolayer graphene on SiO$_2$. *Physical Review B* **79**, 205411 (2009).

[38] Stolyarova, E. et al. High-resolution scanning tunneling microscopy imaging of mesoscopic graphene sheets on an insulating surface. *Proceedings of the National Academy of Sciences* **104**, 9209 (2007).

[39] Stauber, T., Peres, N. & Guinea, F. Electronic transport in graphene: A semiclassical approach including

midgap states. *Phys. Rev. B* **76**,205423（2007）.

［40］Wehling,T. O. ,Katsnelson,M. I. & Lichtenstein,A. I. Adsorbates on graphene: Impurity states and electron scattering. *Chem Phys Lett* **476**,125-134（2009）.

［41］Chen,J. -H. ,Cullen,W. ,Jang,C. ,Fuhrer,M. & Williams,E. Defect Scattering in Graphene. *Phys. Rev. Lett.* **102**, 236805（2009）.

［42］Ni,Z. et al. On resonant scatterers as a factor limiting carrier mobility in graphene. *Nano letters* **10**,3868-3872（2010）.

［43］Hong,X. ,Cheng,S. -H. ,Herding,C. & Zhu,J. Colossal negative magnetoresistance in dilute fluorinated graphene. *Phys. Rev. B* **83**,085410（2011）.

［44］Lucchese,M. et al. Quantifying ion-induced defects and Raman relaxation length in graphene. *Carbon* **48**, 1592-1597（2010）.

［45］Katsnelson,M. & Geim,A. Electron scattering on microscopic corrugations in graphene. *Philosophical Transactions A* **366**,195（2008）.

［46］Geringer,V. et al. Intrinsic and extrinsic corrugation of monolayer graphene deposited on SiO_2. *Physical Review Letters* **102**,076102（2009）.

［47］Cullen,W. G. et al. High-Fidelity Conformation of Graphene to SiO_2 Topographic Features. *Phys Rev Lett* **105**,215504（2010）.

［48］Meyer,J. C. et al. The structure of suspended graphene sheets. *Nature* **446**,60-63（2007）.

［49］Lui,C. ,Liu,L. ,Mak,K. ,Flynn,G. & Heinz,T. Ultraflat graphene. *Nature* **462**,339（2009）.

［50］Bao,W. et al. Controlled ripple texturing of suspended graphene and ultrathin graphite membranes. *Nature nanotechnology* **4**,562-566（2009）.

［51］Schedin,F. et al. Detection of individual gas molecules adsorbed on graphene. *Nature Materials* **6**,652-655（2007）.

［52］Lohmann,T. ,Von Klitzing,K. & Smet,J. Four-Terminal Magneto-Transport in Graphene pn Junctions Created by Spatially Selective Doping. *Nano letters* **9**,1973-1979（2009）.

［53］Wei,D. et al. Synthesis of N-doped graphene by chemical vapor deposition and its electrical properties. *Nano letters* **9**,1752-1758（2009）.

［54］Pi,K. et al. Electronic doping and scattering by transition metals on graphene. *Physical Review B* **80**,075406（2009）.

［55］Wehling,T. et al. Molecular doping of graphene. *Nano Lett* **8**,173-177（2008）.

［56］Leenaerts,O. ,Partoens,B. & Peeters,F. Adsorption of H_2O,NH_3,CO,NO_2,and NO on graphene: A first-principles study. *Physical Review B* **77**,125416（2008）.

［57］Chen,W. ,Chen,S. ,Qi,D. C. ,Gao,X. Y. & Wee,A. T. S. Surface transfer p-type doping of epitaxial graphene. *Journal of the American Chemical Society* **129**,10418-10422（2007）.

［58］Choi,J. ,Lee,H. ,Kim,K. ,Kim,B. & Kim,S. Chemical Doping of Epitaxial Graphene by Organic Free Radicals. *The Journal of Physical Chemistry Letters* **1**,505-509（2009）.

［59］Bae,S. et al. Roll-to-roll production of 30-inch graphene films for transparent electrodes. *Nature nanotechnology* **5**,574（2010）.

［60］Park,H. ,Rowehl,J. A. ,Kim,K. K. ,Bulovic,V. & Kong,J. Doped graphene electrodes for organic solar cells. *Nanotechnology* **21**,505204（2010）.

［61］Gomez De Arco,L. et al. Continuous,highly flexible,and transparent graphene films by chemical vapor deposition for organic photovoltaics. *ACS nano* **4**,2865-2873（2010）.

［62］Yang,Y. & Murali,R. Impact of size effect on graphene nanoribbon transport. *Electron Device Letters*,*IEEE*

31,237–239（2010）.

［63］Campos-Delgado,J. et al. Bulk production of a new form of sp2 carbon: Crystalline grapheme nanoribbons. *Nano Letters* **8**,2773–2778（2008）.

［64］Li, X. , Wang, X. , Zhang, L. , Lee, S. & Dai, H. Chemically derived, ultrasmooth grapheme nanoribbon semiconductors. *Science* **319**,1229（2008）.

［65］Kosynkin,D. et al. Longitudinal unzipping of carbon nanotubes to form graphene nanoribbons. *Nature* **458**, 872–876（2009）.

［66］Jiao,L. ,Zhang,L. ,Wang,X. ,Diankov,G. & Dai,H. Narrow graphene nanoribbons from carbon nanotubes. *Nature* **458**,877–880（2009）.

［67］Cai,J. et al. Atomically precise bottom-up fabrication of graphene nanoribbons. *Nature* **466**,470–473（2011）.

［68］Han, M. ,Brant,J. & Kim,P. Electron transport in disordered graphene nanoribbons. *Physical review letters* **104**,056801（2010）.

［69］Gallagher,P. ,Todd,K. & Goldhaber-Gordon,D. Disorder-induced gap behavior in graphene nanoribbons. *Physical Review B* **81**,115409（2010）.

［70］Stampfer,C. et al. Energy gaps in etched graphene nanoribbons. *Phys Rev Lett* **102**,056403（2009）.

［71］Han,M. Y. ,Ozyilmaz,B. ,Zhang,Y. & Kim,P. Energy band-gap engineering of grapheme nanoribbons. *Physical Review Letters* **98**,206805（2007）.

［72］Evaldsson, M. , Zozoulenko, I. V. , Xu, H. & Heinzel, T. Edge-disorder-induced Anderson localization and conduction gap in graphene nanoribbons. *Physical Review B* **78**,161407（2008）.

［73］Martin, J . et al. Observation of electron-hole puddles in graphene using a scanning single-electron transistor. *Nature physics* **4**,144–148（2008）.

［74］Sols, F. , Guinea, F. & Neto, A. H. C. Coulomb blockade in graphene nanoribbons. *Physical Review Letters* **99**,166803（2007）.

［75］Mucciolo, E. R. , Castro Neto, A. & Lewenkopf, C. H. Conductance quantization and transport gaps in disordered graphene nanoribbons. *Physical Review B* **79**,075407（2009）.

［76］Querlioz,D. et al. Suppression of the orientation effects on bandgap in graphene nanoribbons in the presence of edge disorder. *Applied Physics Letters* **92**,042108（2008）.

［77］Martin, I. & Blanter, Y. M. Transport in disordered graphene nanoribbons. *Physical Review B* **79**, 235132（2009）.

［78］Adam, S. , Cho, S. , Fuhrer, M. & Das Sarma, S. Density inhomogeneity driven percolation metal-insulator transition and dimensional crossover in graphene nanoribbons. *Physical Review Letters* **101**,046404（2008）.

［79］Zou, K. & Zhu,J. Transport in gapped bilayer graphene: the role of potential fluctuations. *Physical Review B* **82**,081407（2010）.

［80］Taychatanapat, T. & Jarillo-Herrero, P. Electronic Transport in Dual-Gated Bilayer Graphene at Large Displacement Fields. *Physical Review Letters* **105**,166601（2010）.

［81］Yan, J. & Fuhrer, M. S. Charge Transport in Dual Gated Bilayer Graphene with Corbino Geometry. *Nano Letters* **10**,4521–4525（2010）.

［82］Chen, Z. , Lin, Y. -M. , Rooks, M. J. & Avouris, P. Graphene nano-ribbon electronics. *Physica E* **40**, 228–232（2007）.

［83］Wang, X. et al. Room-temperature all-semiconducting sub-10-nm graphene nanoribbon field-effect transistors. *Physical review letters* **100**,206803（2008）.

［84］Basu, D. , Gilbert, M. , Register, L. , Banerjee, S. & MacDonald, A. Effect of edge roughness on electronic transport in graphene nanoribbon channel metal-oxide-semiconductor field-effect transistors. *Applied Physics*

Letters **92**,042114 (2008).

[85] Fang, T. , Konar, A. , Xing, H. & Jena, D. Mobility in semiconducting graphene nanoribbons: Phonon, impurity,and edge roughness scattering. *Physical Review B* **78**,205403 (2008).

[86] Murali,R. ,Yang,Y. ,Brenner,K. ,Beck,T. & Meindl,J. D. Breakdown current density of graphene nanoribbons. *Applied Physics Letters* **94**,243114 (2009).

[87] First,P. et al. Epitaxial Graphenes on Silicon Carbide. *MRS Bulletin* **35**,296 (2010).

[88] Reina,A. et al. Large area,few-layer graphene films on arbitrary substrates by chemical vapor deposition. *Nano letters* **9**,30−35 (2008).

[89] Li,X. et al. Large-Area Synthesis of High-Quality and Uniform Graphene Films on Copper Foils. *Science* **324**,1312−1314 (2009).

[90] Emtsev, K. V. et al. Towards wafer-size graphene layers by atmospheric pressure graphitization of silicon carbide. *Nature Materials* **8**,203−207 (2009).

[91] Jobst,J. et al. Quantum oscillations and quantum Hall effect in epitaxial graphene. *Physical Review B* **81**, 195434 (2010).

[92] Shen,T. et al. Observation of quantum-Hall effect in gated epitaxial graphene grown on SiC (0001). *Applied Physics Letters* **95**,172105 (2009).

[93] Riedl,C. ,Coletti,C. ,Iwasaki,T. ,Zakharov,A. & Starke,U. Quasi-free-standing epitaxial graphene on SiC obtained by hydrogen intercalation. *Physical Review Letters* **103**,246804(2009).

[94] Miller, D. L. et al. Observing the Quantization of Zero Mass Carriers in Graphene. *Science* **324**,924−927 (2009).

[95] Orlita, M. et al. Approaching the Dirac point in high-mobility multilayer epitaxial graphene. *Physical Review Letters* **101**,267601 (2008).

[96] Wu, X. et al. Half integer quantum Hall effect in high mobility single layer epitaxial graphene. *Applied Physics Letters* **95**,223108 (2009).

[97] Lee, D. S. et al. Raman spectra of epitaxial graphene on SiC and of epitaxial grapheme transferred to SiO_2. *Nano letters* **8**,4320−4325 (2008).

[98] Yazyev,O. V. & Louie,S. G. Electronic transport in polycrystalline graphene. *Nature Materials* **9**,806−809 (2010).

[99] Huang,P. Y. et al. Grains and grain boundaries in single-layer graphene atomic patchwork quilts. *Nature* **469**,389−92 (2011).

[100] Nienhaus,H. ,Kampen,T. & Mönch,W. Phonons in 3 C-,4 H-, and 6 H-SiC. *Surface science* **324**,L328−L332 (1995).

[101] Hwang,J. , Kuo,C. , Chen,L. & Chen , K. Correlating defect density with carrier mobility in large-scaled graphene films: Raman spectral signatures for the estimation of defect density. *Nanotechnology* **21**,465705 (2010).

[102] Li,X. et al. Large-Area Graphene Single Crystals Grown by Low-Pressure Chemical Vapor Deposition of Methane on Copper. *Journal of the American Chemical Society* **133**,2816−2819 (2011).

[103] Meric,I. et al. Current saturation in zero-bandgap,top-gated graphene fild-effect transistors. *Nature Nanotechnology* **3**,654−659 (2008).

[104] Tse, W. & Das Sarma, S. Energy relaxation of hot Dirac fermions in graphene. *Phys. Rev. B* **79**, 235406 (2009).

[105] Bistritzer,R. & MacDonald,A. Hydrodynamic theory of transport in doped graphene. *Physical Review B* **80**, 085109 (2009).

[106] Barreiro, A., Lazzeri, M., Moser, J., Mauri, F. & Bachtold, A. Transport properties of graphene in the high-current limit. *Physical Review Letters* **103**, 076601 (2009).

[107] DaSilva, A., Zou, K., Jain, J. & Zhu, J. Mechanism for current saturation and energy dissipation in graphene transistors. *Physical Review Letters* **104**, 236601 (2010).

[108] Perebeinos, V. & Avouris, P. Inelastic scattering and current saturation in graphene. *Phys. Rev. B* **81**, 195442 (2010).

[109] Freitag, M. et al. Energy dissipation in graphene field-effect transistors. *Nano letters* **9**, 1883 – 1888 (2009).

[110] Yao, Z., Kane, C. & Dekker, C. High-field electrical transport in single-wall carbon nanotubes. *Physical Review Letters* **84**, 2941-4 (2000).

[111] Javey, A., Guo, J., Wang, Q., Lundstrom, M. & Dai, H. Ballistic carbon nanotube field-effect transistors. *Nature* **424**, 654-657 (2003).

[112] Park, J. Y. et al. Electron-phonon scattering in metallic single-walled carbon nanotubes. *Nano Letters* **4**, 517-520 (2004).

[113] Canali, C., Majni, G., Minder, R. & Ottaviani, G. Electron and hole drift velocity measurements in silicon and their empirical relation to electric field and temperature. *Electron Devices, IEEE Transactions on* **22**, 1045-1047 (1975).

[114] Meric, I. et al. Channel Length Scaling in Graphene Field-Effect Transistors Studied with Pulsed Current-Voltage Measurements. *Nano Letters* **11**, 1093 (2011).

[115] Mak, K. F., Lui, C. H. & Heinz, T. F. Measurement of the thermal conductance of the graphene/SiO$_2$ interface. *Applied Physics Letters* **97**, 221904 (2010).

[116] Haugen, H., Huertas-Hernando, D. & Brataas, A. Spin transport in proximity-induced ferromagnetic graphene. *Physical Review B* **77**, 115406 (2008).

[117] Hong, X., Posadas, A., Zou, K., Ahn, C. H. & Zhu, J. High-Mobility Few-Layer Graphene Field Effect Transistors Fabricated on Epitaxial Ferroelectric Gate Oxides. *Physical Review Letters* **102**, 136808 (2009).

[118] Zheng, Y. et al. Gate-controlled nonvolatile graphene-ferroelectric memory. *Applied Physics Letters* **94**, 163505 (2009).

[119] Ohno, Y., Maehashi, K., Yamashiro, Y. & Matsumoto, K. Electrolyte-gated graphene field-effect transistors for detecting pH and protein adsorption. *Nano Lett* **9**, 3318-3322 (2009).

延 伸 阅 读

N. W. Ashcroft, and N. D. Mermin, *Solid State Physics* (Brooks Cole, 1976).

C. Weisbuch, and B. Vinter, *Quantum Semiconductor Structures: Fundamentals and Applications* (Academic Press, 1991).

Carbon Nanotubes: Advanced Topics in the Synthesis, Structure, Properties and Applications, edited by Ado Jorio, Gene Dresselhaus and Milred S. Dresselhaus, (Springer, 2008).

B. I. Shklovskii, and A. L. Efros, *Electronic Properties of Doped Semiconductors* (Springer, 1984).

Single Charge Tunneling: Coulomb Blockade Phenomena in Nanostructures, edited by H. Grabert, and M. H. Devoret, (Plenum Press, New York, 1992).

第3章

石墨烯晶体管

Raghu Murali

模拟和数字晶体管由于其应用的不同有着不同的要求。在射频(radio frequency,RF)应用中的基本要求是小通路电阻、低寄生效应以及高迁移率;而数字场效应管则需要带隙和互补操作(常开和常关器件)。在本章中我们将按照这些要求讨论石墨烯晶体管并与 Si 和Ⅲ-Ⅴ族晶体管比较。提高器件密度需要不断缩小器件尺寸,这里主要从边缘散射以及补偿途径两方面讨论石墨烯场效应晶体管的尺寸缩减。通过混频器、倍频器和变频器讨论如何实现石墨烯场效应管电路。介绍了一些非场效应的石墨烯晶体管,如克莱因隧穿晶体管。

3.1 引　　言

半导体器件大致可分为数字和模拟两种电子器件。数字电子器件高度集成(每个芯片上有数十亿的晶体管),大多采用 Si 基互补型场效应晶体管作为开关单元,相应工厂的建造至少需要 10 亿美元。此外,在过去的 40 年里,充足的资源投资使得 Si 基(CMOS)技术有了很大的性能优势。因此,任何新技术要想在数字电子器件上同硅技术竞争都会面对很高的门槛——从替换现有工厂需要的投资到性能胜过 Si 基 CMOS 的器件技术。另外,模拟电子电路不需高度集成,因而对新技术更加开放。模拟电子电路主要用于电信应用的基带和射频领域,这些同样可以在非硅材料的 CMOS 中实现,包括锗化硅(SiGe)、磷化铟(InP)及砷化镓(GaAs)。因此,石墨烯在模拟电路应用方面存在直接的潜力。本章将着眼于石墨烯晶体管在数字和模拟电路中的应用。

早期石墨烯场效应晶体管(graphene field effect transistor,GFET)都是背栅型,而 Si 基场效应晶体管通常都是顶栅型。实际上在 300nm 厚的 SiO_2 上,单层石墨烯(single-layer graphene，SLG)的光学可见性是采用背栅型石墨烯场效应晶体管的主要原因[1]。Geim 和 Novoselov 首创的透明胶技术已被广泛应用[2]，这都要归因于获得单层石墨烯的简单方法——重复剥离石墨得到单层石墨烯，然后转移到 SiO_2 基板上，用光学显微镜进行分析。电子束光刻技术通常被用来在微米尺寸薄片上刻上金属触点。一个光刻步骤足以获得底栅(bottom-gated，BG)场效应晶体管。要形成纳米带，则额外的光刻和蚀刻步骤是必需的。根据场效应晶体管的类型可决定顶栅场效应晶体管(TG FET)需要的额外光刻和蚀刻/沉积步骤。图 3.1 所示为 BG 和顶栅(top-gated，TG)石墨烯场效应晶体管的截面图。典型的外延石墨烯[3]就用了 TG 场效应晶体管来研究器件性能。结合背栅和顶栅的场效应晶体管已用来研究各种器件现象，如打开双层石墨烯的带隙[4]。

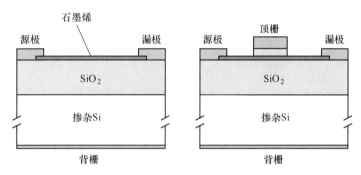

图 3.1　背栅和顶栅石墨烯场效应晶体管。剥落和 CVD 石墨烯通常放在掺杂 Si 上 300nm 或 90nm 厚的 SiO_2 衬底上。掺杂硅可被用作背栅

本章 GFET 指的不是大面积石墨烯场效应晶体管就是石墨烯纳米带场效应晶体管(GNR FET)，石墨烯纳米带(GNR)可以由大面积石墨烯(光刻和蚀刻)得到或者由化学方法得到(取材于石墨或碳纳米管，见第 9 章)。改变一个 GFET 的栅极势来改变费米能级通道，这同样使得石墨烯通道变成 n 型或 p 型，形成独特的电流-电压曲线。当 $E_F \approx 0$ 时，电导率最小；石墨烯的本征载流子密度预计为 $n_i = 10^{11} \, cm^{-2}$[5]。当 $E_F > 0$(或 $V_G < 0$)，通道中的电子受到感应进行传导。类似地，当 $E_F < 0$ 时，通道中主要是空穴传导。对于理想的石墨烯，最低电导率对应的栅电压(V_{gmin})为零，但制备出来的样品取决于许多参数，如杂质的类型和密度、不同覆盖物导致的掺杂、石墨烯和衬底之间的功函数差等。利用简单的栅静电学分析，我们可以估计二维石墨烯场效应晶体管的开关比，假设通道载流子密度增加时迁移率 μ 保持常量，对于在 300nm SiO_2 上的大面积背栅 GFET，$V_G \approx 50V$，感应载流子密度约为 $3 \times 10^{12} \, cm^{-2}$。如果 $\sigma = en\mu$，电导率 ρ 调制约为 30($\rho = n_e / n_i$，n_e 为感应载流子密度)。研究表明，对于单层石墨烯，杂质库仑

力限制的迁移率不受载流子密度 n 的影响,而是受短程散射控制,因而有 $\mu \propto 1/n$[6]。假设忽略短程散射,当 $V_G = -50 \sim 50\text{V}$ 时,最大开关比将会是 30。由于杂质的影响,当 $V_G = V_{\text{gmin}}$ 时,单层石墨烯中载流子密度高于 n_i,同时测量的开关比也小于 30。另外,常量 μ 的假设给出了线性 $\alpha - V_g$ 关系,然而由于场效应晶体管的各种不对称性,电子和空穴的 μ 可能不同。

3.2　数字场效应晶体管

传统上,Si 基场效应晶体管受短沟道效应(short channel effects, SCE)的限制,通常这会减小开关比。对于每一代的微缩,Dennard 缩放理论[7]要求耗尽深度与横向同步变化。这是为了保持良好的通道门控,但需要更多的通道掺杂,因而会降低通道迁移率。由于通道很薄,为原子量级,SCE 的控制应该比 GNR FET 更容易。

持续缩小硅基 CMOS 的一个瓶颈是功耗和电池寿命的缩减或者说需要更先进的散热技术。硅基 CMOS 功耗主要分为两部分:①动态功耗($\frac{1}{2}CV_{\text{dd}}^2 f_{\text{clk}}$),其中 C 为充电电容,V_{dd} 为电源电压,f_{clk} 为交换频率;②静态功耗($I_{\text{off}} V_{\text{dd}}$),其中 I_{off} 为关电流。以下是减少功耗的方法。

(1) 降低 C:C 为器件电容 C_{DEV} 和线电容 C_W 的总和。目前的 CMOS,由于线尺寸缩放不会明显改变 C_W,故 C_W 已经变为 C 的主要组成部分(见第 5 章)。因此,仅仅缩放器件不足以降低 C,即使石墨烯晶体管中 $C_{\text{DEV}} = 0$,如果电路架构没有改变,由此节省的电力也将忽略不计。过去大量的短线架构被提出[9],它们减少了平均线长,从而导致更低的平均 C_W。

(2) 减小 V_{dd}:这个过程就包含了大量的挑战,如电源噪声、电源分布网路中的电阻压降、更低的开电流 I_{on} 导致时延增加(由于栅极过驱动,$V_G - V_T$ 更低)。

(3) 阈值电压 V_T:减小 V_T 可以在维持栅极过驱动时减小 V_{dd};然而 V_T 偏低会推高 I_{off},从而反过来增加了静态功耗。较高的 V_T 则会减少栅极过驱动并带来更高的电路时延(约为 $CV_{\text{dd}}/I_{\text{on}}$)。

(4) 氧化层厚度(t_{ox})缩小:缩小氧化层厚度更有利于通道的栅门控制,同时只需要一个更小的 V_{dd}。然而,由于氧化物已经降到几个原子层了,已经没有调节 t_{ox} 的空间了。

(5) 降低 f_{clk}:较慢的电路可通过并行来克服电路时延问题,然而这就需要电路面积与时延的权衡。目前,通用微处理器从单核到多核设计的发展就足以看出并行和低频的使用降低了功耗[10]。

关电流 I_{off} 由很多电流组成,主要为次临界漏电流 I_{sub} 和栅极漏电流 I_{gate}。通过改善阈下摆动 S 可以降低 I_{sub},例如,像鳍式场效应晶体管(Fin FET)那样

更好地控制通道[11]。已提出的非传统 FET 可以实现较低的 S,包括隧道
FET[13] 以及铁电电介质 FET[14]。然而,这些设计都会有一个与开电流或者其
他晶体管度量的权衡。经过持续努力终于发现了一种能够克服 Si 基 CMOS 功
耗问题的新型晶体管。使用石墨烯场效应晶体管有许多潜在优势:①更高的迁
移率,从而实现快速切换;②本身具有的薄通道更有利于通道的门控制;③多层
石墨烯的叠加可以使单片三维集成。另外,与铜(用作 Si 基 CMOS 连接)比较,
石墨烯连接展示出更多的优点,包括更高的载流容量[15]、较低的电阻率[16]以
及更小的互电容。可以预想与 Si 基 CMOS 相比,石墨烯系统可以得到更好的器
件以及互连接性能。

3.3　能　带　带　隙

　　FET 的互补操作(n 型和 p 型 FET)常用在硅技术中,这使得器件在不切换
状态的情况下减少静态功耗。通过建立一个源极和漏极之间的势垒来控制断开
状态——源极和漏极之间的断开电流 I_{sub} 正比于 $\exp(-E_g/kT)$,E_g 为带隙。如
果是无带隙,媒介物从源极到漏极有一个无间隙结并且 I_{sub} 趋于无穷大。

　　通过量子限制可以简单地打开石墨烯带隙,如搭建石墨烯纳米带[17]。石
墨烯纳米带带隙满足 $E_g = \alpha/W$,其中 α 测量值为 2eV,W 为纳米带的宽度。E_g 和
W 的倒数关系是采用窄石墨烯纳米带的重要原因之一,当 $W \approx 5nm$ 时可以得到
一个大带隙来减小亚阈值漏电。

　　使用自上而下的光刻技术生产出的 GNR 边缘粗糙,导致更大的边缘散射,
当 GNR 宽度小于 30nm,会降低迁移率,这个问题将会在 3、4 节详细分析。其他
打开石墨烯带隙的方法有:①双层石墨烯不对称化[4];②破坏晶体对称性,从衬
底上打开带隙[18];③利用 SiC 的垂直切面[19];④纳米网状刻蚀成石墨烯[20]。
每一种方法都对应相关的问题:①打开双层石墨烯能带需要很强的电场(获得
$I_{on}/I_{off} = 100$ 需要背栅场强 3MV/cm),而且静电掺杂可以提供这个场强,与利用
窄 GNR 相比,这种方法得到的带隙比较小;②重要测量结果的解释一直存在很
大争议[21];③这种方法似乎不能将 GNR 缩小到 100nm 以下;④由于在石墨烯
纳米网中刻蚀图案,迁移率会受到影响。另外,这些方法大部分都不能调节带
隙,因而无法制作新型量子异质结器件。

　　如果采用非场效应开关模式,那么晶体管就不需要带隙,克莱因隧穿就是一
种制作石墨烯零带隙开关的方法。另外,采用类似在双层石墨烯中获得的方法,
小带隙还是可以应用到隧穿场效应晶体管等器件的生产中。这些概念会在后面
的章节讨论。

3.4 射频场效应晶体管(RF FET)

在射频应用中,晶体管处于开启状态,需要放大的 RF 信号叠加到直流门电压。截止频率 f_T 是指小信号电流增益为 1 时的频率,同样也是射频应用中 RF 可以有效使用的最高频率。方程 f_T 可以简化为 $f_T = g_m/(2\pi C)$,提高 f_T 可以通过最大化 g_m 并使 g_{ds}(输出电导)和等价电路中所有的电容和电阻尽可能小来实现。由于大部分参数都随着 V_{gs} 和 V_{ds} 变化,f_T 峰值通常出现在深饱和区域,也就是在 g_m 峰值附近和 g_{ds} 明显下降的地方[22]。然而在线性区域里,由于 g_m 很低同时 g_{ds} 很高,导致 f_T 很低。因此,要想得到一个很高的 f_T 就需要使漏极电流饱和,如图 3.2 所示。许多石墨烯 FET 的 I_{ds}-V_{ds} 特征曲线呈现无或弱饱和的线性关系,从而导致 g_m 减小以及器件开关速度的限制。一些 GFET 则显示存在第二线性区的不寻常饱和现象。

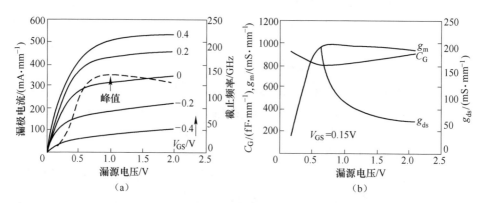

图 3.2 (a)漏极电流(实线)和 f_T(虚线)与漏源电压的关系;(b)RF GaAs 高电子迁移率晶体管的跨导(g_m)、栅电容(C_G)以及漏源电导(g_{ds})(引自文献[22])

在对离散场效应晶体管 f_T 的测量中,可以通过测量特殊的"开"和"短"结构并从中提取本征器件的行为来消除寄生效应的影响。据报道,使用剥落和外延的石墨烯已经制备出吉赫带宽的石墨烯场效应晶体管,文献[23]报道了 $f_T = 4.4\text{GHz}$、$L \approx 2\mu\text{m}$ 的外延石墨烯 FET,这个 $f_T \times L_g$ 非常接近 Si 基 nFET 的值。文献[24]报道了 $f_T = 100\text{GHz}$、栅尺寸为 240nm 的晶体管;一个使用 10nm HfO$_2$ 电介质(连接约 10nm 厚的聚合物界面层)的晶体管,而且呈现弱饱和现象。尽管这些只是弱饱和特性,石墨烯 FET 也还是胜过 Si 基 MOSFET。图 3.3 所示为各种 FET 的 f_T 的比较图,对于传统的 $L > 0.2\mu\text{m}$ 的 RF FET,f_T 正比于 L^{-1}。同时,也随着流动性的增加而增加,但是当 L 很小时,与寄生电阻和短沟道效应比起来,迁移率显得没那么重要了。石墨烯 FET 的 f_T 峰值依赖于 $1/L^2$[25]。这样的性质可能取决于器件运行于三极管(线性)区域。

限制射频场效应晶体管性能的两个主要因素如下:

(1)顶栅电介质:高 K 电介质的沉积降低了通道的迁移率,这就需要技术的优化来保证通道迁移率。

(2)通路电阻:即源极-漏极连接点和石墨烯栅域之间的电阻。当栅长收缩,通路电阻在所有电阻中占据很大的比重。降低电阻的方法包括背栅静电掺杂以及栅自我对齐方法。

这两种限制因素都会在后面的章节中详细讨论。

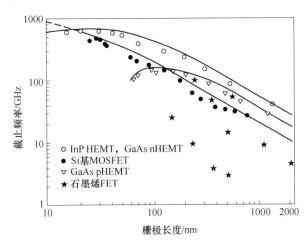

图 3.3　各种类型的 RF FET 包括石墨烯和纳米管 FET 的截止频率的比较图。
所有图形符号点为实验数据,画线是为了更好地对比(引自文献[22])

3.5　宽　度　缩　放

图 3.4 显示随着扶手椅型石墨烯纳米带宽度的减小,带隙随之增大,与此同时有效质量也增大。这将降低载流子速度,进而降低载流子迁移率。这个图像假定了完美的边界;现实中,自上而下的光刻技术会导致边缘无序,从而引起宽度、尺寸对载流子输运的额外影响。这种尺寸依赖将减少石墨烯中与载流子迁移率相关的优势,如弹道输运和长相干长度等。许多其他材料的电阻率也在纳米尺度上变得依赖尺寸大小,如铜[8]和 InAs 纳米线[27]。以铜材料为例,当铜线宽度降到 20nm 时,晶界散射和边缘散射使电阻率呈 3 倍的速度增长(与块状值比)。

大量理论研究表明:边缘散射对石墨烯输运有着重大影响。边缘缺陷破坏完美的、沿着特定方向重复的六角晶格[28]。只有几个原子尺寸的边缘粗糙会使金属性扶手椅型和锯齿型 GNR 表现出明显的开电流变动[28]。有趣的是,这个结果表明,输运带隙与纳米带宽度成反比。电荷抑制机制,如横向限制,能打开输运带隙(如量子点结构需要载流子隧穿来进行输运)[29]。由于横向限制或"瓶颈"的加强,输运带隙随着边缘无序的增加而增加。事实上,金属锯齿型纳米带输运带隙会出现在小宽度系统中[29],这揭示了研究器件的一个重要挑战:一方面,输运带隙会导致器件的低迁移率以及与手性无关;另一方面,要获得好的器件性能非常需要带隙。

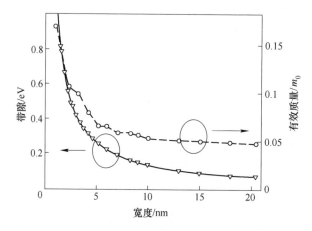

图 3.4　GNR 带隙和有效质量与宽度的关系,m_0 为自由电子的质量

(经许可,引自文献[26]© 2007 IEEE)

在文献[28]中,模拟计算被用于研究无序对 GNR 的影响。无序指标定义为最大无序是 0,理想边缘为 1。研究发现,对于适度无序($r \approx 0.5$),宽度为 4.18nm 的扶椅型 GNR FET,与完美边界的结果相比,器件开关比减小到 1/10。更让人意想不到的是,即使对于一个基本完美扶椅型的 GNR($r = 0.99$),开关比也减小到约 1/3,另一项计算研究[30]考虑了各种散射机制以及载流子输运限制。基于一个 0.5nm 的无序振幅,可以预计:在室温条件下,当 GNR 宽度尺度低于 5nm 时,边缘无序成为主导散射机制(声学声子散射)[30]。因此,目前需要在打开能隙和加宽纳米带以减少边缘无序影响之间平衡。

在文献[31]中,利用片状石墨烯得到了迁移率随宽度变化的 GNR。图 3.5(插图)展示了这项工作中具有代表性的模型,文献[31]中用于比较不同尺寸系统的指标是迁移率,而迁移率随着载流子浓度变化。因此对于不同 GNR 来说,重要的是测量相同载流子浓度下的迁移率,以确保比较的可行性。不同 GNR 之间 $V_g - V_{gmin}$ 相同。对于二维石墨烯来说,背栅面电容为 11.5nF/cm²,GNR 会更高(由于边缘效应)。载流子浓度 $n = 5 \times 10^{12}$ cm⁻² 对应于 $V_g - V_{gmin} \approx 70V$。迁移率可以从与电子密度的关系得到:$\mu = 1/(n\rho e)$,其中 $n = 5 \times 10^{12}$ cm⁻²,ρ 为电阻率,e 为电子电荷。利用跨导方法得到的迁移率也有相似的趋势,只是与用载流子密度方法得到的相比,迁移率低了 30%~50%。图 3.5 所示为 GNR 迁移率实验值。以 SiO_2 为衬底的石墨烯存在以下几种散射机制限制它的电导率:①本征散射。本征散射使得迁移率限制在约 $2\times10^5 cm^2 \cdot V^{-1} \cdot s^{-1}(T=300K)$。已经测得悬浮石墨烯的迁移率为 $2\times10^5 cm^2 \cdot V^{-1} \cdot s^{-1}$。②由于 SiO_2 声子产生的外在散射[33],使得在 $n=5\times10^{12} cm^{-2}$,$T=300K$ 时,载流子迁移率限制为 $40000 cm^2 \cdot V^{-1} \cdot s^{-1}$。③杂质散射[34]。④线边缘粗糙(line-edge roughness,LER)散射。这使得利用散射理论可以估测杂质散射在 GNR 中的贡献[34],文献[31]中模型设置的杂质密度 n_i 约为 2×10^{11}~$19\times10^{11} cm^{-2}$。LER 限制型迁移率可以通过比较氧等离子刻蚀前后的迁移率进行推算,文献[31]中用到了电子束光刻技术,最终的 LER 的线宽约为 2nm,LER 迁移率与线宽之间存在一个相互关系。数据满足 $\mu_{LER}=AW^B$,其中 A 为一个常量,$B\approx-4.1$,B 的值与先前工作中[5]预测值 $B\approx-4$ 吻合得很好。然而与更早预测的表面尺寸 5nm 的迁移率相比,LER 得到的迁移率在更广泛的宽度上存在退化。当 $W>60nm$ 时,起主要作用的散射是杂质散射,然而当 $W<30nm$ 时,LER 散射更为显著。在 $W<20nm$ 的石墨烯纳米带中,$\mu<1000 cm^2 \cdot V^{-1} \cdot s^{-1}$,而更宽的纳米带在低杂质密度时迁移率会超过 $10000 cm^2 \cdot V^{-1} \cdot s^{-1}$,这是由于 LER 限制迁移率的 $W^{-4.1}$ 关系。

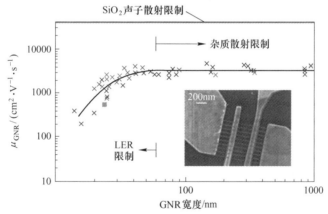

图 3.5　GNR 迁移率与 GNR 宽度的关系。当 $W<60nm$ 时,尺寸的大小看似降低了 GNR 的迁移率;当 $W>60nm$ 时,迁移率受限于杂质散射。插图为每对电极间设置 10 条 GNR 的 SEM 图(授权复制于文献[31]© 2007 IEEE)

尺寸效应也同样影响石墨烯的热导率,二维石墨烯显示出约为 $5000 W/(m \cdot K)$ 的热导率[35],这就意味着它有作为芯片散热器的潜在用途。然而,目前的测量数据表明,小于 20nm 宽的纳米带只有 $1100 W/(m \cdot K)$ 的热导率——这是由于边缘的存在增加了声子散射。因此,寻找途径减小边缘散射同样也可以提高纳米带的热导率。

3.6 边缘散射的弱化

优化光刻过程来降低 LER 是减少边缘散射的一个传统方法，然而在自上而下光刻技术中降低 LER 存在很多挑战，并且光刻之后的等离子体处理过程会引起额外的粗糙度。因此就需要新颖的方法来减少边缘散射，其中就包括化学提取 GNR、氢化、氟化、边缘钝化、波导结构、气体刻蚀以及金属催化剂刻蚀。

化学制备 GNR 有很多方法：①通过化学方法剥离石墨，让其破裂成细小的 GNR，这种方法可以使宽度降到几纳米以下[36]；②通过切开碳纳米管（carbon nanotube，CNT）得到 GNR，根据起始的 CNT，得到的 GNR 的宽度可以从几纳米到几百纳米[37-38]；③自组装可以制备出几纳米宽的 GNR[39]。不同于自上而下光刻得到的石墨烯片制成的 GNR，化学衍生石墨烯（chemically derived graphene，CDG）可能会在连接电路时面临定位问题。大部分实验会通过 CDG 旋转在氧化衬底上覆盖一层溶液（包含石墨烯）。然后，采用一些方法（拉曼、原子力显微镜（atomic force microscope，AFM）来确定适合 GNR 的位置，同时在石墨烯上组建电极。图 3.6 所示为 CDG 迁移率与线宽的关系图，以及片状石墨烯在器件上的运行机制。即使 CDG 拥有稍高的迁移率，随着宽度的减小，输运性质还是会有很大的退化。现在还不是很清楚这个退化到底是不是由于边缘粗糙或是其他散射机制导致的。

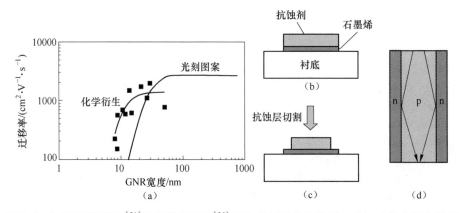

图 3.6　(a)光刻图案型[31]和化学衍生型[36] GNR 的迁移率比较图。(b)~(d)分别为石墨烯载流子波导的自对准形成过程。其中：(b)抗蚀图案被转到石墨烯上，从而形成 GNR；(c)抗蚀剂每边被切掉几纳米，裸露的 GNR 反型掺杂后可用作基面；(d)npn 型 GNR 结的俯视图，结上的电子在掠射角上被反射到中间区域

氢化和氟化作用可以用来修饰边缘结构。GNR 在光刻之后的蚀刻过程中，

会产生大量的悬挂键和粗糙边缘,从而带来额外的散射源。如果将边缘的 sp^2 键转换成 sp^3 键,这种现象就可以避免。有多种技术可以完成这种转换——远程等离子体、直接等离子体屏蔽以及高温炉处理等。模拟表明:宽 GNR 经过加氢处理后可以得到窄 GNR,并与对应其石墨烯部分尺寸的 GNR 具有相同性质。另外,粗糙边缘的 GNR 在氢化后可能会有更好的性能[40],氢化的石墨烯转变成绝缘状态,称为石墨烷[41]。利用自上而下的光刻技术在石墨烯上修饰出绝缘和导电区域[42],这样在没有腐蚀任何材料的情况下可以创建 GNR。这种方法的优势在于避免了缺陷和悬挂键的产生。因此,用该方法得到的 GNR 中载流子将会面临较小的散射。

波导结构可以用来制约边缘电子的相互作用,通过构建 pnp 型和 npn 型通道,把电子限制在中央通道内,就类似于光纤中光的全内反射,这种现象的物理机制是准自旋守恒定律,将在接下来的章节中详细讨论。两种可能的约束方法[43],"光"波导中包层拥有比芯更低的载流子密度,而在 p-n 型波导中芯与包层拥有相反的载流子类型。这里的限制由许多因素决定,包括载流子的入射角、掺杂浓度、掺杂梯度、连接材料以及掺杂偏离环境/衬底/触体。如图 3.6 所示,应用自对准技术搭建这种波导结构,首先通过可作为掺杂剂的抗蚀剂,我们可以刻蚀石墨烯得到特定宽度的 GNR,然后切掉一部分抗蚀剂,让 GNR 的边缘裸露出来,不同材料掺杂边缘可以形成 p-n 型引导或者不掺杂形成"光"引导。

在 CVD 腔室中气相刻蚀一直用于精确刻蚀 GNR[44]。光刻 GNR 的宽度在速度为几纳米/分钟时能窄到几纳米。刻蚀是在一个弱还原的氨气环境中通过高温石墨烯氧化进行的。光刻得到 20~30nm 宽的 GNR,然后刻蚀为小于 10nm 的宽度。室温下,开关比就可以超过 10^4。然而,这种 GNR 的迁移率小于 $50cm^2 \cdot V^{-1} \cdot s^{-1}$,因此,与光刻 GNR 相比就没有什么优势了。

热活化金属纳米粒子用来划定石墨烯晶体边缘。在文献[45]中,如图 3.7 所示,激活的镍纳米颗粒用于制备边缘沿单个晶体方向排列的小于 10 nm 的纳米带。不相交的刻蚀裁剪使其形成连续的形状。此外,拉曼光谱显示,刻蚀之后的石墨烯质量没有降低。在文献[46]中,片状石墨烯首先被 15mL 含 50mg/L Fe(NO$_3$)$_3 \cdot$9H$_2$O 的异丙醇均匀旋转覆盖;然后,样品在炉子内,在氢气和氩气流中(分别为 320sccm① 和 600sccm)及 900℃ 的环境下加热 45min。在这样的温度条件下,Fe 累积形成纳米颗粒,并沿着氧化物和石墨烯表面扩散。高温提供了足够的能量使金属颗粒沿着特定方向移动,移动的同时裁剪石墨烯。这个过程的难度在于如何控制石墨烯的裁剪。

———————

① $1m^3/s = 6×10^7 sccm$。

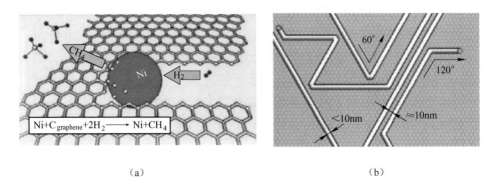

(a)　　　　　　　　　　　　　　　　(b)

图 3.7　(a) Ni 颗粒正在刻蚀石墨烯片:Ni 颗粒从石墨烯边缘吸附 C 原子,然后 C 与 H_2 反应形成 CH_4。(b) SLG 刻蚀中由手性决定的角度,10nm 宽的纳米带就是由这种方法制得(授权复制于文献[45]© 2009 美国物理学会)

3.7　长 度 缩 放

长度缩放对于提高器件密度和实现更快的开关来说至关重要。之前有关石墨烯长度缩放的研究[47]表明,在 $L \approx 2\mu m$ 前迁移率会保持常数,并且在 $L < 2\mu m$ 的范围内线性下降。这种现象归因于一系列综合因素:①无法等比例变化的串联电阻;②从扩散输运到弹道输运的过渡。平均自由程变为 (300 ± 100) nm。

文献[48]利用脉冲测量研究了通道长度 L 效应,L 取值范围为 130nm ~ 2.5μm。脉冲测量通常用来避免电荷陷阱的影响,电荷陷阱在 I-V 曲线中表现为迟滞曲线。由于接触部分为金属下方的 p 型掺杂石墨烯,器件表现出 p 型掺杂特性。研究发现:脉冲测量的 I-V 曲线(背栅接地,脉冲从顶栅和漏极射入)与 DC 测量的相比,器件在 g_m 和饱和输出电导方面有明显的改善。另外,在测量 I-V 曲线过程中可以获得可靠的饱和特性,通道长度为 130nm 的器件的固有 g_m 超过 0.45mS/μm,g_m 几乎与通道长度无关,这就意味着速度饱和是电流饱和的主要原因。研究发现:如图 3.8 所示,当 $L < 500$nm 时,低场迁移率随着 L 的减小而减小,L 从 500nm 降到 130nm 左右时,迁移率从 1500cm^2 · V^{-1} · s^{-1} 降到 640cm^2 · V^{-1} · s^{-1},这种现象的出现是由于金属接触破坏了石墨烯结构,而不是由于扩散到准弹道输运的过渡。这种结论符合以下事实:①器件的平均自由程只有 28nm;②强场输运不受长度效应的影响,这就意味着输运由声子散射决定,而不由杂质散射决定。

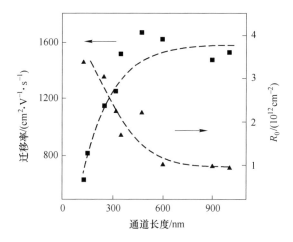

图 3.8　场效应迁移率和杂质密度与通道长度的关系图
（授权复制于文献［48］© 2011 美国化学学会）

3.8　层数对 FET 性能的影响

通过模拟计算，文献［49］指出由于使用薄栅氧化层，并降低层间耦合，多层石墨烯（multi-layered graphene, MLG）场效应晶体管存在一个很高的常开电流。对于宽度为 2.7nm 左右的扶手椅型 GNR 来说，随着层数 n 从 1 增加到 10，带隙从 516meV 降低到 197meV。随着耦合强度的增加，E_g 呈单调递减趋势——这对于 n 更大的 GNR 来说尤为重要，E_g 的减小可以增加带与带之间的隧穿，从而带来更大的 I_{off}。

对于薄的电介质层来说，量子电容（C_G）相当于氧化物电容 C_{OX}，随着 n 从 1 增加到 10，C_Q 按比例增加（载流子密度方程），栅电容 C_G 增加了 3.9 倍，平均载流子速度稍减少了 15%，同时常开电流提高了 3.2 倍。

文献［50］中 MLG FET 实验研究使用厚度为 90nm 的氧化物上的石墨烯薄片。如图 3.9 所示，对于大面积场效应晶体管，I_{on}（I_{off}）随着层数的增加而减小（增加），I_{on}/I_{off} 值在 $1/n$ 范围内。为了说明这个问题，研究小组模拟出电阻电路图，105Ω 的层间电阻 R_{int} 源于高定向热解石墨（highly-oriented pyrolytic graphite, HOPG）块，可以观测到一种屏蔽——从底层到顶层（底栅场效应晶体管）由栅引起的电荷衰减。利用 Thomas-Fermi 屏蔽理论模拟层间电导，栅引起的电荷 Q_{gate} 分布在层与层之间，每一层都有电荷 Q_i：

$$Q_i \propto \frac{1}{t_{ox+}\, r_i} \exp\left(-\frac{t_{ox+}\, r_i}{\lambda}\right)$$

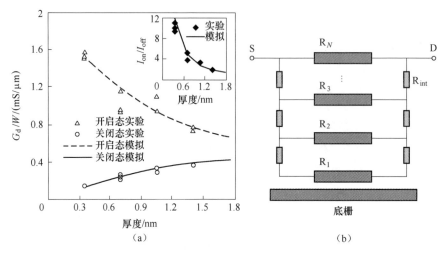

图 3.9　(a)GFET 电导与通道厚度的关系,插图为开关比与厚度的关系;
(b)BG FET 的电阻模拟电路图(授权复制于文献[50]© 2009 美国化学学会)

$$\sum_{i=1}^{n} Q_i = Q_{\text{gate}}$$

式中:λ 为屏蔽长度;r_i 为从石墨烯块底部到第 i 层的距离。

假设只有顶层接触,考虑三种不同情况:①当 $R_{\text{int}} = 0$,$\lambda = 0$ 时,随着 n 的增加,$I_{\text{on}}/I_{\text{off}}$ 曲线趋于平缓;②当 $R_{\text{int}} = 0.05R_{\text{off}}$,$\lambda = 0$ 时,I_{on} 随着 n 的增加而增加;③当 $R_{\text{int}} = 0.05R_{\text{off}}$,$\lambda = 0.6\text{nm}$ 时,I_{on} 和 I_{off} 随着 n 的变化而变化,与实验结果精确吻合。

当 λ 超过 1 层的厚度,氧化物电荷的影响就可以控制在 $n>2$ 层内。当 $n=3$ 时,在相同条件下,底层的电流只占 $n=1$ 的 FET 电流的 20%,这是由于在 MLG FET 中存在较低的噪声。利用电阻电路图方法模拟顶栅外延石墨烯(epitaxial graphene,EG)场效应晶体管,发现与背栅情况相比,随着 n 的增加,顶栅型开关比下降幅度较小,这是由于:①旋转叠加使 EG 拥有较小的层间耦合[51];②顶部接触的顶栅使电导主要存在于栅控制的层间。另外,由于底层贡献很小,它们可以用来隔离衬底引起的电荷非均匀性[52]。

3.9　掺　　杂

掺杂可以控制石墨烯的导电性,也可以控制载流子类型。同样,它也可以用于调节载流子从接触点到半导体材料中的入射——电极和半导体之间的能带对齐对载流子高效入射至关重要。半导体(如 Si)中传统的掺杂方式为替位方式——用一个掺杂原子替换一个宿主原子,并贡献一个空穴或者电子。与 Si 原有的电导率相比,以每 100000 个宿主原子掺杂一个原子的掺杂浓度可以将 Si 的电导率提高几个数量级[53]。Si 中载流子迁移率则由于受到掺杂原子的散射而随掺杂浓度的增加而降低。例如,当掺杂浓度从 $10^{15}cm^{-3}$ 增加到 $10^{18}cm^{-3}$ 时,迁移率就会从超过 $1000cm^2 \cdot V^{-1} \cdot s^{-1}$ 降到 $300cm^2 \cdot V^{-1} \cdot s^{-1}$。CMOS 电路以 Si 互补掺杂为基础,当电路没有切换,n 型和 p 型晶体管耦合在一起,以致从源极到栅极之间没有电流。从双极和 NMOS 技术到 CMOS 的转变显著降低了固态电路的能量耗散。

　　已有许多材料用于石墨烯掺杂,不同于固态半导体中的替位掺杂,石墨烯的掺杂主要以表面电荷转移(surface charge transfer,SCT)为基础。早期人们发现,即使采用了无掺杂的本征石墨烯大部分片状石墨烯器件略微呈 p 型特性。这种 p 型掺杂特性被认为来自于周围环境中的氧气和水蒸气。在一个可控实验中[54],气体集中在 10^{-5} 浓度范围内,NH_2 和 CO 掺杂的石墨烯表现出 n 型特性,而 H_2O 和 NO_2 掺杂则呈现 p 型特性。石墨烯较高的比表面积使其能成为一个很好的传感材料。同时,由于理想石墨烯表面没有成键位置,其表面的任何点位都可作为传感探测点,而不需要通过特定的共价键成键进行探测。石墨烯晶体管已被作为探针来观测界面的电化学反应,特别是石墨烯的大气掺杂;水/氧的氧化还原耦合被认为是关键性的机制[55]。

　　还需要注意的是,石墨烯对各种气体灵敏度的增强更多的是由于附在表面的残留物的作用,而不是由于石墨烯的固有反应[56]。这些停留在石墨烯上的残留物可以通过电流退火或炉退火的方法清洗。炉退火的方法通常是指把样品放置于高温(大于 400℃)H_2/Ar 流中 1h。如图 3.10 所示,与刚制备出的器

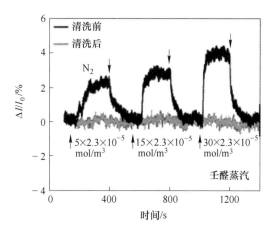

图 3.10　电子器件清洗前后测量的传感器的灵敏度。样品清洗前,在壬醛蒸汽环境中($2.3\times10^{-5}mol/m^3$)电流改变 3%;样品清洗后,灵敏度会下降 1~2 个数量级(授权复制于文献[50]© 2009 美国化学学会)

件(受到污染)相比,清洁后的器件约有 1/3 的掺杂载流子浓度和高出 4 倍的载流子迁移率,以及在接触化学气体时更弱的响应(降低了 1~2 个数量级)。AFM测量表明,清理过的石墨烯厚度大幅降低。另外,电学测量中的迟滞效应也明显降低。这些残留物很可能成为吸附剂层浓缩蒸汽中的分子,从而增强石墨烯的灵敏度。聚合物薄膜可以用作某些类型蒸汽传感器的浓缩剂,同样,石墨烯上的聚合物也可以有类似的功能。

基质的粗糙度影响着石墨烯[57],由此带来了额外的散射。SiO_2 基质表面杂质也会在石墨烯中产生电子-空穴坑[52],并引入杂质散射。另外,由于大气与 SiO_2 基质的相互作用,石墨烯的环境掺杂会出现在很大的区域上。这样人们就希望能找到 SiO_2 基质的替代材料,并且已经尝试了很多材料基质,包括云母、SiN、六角氮化硼(h-BN)、铁电基质以及各种表面功能化的材料。应当注意的是,石墨烯的环境掺杂是可逆转的,当石墨烯放在真空中一段时间,其内在掺杂会降低,在 140℃ 的环境中加热样品则可以加快这个进程。这种行为似乎表明,就像接触表面硅醇的水一样,松散的材料是环境掺杂的主要贡献者。当石墨烯在空气中暴露一小段时间(约 1min),最初的掺杂态又恢复原样,这种可逆性表明吸附掺杂依赖于基质的特殊性质,基质的质量取决于 SiO_2 的形态和缺陷(对于片状石墨烯)。吸附物(如羟基)吸附在表面的悬挂键上,形成亲水 SiOH 层。偶极分子吸附在硅醇层上,形成石墨烯吸附掺杂,这就是基质的化学疏水化[58]。这个过程需要把 SiO_2 基质放置在 HMDS 溶剂中浸泡超过 15h,HMDS 分子似乎会在基质上形成有序的自组层。即使在此环境中,电学测量也显示出高达 $12000cm^2 \cdot V^{-1} \cdot s^{-1}$ 的迁移率以及对栅迟滞现象的抑制。HMDS 屏蔽了基质电荷的影响,并且在不同的石墨烯薄片上获得更加容易的可再生能力。另一项研究发现,在将使用 CVD 法合成的石墨烯转移到 SiO_2 基质前,利用苯基-烷基饱和的自组装单层去修饰其被氧化的表面,可以提高载流子的迁移率[59]。

h-BN 具有原子级平滑的表面以及较低的悬挂键和电荷陷阱密度。另外,它的晶格常数和石墨相似且拥有较大的电学能隙。以 h-BN 为基质的单层或多层石墨烯的载流子迁移率比以 SiO_2 为基质的高一个数量级;在以 h-BN 为基质的元器件中化学反应少了并显示出本征掺杂[60]。

利用电荷屏蔽可以限制基质引起的无序。在文献[61]中,铁电 PZT 基质作为石墨烯薄片的支撑,该基质具有很强的指向表面方向的自发极化。该极化几乎完全被表面高密度吸附物屏蔽。因为 PZT 基质界面吸附物的散射比 SiO_2 基质的弱很多,当 $T = 300K$,$n = 2.4 \times 10^{12} cm^{-2}$ 时,测出的载流子迁移率超过了 $70000cm^2 \cdot V^{-1} \cdot s^{-1}$[62]。通过把石墨烯浸在不同的有机溶剂中来研究屏蔽效应,得到的介电常数为 189(N-甲基酰胺)。输运性质随着介电常数系统地改变。如图 3.11 所示,在高钾溶剂中,可以测出石墨烯器件的载流子迁移率达到

$70000cm^2 \cdot V^{-1} \cdot s^{-1}$（介电常数为 κ_2）。当 κ_2 超出某个值，输运性质不再改变。由此可以看出，室温迁移率饱和，达到本征极限（以 SiO_2 为基质的石墨烯）。当 κ_2 接近 80 时，电子空穴迁移率比从大于 3 快速降到几乎为 1。石墨烯不对称散射取决于带电杂质对空穴和电子的不同散射横截面。当带电杂质散射被屏蔽，这种不对称就会消失。同时发现短程散射在高温溶剂中并没有改变。NaF 的离子溶液也用来研究屏蔽效应[63]。值得注意的是，当离子浓度从 0.005mol/L 上升到 1mol/L 时，载流子迁移率会提高 5 倍多。最小电导率的位置和宽度变化显著，这就意味着，随着离子浓度的升高，石墨烯的本征掺杂会越来越弱。

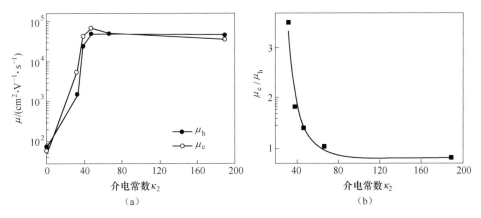

图 3.11　（a）载流子迁移率与溶剂介电常数 κ_2 的关系，电子和空穴的迁移率都随着 κ_2 的增加而增加；（b）电子与空穴的迁移率之比与 κ_2 的关系（授权复制于文献[62]© 2009 美国化学学会）

已经有文献研究了石墨烯的替位掺杂。文献[64]指出，n 型掺杂石墨烯可以通过 30keV 的 N^+ 离子辐射石墨烯，再用 NH_3 退火得到，如图 3.12 所示。拉曼光谱分析证明 N^+ 离子放射缺陷在 NH_3 退火之后恢复原样。比较在 NH_3 中与在 N_2 中退火，发现 N_2 退火后的俄歇电子能谱（Auger electron spectroscopy，AES）没有 N 信号，而在 NH_3 退火后则显示出 N 信号。背栅输运计算表明：在 NH_3 退火后 V_{gmin} 为负值，而在 N_2 退火后 V_{gmin} 为正值。研究认为，正的 V_{gmin} 是由于大气掺杂在缺陷的位置，NH_3 退火后，测出载流子迁移率为 1000 的位数。

在文献[65]中，重氮盐和聚乙烯亚胺掺杂的石墨烯分别为 p 型和 n 型。在 300K 的室温下，把石墨烯器件浸入 4-溴苄基重氮四氟硼酸盐溶剂，结果发现其 I-V 曲线移动，表现为 p 型掺杂。另外，与模拟器件相比，其电子迁移率降低了，而空穴迁移率和最小电导率没有改变。电导没有受到抑制，这表明没有明显的 sp^3 杂化，拉曼成像证实了重氮盐的吸附比简单的范德瓦尔斯吸附多。

众所周知，对于 CNT 来说，聚乙烯亚胺（poly(ethylene imine)，PEI）表现为 n 型掺杂。在 300K 温度下，将石墨烯器件浸泡在 20%PEI 溶剂中 3h，浸泡后的测试显示为很明显的 n 型掺杂，并伴有一个不对称的正反向电导谱，即空穴。利用

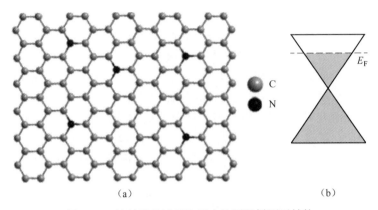

（a） （b）

图 3.12 放射后经过 NH₃ 退火的石墨烯原子结构。

C 原子和 N 原子替位掺杂石墨烯（授权复制于文献［64］© 2010 美国化学学会）

非平衡格林函数（nonequilibrium Green's function，NEGF）模型解释这个现象，假设这个不对称是由于电极/通道缓冲层费米能级不一致和石墨烯电极的非恒定态密度（density of states，DOS）共同作用。可以预测，当石墨烯受到金属掺杂后，即使是本征通道，电导谱也会不对称。

在文献［66］中，硝酸掺杂的 CVD 石墨烯堆叠为 p 型，当石墨烯堆叠 8 层时，掺杂使表面电阻降低到 1/3，即 90Ω。HNO₃ 掺杂被认为经过了复杂的电子转移过程，期间电子从石墨烯转移到硝酸中：

$$6HNO_3 + 25C \longrightarrow C_{25}^+NO_3^-4HNO_3 + NO_2 + H_2O$$

图 3.13 所示为两种类型的掺杂——每层叠加时掺杂的"层间掺杂"和所有层叠加之后掺杂的"末层掺杂"。模拟显示石墨烯表面可用作还原-氧化反应的催化剂，可以驱使吸附掺杂层的化学歧化进入电荷转移配合物中，然后这些配合物把载流子注入二维石墨烯晶格中。

研究表明，经过 AuCl₃ 溶液处理后的 CVD 石墨烯变为 p 型掺杂石墨烯[67]，把 PMMA 上的 CVD 石墨烯浸入含 5mmol/L 水的 AuCl₃ 溶剂，由于电子转移到石墨烯上，AuCl₃ 变成了 Au 粒子。用开尔文探针显微镜研究表面势能的变化，由此发现：在 20s 内，势能的变化高达 0.5eV；20s 后，势能达到饱和；在 40s 之后，势能缓慢减小。经过小于 20s 的浸泡，发现 Au 粒子在石墨烯的褶皱处和较薄层上聚集。但是，当掺杂时间超过 20s 时，石墨烯表面的覆盖物变得更加均匀。在一项研究中，一层一层地使用 AuCl₃ 掺杂[68]，结果显示，堆叠 4 层的 CVD 石墨烯被掺杂后的薄层电阻为 54Ω。另外，在波长为 550nm 光的照射下，测得石墨烯堆叠的光学透过率为 85%，这使得它有望成为高电导率和良好光学透过率材料并获得应用。

由于石墨烯的功函数与 SiC 基质的不一样，石墨烯在 SiC 上外延生长为 n

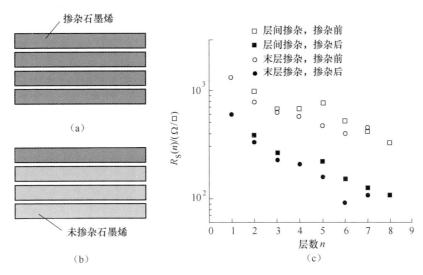

图 3.13 (a)层间掺杂示意图;(b)石墨烯堆叠末层掺杂示意图;(c)两种掺杂情况下
表面电阻与层数之间的关系图(授权复制于文献[66]© 2010 美国化学学会)

型,狄拉克点在费米能下的 300meV 处。电子受体 F4-TCNQ 可以对外延石墨烯掺杂[69]。用 ARPES 测量掺杂过程,发现一个 0.8nm 厚的掺杂层足以弥补由于基质功函数不同而引起的内禀掺杂。通过湿化学法完成掺杂过程,并且这种掺杂在不同温度和光照下表现得相当稳定。由光电发射光谱显示电子从石墨烯转移到 F4-TCNQ,从而形成 p 型掺杂石墨烯。F4-TCNQ 电子亲和力为 5.2eV,另外一种电子受体 C_{60}(3.7eV),也尝试用来作为掺杂剂,由于 C_{60} 的电子亲和力较弱(3.7eV),所以仅有很弱的掺杂会发生。Au、Bi 以及 Sb 也用来掺杂外延石墨烯[71],通过 ARPES 测量来验证这些掺杂结果显示:Au 掺杂能够形成 p 型掺杂石墨烯,同时狄拉克点位于费米能上的 100meV 处,而 Bi 和 Sb 掺杂沿着狄拉克点方向移动费米能级。

当 GNR 在 1Torr① 的 NH_3/Ar 混合气体中经过电退火处理后,进行氨化学提取的 GNR 为 n 型掺杂[72]。当源极与漏极间的偏压从零到几个伏特时,焦耳加热导致石墨烯温度有所提高,通过拉曼测温测出这些 GNR 的温度可以升到300℃左右。X 射线光电子谱(X-ray photoemission spectroscopy,XPS)和纳米SIMS 证实石墨烯中有氮存在,假设大多数掺杂发生在边缘和缺陷位置,这是因为这些地方拥有更高的化学反应的可能。另外,在 NH_3 掺杂前后迁移率相似,这可以说明载流子迁移率不会因为这种方法而降低。

含氢硅酸盐类(hydrogen silsesquioxane,HSQ)作为石墨烯掺杂材料而被研

---

① 1Torr≈133Pa。

究,一篇早期文章推断有 HSQ 中释放的氢气导致基面氢化[73]。作为一种众所周知的旋压介质,HSQ 也因为它的高分辨率电子束抗蚀而闻名[74],因此利用 HSQ 的掺杂技术可以达到高分辨率的制作与掺杂[75]。研究发现,作为一种旋压介质,HSQ 交联是一种复杂的从笼状的多氢结构到网状的少氢结构的过渡过程[76],这种转变使 HSQ 既可以形成 p 型掺杂,也可以作为 n 型掺杂。连接触体后,让片状石墨烯沉积在 300nm 的 SiO_2 上,在 180℃的温度中烘烤 3min,然后把一个 30nm 厚的 HSQ 层旋涂到石墨烯上。在四甲基氢氧化铵(tetramethyl ammonium hydroxide,TMAH)内清洗一组样品,TMAH 通常用来制作 HSQ。这些样品的测试结果显示,V_{gmin} 变成一个很大的负值,这是一种很强的 n 型掺杂特性。第二组涂有 HSQ 的样品经过电子束辐射,采用 100kV 的电子束,入射量 D 为 $250 \sim 5000 \mu C/cm^2$。由于模拟器件本身拥有初始掺杂,V_{gmin} 的变化量(不是绝对 V_{gmin})ΔV_{gmin} 用来衡量 HSQ 的掺杂,当 $250 \mu C/cm^2 < D < 1000 \mu C/cm^2$ 时,ΔV_{gmin} 从小于 $-100V$ 上升到 0;当 $1000 \mu C/cm^2 < D < 5000 \mu C/cm^2$ 时,ΔV_{gmin} 从小于 0 上升到超过 100V。如图 3.14 所示,变化量可以达到一个饱和,这个饱和可能是因为当 D 达到 $2000 \mu C/cm^2$ 时,交联过程已结束。

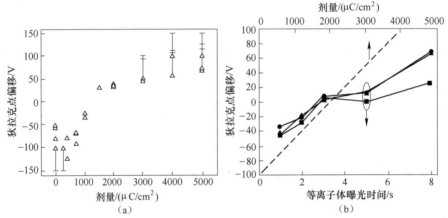

图 3.14 (a)涂有 30nm HSQ 的片状石墨烯器件的入射电子束量与 V_{gmin} 变化量的关系图。当入射电子束量少时,石墨烯表现为 n 型掺杂,而当入射电子束量多时则表现为 p 型掺杂。(b)等离子体引起的 HSQ 交联掺杂。对于三个器件,在等离子曝光 1s 后,用电气测量。作为参考,该图显示出 V_{gmin} 变化量依赖于入射电子束量(授权复制于文献[75]© 2010 美国物理联合会)

除了使用电子束辐射,等离子体和热处理同样也被用于研究大面积石墨烯的 HSQ 掺杂。众所周知,在 500℃下,HSQ 的热退火可以诱导结构变化,等离子体中带能量的离子更有利于该热处理过程。一组经过 $600 \mu C/cm^2$ 的电子束辐射的 HSQ 层器件被用于研究等离子体引起的 HSQ 掺杂。选择 $D \approx 600 \mu C/cm^2$

以确保在等离子体处理之前 V_{gmin} 接近 0。将器件放到低能 Ar 等离子体中,很快,在等离子体闪光 1s 后即进行电学测量。如图 3.14 所示,与刚做好的器件相比,ΔV_{gmin} 最初为负值,然后逐渐变为正值。载流子迁移率在交联的早期阶段得到改善,更长时间之后达到饱和——这就意味着掺杂几乎没有破坏石墨烯表面,可能还会对带电杂质有所补偿,因此实际上提高了载流子的迁移率。

HSQ 掺杂石墨烯时,不管是 p 型还是 n 型掺杂都是由于 HSQ 中 Si—H 键和 Si—O 键的强度不匹配,以及在更高水平的交联过程中 H 的脱气。HSQ 中 Si—H 键和 Si—O 键的强度分别为 4.08eV 和 8.95eV;在低温条件下(100~200℃)或者入射量较小(<300μC/cm²,100kV)时,加氢吸附到石墨烯衬底平面上,Si—H 键更易被破坏。由于电负性的抵消,加氢对于石墨烯来说,可以看作是 n 型掺杂。HSQ 薄膜上更高水平的交联形成 p 型掺杂的两种主要机制:Si—O 键在更高的入射能量条件下被破坏,以及这个过程提供了 O,吸附在石墨烯表面上。另外,脱气处理后,H 从 HSQ 薄膜上分离出去。交联的高级阶段导致 HSQ 分解成 SiH₄ 和 H₂ 两种成分,这些成分脱离 HSQ 薄膜,明显是通过降低 Si—H 键和 Si—O 键的比例以及薄膜的多孔性。HSQ 的互补掺杂性质已经被用来演示 pn 结性质。石墨烯片表面的一半经过高电子束辐射后,用 HSQ 薄膜覆盖在模拟的石墨烯薄片上,表面的这部分表现出 p 型掺杂性质,另外一半没有被辐射,因此表现出 n 型掺杂性质。如图 3.15 所示,背栅 I-V 曲线测量显示出双底衰退,这就意味着两个 V 曲线存在叠加,一个是在 $V_{gmin} = 70V$ 处,另一个是在 $V_{gmin} = -50V$ 处。p 型掺杂和 n 型掺杂的能级间距超过 340meV。

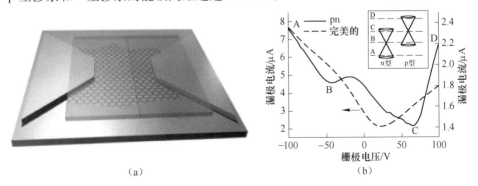

(a)   (b)

图 3.15 (a)石墨烯 pn 结示意图。石墨烯表面一半为 p 型 HSQ 掺杂,一半为 n 型 HSQ 掺杂。(b)电气测试显示 pn 结的双底衰退。费米能级间距超过 340meV(授权复制于文献[75]© 2010 美国物理联合会)

3.10 数字 FET 的性能蓝图

大量的理论研究已经展示了 GFET 的潜力。在弹道输运的情况下,文献[26]

用一个 MOSFET 模型获得的 I-V 曲线来模拟 GFET。随着扶手椅型石墨烯纳米带宽度的减少，带隙的增加，有效质量也随之增加，如图 3.4 所示；这会降低载流子速度。假设氧化层厚度为 1nm，发现相对于 90nm 节点 ($I_{on} \approx 680\mu A/\mu m$) 的理想 Si 基 MOSFET 来说，弹道输运 GFET 具有 2 倍的电流密度，即扶手椅型石墨烯纳米带 FET 的宽度为 2.2~4.2nm 时，相应的电流密度为 1300~1400$\mu A/\mu m$。电流大小取决于平均速度和势垒顶部的载流子密度。GFET 中较高的电流是由于通道中的载流子具有较高的平均速度，文献[26]研究的元器件中载流子的平均速度是硅中的 2~4 倍。GFET 中较高的平均速度源于载流子较小的有效质量，在宽度为 2.2nm 和 4.2nm 时，相应的载流子有效质量分别为 $0.15m_0$ 和 $0.11m_0$，而硅管中载流子有效质量为 $0.19m_0$。Si 基 MOSFET 因为具有较大的量子电容而具有较高的载流子密度，不过这并不足以抵消 GFET 中更高载流子速度的效果。

实验表明，在外延石墨烯中，衬底诱导产生小能隙，在这些实验的基础上[77]研究了 EG FET 的性能。在这些 FET 中，亚阈值摆幅 S 可表示为

$$S = \left(1 + \frac{C_{sub} + C_Q}{C_G}\right)\frac{kT}{q}\ln 10$$

我们通过分析不同的 V_{ds}、在界面处供体的摩尔分数 (α_D) 以及氧化层厚度 t_{ox} 来研究 FET 的运行机制。当 V_{ds} 从 0.1V 增加到 0.25V 时，S 从 84mV/dec 增加到 202mV/dec。这是因为 V_{ds} 的增大导致了空穴的积累从而增大了 C_Q。增加接触掺杂可以增大源极载流子的注入能力，因此可以增加开关电流。较低的掺杂水平更有利于获得低关闭电流 I_{off}。增加 t_{ox} 会导致 S 很不理想，因为栅和通道之间的电容耦合较弱。在低 V_{ds}(0.1V) 下，增加 t_{ox} 的影响较弱，当 t_{ox} 在 1~4nm 间变化时，S 几乎保持在 75mV/dec 不变。研究表明，即使在优化的参数下，当 $V_{dd} \approx 0.25V$，$S \approx 140mV/dec$ 时，仅能得到数值为 50 的开关比。

文献[78]讨论了一个基于虚拟源的 I-V 模型。构建该模型的目的是为了描述短通道 GFET 的双极输运性质。晶体管分为三个区域：区域 I 为高 V_g 区，准费米面在 E_{dirac} 以上，传导粒子主要是电子；区域 II 为过渡区域，通道传导粒子包括电子和空穴；区域 III 为低 V_g 区，传导粒子为空穴。在区域 II，电子从源极注入而空穴从漏极注入，这些粒子在通道中的某点相遇并成对复合，如图 3.16 所示。模型中还包括背栅接触电阻的调制。如图 3.17 所示，相对于 Si 基 MOSFET 和 III-V 异质结 FET 来说，GFET(CVD 生长石墨烯) 的虚拟源载流子速度更加突出。GFET 的载流子速度至少为 $2.5 \times 10^7 cm/s$，这比硅和 III-V HFET 的载流子速度都要高。

在文献[79]中，三维量子模拟用于研究 GFET 的行为。多栅极结构可以改善短通道效应，但是对于 Si 基 MOSFET 来说，这种改善并不显著(对于 I_{on} 和 g_m)。为了提高晶体管性能，减少 t_{ox} 比使用高 κ 电介质更重要。当 $L<10nm$ 时，

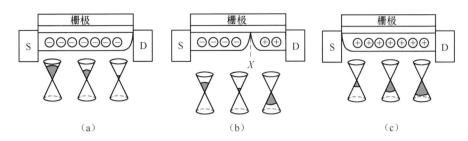

图 3.16　GFET 的三种运行环境。(a)通道中为 n 型载流子;(b)双极输运,X 点为重组点;(c)通道中为 p 型载流子。图中还显示了通道中不同点处的能带结构和费米能位置 (引自文献[78]© 2011 IEEE)

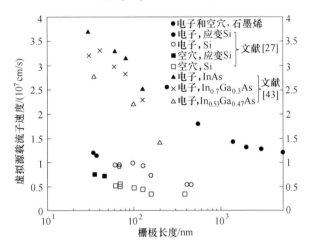

图 3.17　虚拟源的载流子注入速度与各个晶体管的栅极长度的关系(引自文献[78]© 2011 IEEE)

由于源漏隧穿,I_{off}明显增大。由于 GFET 的运行接近量子电容限制(低的态密度),因此添加多个栅极对于量子电容占主导地位的栅极电容的影响并不大。因此,当 $L \approx 20nm$ 时,相对于 Si 基 MOSFET 来说,栅极结构(单、双或围绕整个装置)并不明显影响 S 和漏致势垒降低(drain induced barrier lowering,DIBL)。GFET 的参数为 $W \approx 1.3nm$、$V_{dd} \approx 0.5V$、$t_{ox} = 2nm$、$\kappa = 4$。当 L 约为 20nm 和 10nm 时,开关比分别为 1800 和 240。当 $L \approx 5nm$ 时,由于源漏之间的直接隧穿漏极电流没什么变化,晶体管的行为更像是一个导体。由于石墨烯具有较大的载流子速度,故其固有时延可达 3.5 倍,比 $L \approx 10nm$ 的等效 Si 基 MOSFET 更好。

3.11　接触电阻

通常金属-半导体结形成肖特基势垒,而金属-金属接触没有势垒,并且在

金属–金属界面处真空层突然变化[80]。屏蔽长度由下式给出:

$$\chi^{-1} = \sqrt{4\pi N(E_f)}$$

式中:$N(E_f)$ 为费米能处的 DOS;金属中的 χ 很短(几分之一纳米)。

石墨烯金属接触类似于金属–金属接触,然而由于石墨烯 DOS 较低,即使一个较小的电荷转移也可以导致较大的费米能级变动和较大的 χ 值,如图 3.18 所示。该电荷转移在界面处形成偶极层,石墨烯金属接触可以量化为两个量——δV(偶极点位)和 ϕ_{MG}(石墨烯和金属之间的功函数差)。较长的电荷转移区使得在金属石墨烯接触处附近形成一个 pn 结。

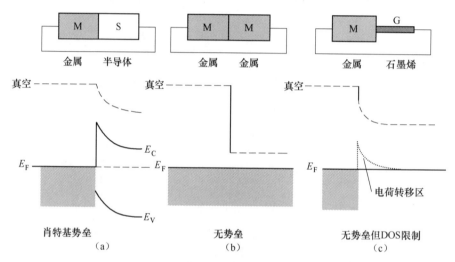

图 3.18　(a)金属–半导体接触能带图;(b)金属–金属接触能带图;
(c)金属–石墨烯接触能带图(引自文献[80])

pn 结的形成依赖于背栅电压。对于电子掺杂的金属接触,通常负的 V_g 导致线性 σ-V_g 曲线,正的 V_g 产生 pnp 结的额外电阻。这解释了 I-V 曲线的不对称,如图 3.19 所示。石墨烯的接触掺杂在实验和理论上均有研究。结果表明,在石墨烯中外电极的行为和嵌入型电极不同[81]。

两探针器件电阻的标度分析可用来获得接触电阻。测量不同触点分离器件的两极终端电阻 $R_{2p} = 2R_c + R_{GR}$,R_{GR} 为石墨烯通道电阻,R_c 为接触电阻;对于背栅结构来说,R_{GR} 和 R_c 均依赖于背栅电压。我们可以通过绘制 R_{2p} 随 L 的变化图像并外推 R_{2p} 到 $L=0$(对于给定宽度)来获得 R_c。当通道长度比通道中载流子的平均自由程大得多时(即通道是扩散的),该通道长度的测量(transfer length measurement,TLM)有效。另一个常用的方法是四探针测量,并将其和两探针测量相比较。

在文献[82]中,用 Ti/Au 双层结构连接三个不同厚度的石墨烯,即单层石

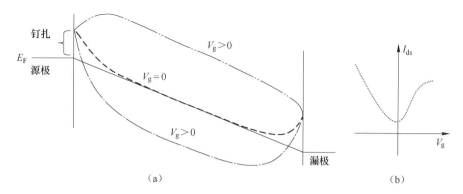

图 3.19　(a)在不同栅极电压下显示源极-通道-漏极区域的能带图。金属接触是为了诱导石墨烯中的电子掺杂。(b)$V_g > 0$ 时,在源极和漏极处均形成 pn 结并引入了额外电阻,从而造成了 I-V 曲线的不对称性

墨烯(SLG)、双层石墨烯(bilayer graphene,BLG)和三层石墨烯(trilayer graphene,TLG)。研究发现,在不同厚度、栅极电压和温度下,接触电阻在数量上是相同的,接触电阻率约为$(800 \pm 200)\,\Omega \cdot \mu m$。因为 SLG、BLG 和 TLG 石墨烯的电子特性很不相同,所以相同的 R_c、不同的 n 表明从金属到石墨烯的电荷转移使得费米能远离狄拉克点。这也解释了为什么 R_c 不依赖于背栅电压——背栅电压引起的电荷密度远小于来自金属的电荷转移。在文献[83]中,用 TLM 结构来获得与 60nm 镍相接触的背栅石墨烯 FET 的接触电阻。研究发现,接触电阻率不依赖于背栅电压和层数,接触电阻率为$10^{-5}\,\Omega \cdot cm^2$。

在文献[84]中,运用多探头器件讨论了金属-石墨烯结中的电流路径。通过关系式 $R_c = \dfrac{1}{2}(R_{total} - R_{ch} L/l)$ 来获得接触电阻,相关说明如图 3.20(a)所示。接触电阻率通过不同的接触面积测得——使源极和漏极的接触面积不同,而保持电压探头相同,从而避免因探头本身引起的任何不确定性。接触电阻率 ρ_c 有两种定义方式,即 $\rho_{cA} = R_c A$ 和 $\rho_{cW} = R_c W$。随着接触面积的增加,ρ_{cW} 保持不变,而 ρ_{cA} 却呈现单调递增行为,如图 3.20(b)所示。这表明 ρ_c 的特性取决于接触长度而不是接触面积,这可能是由于电流集中在接触金属的边缘的缘故。可以肯定的是,电流集中取决于接触金属 Cr/Au、Ti/Au 和 Ni 的电阻率分别为 $5 \times 10^3 \sim 10^5\,\Omega \cdot \mu m$,$10^4 \sim 10^5\,\Omega \cdot \mu m$,和 $400 \sim 2000\,\Omega \cdot \mu m$。研究发现,对于这三种接触金属来说,$\rho_{cW}$ 均与层厚无关。我们用传输线模型来理解边界传导,在该模型中接触电阻率 ρ_c 的单位为 $\Omega \cdot cm^2$。该模型中另外两个电阻是金属薄膜电阻 R_{ms} 和石墨烯薄膜电阻 R_{gs},R_{ms} 值很低,R_{gs} 却不然,因为与金属相比,石墨烯的高迁移率不足以弥补其低载流子密度。传输长度 γ 定义为 $\gamma = \sqrt{(\rho_c/R_{gs})}$,$\gamma$ 考虑到电流不仅在边缘处存在,并且扩散一定距离到石墨烯。当 $n \approx 5 \times 10^{12}\,cm^{-2}$ 且使用镍

接触时,我们用跨桥开尔文(cross bridge Kelvin,CBK)结构测得 ρ_c 为 $5\times10^{-6}\Omega\cdot$ cm^2,即使在接触长度 d 为 $4\mu m$ 时 γ 也仅为 $1\mu m$。图 3.21 显示了在不同 d 和 L 下计算的 ρ_c。$d<\gamma$ 时,接触电阻由面传导决定,而 $d>\gamma$ 时,传导主要是边缘传导(密集),从而使 ρ_c 达到饱和。假设接触电阻不到整个通道电阻的 10%,当 $L\approx$ $10nm$ 时要求 ρ_c 的值应小于 $10^{-10}\Omega\cdot cm^2$。因为石墨烯的薄膜电阻比硅小,因此对石墨烯 ρ_c 的要求更为严格。镍和石墨烯之间较大的功函数差引起了电荷向石墨烯的传输,从而减小了 ρ_c 值。有人认为文献[83]中所述的 R_c 与栅极无关,这是因为在工作中假定所有的金属-石墨烯接触都是等价的。事实上,这个假设使得估算 R_c 值时产生了很大的误差,而 CBK 方法在测量单个石墨烯金属接触时更可靠。我们发现 ρ_c 依赖于 V_g,这与之前的发现一致,如在文献[85]中,当 $n\approx3\times10^{12}cm^{-2}$ 且使用镍接触时,$\rho_c=300\sim500\Omega\cdot\mu m^2$。这是因为当石墨烯与金属接触时,其 DOS 与 V_g 有关。此外,文献[86]发现 Cr(0.5nm)/Pd 与石墨烯接触时接触电阻率为 $150\sim200\Omega\cdot\mu m^2$,输运长度为 $0.2\sim0.5\mu m$。

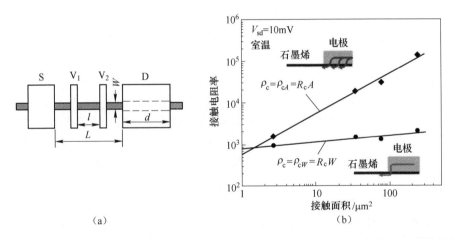

（a）   （b）

图 3.20 　(a)显示源极和漏极触点及电压探针 V_1 和 V_2 的器件示意图。W 是带宽,d 是接触长度,L 是源极和漏极之间的距离,l 是两个内电压探头之间的距离。(b)ρ_{cW} 和 ρ_{cA} 通过四探针测量方式获得。前者假定面传导,后者假定边缘传导(引自文献[84] © 2010 美国物理联合会)

　　文献[87]讨论了外延石墨烯终端接触的形成。EG 的 XPS 在金属化的石墨烯表面显示出了 C—O 和 C＝O,这是由于抗蚀残留物的存在。低能氧等离子体被用来减小接触电阻,如图 3.22 所示。随着等离子体的处理石墨烯逐渐减少,接触电阻也减小了。等离子体处理 90s 时,ρ_c 降到了 $4\times10^{-7}\Omega\cdot cm^2$。时间 t 大于 120s 时,ρ_c 开始增加,拉曼图像显示二维峰的强度降低,这表明大多数的 sp^2 杂化已被破坏。需要注意的是,处理过的石墨烯仅暴露在金属接触处,而不是沟道区域,在整个等离子体处理过程中,沟道区域被抗蚀剂覆盖。在 $450\sim$

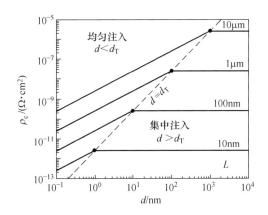

图 3.21 不同 L(源极和漏极之间的距离)下的接触电阻率 ρ_c 和接触长度(d)的关系。
对于 $L = 10\text{nm}$, ρ_c 的数量级低于实验结果(引自文献[84]© 2010 美国物理联合会)

475℃下进一步做 15min 的热处理。将 ρ_c 再降低 80%～20%。在这项工作中用到了多种金属,如铝、钛、铜、钯、镍和铂等,但是对于不同的金属 ρ_c 几乎相同。这可能是因为等离子体处理改变了石墨烯的原始性质。研究表明,用铝和大于 15nm 的 Pd 或 Pt 作为接触金属会导致石墨烯严重分层,而用 Cu 会导致不均匀覆盖。研究还发现,电子束浓缩金属化导致其接触电阻比溅射金属化的更低。溅射过程是产生缺陷的过程,得到的接触电阻是电子束过程的 5 倍。提高溅射强度可增加接触电阻。多层石墨烯对所使用的金属类型并不敏感;有人认为在 MLG 中,溅射过程使底层石墨烯保存完好进而保留 MLG 的行为。

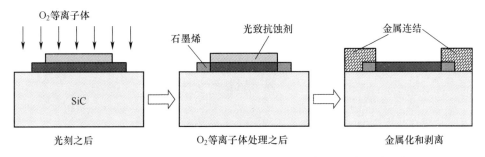

图 3.22 在电极金属化之前光刻胶掩膜图案已做好,用低强度的氧
等离子体使暴露的石墨烯粗糙化,然后实施金属化和剥离工艺

文献[88]研究了 90nm 的 SiO_2 衬底上的石墨烯片,当 $V_g - V_{gmin}$ 的值为 $-33\sim$ 0V 时,Pd/Au 接触(25nm/25nm)产生 $230\sim900\Omega\cdot\mu m$ 的接触电阻率 $\rho_c W$。除了发现 $\rho_c W$ 依赖于背栅电压外,还观察到电子和空穴传导之间明显的不对称性,n 型传导的 $\rho_c W$ 更高。另外还观察到,当 T 从 300K 降低到 6K 时, $\rho_c W$ 从 $185\Omega\cdot\mu m$

减小到 $120\Omega\cdot\mu m(V_g-V_{gmin}=-30V)$。通过对实验数据和理论结果的综合分析发现,在 Pd 接触下的石墨烯中,载流子的输运几乎是弹道的,温度为 6K 时传输效率为 75%。在室温下,输运更偏向扩散,这就产生了较大的 ρ_{cW}。理想的金属-石墨烯接触电阻预测应为 $40\Omega\cdot\mu m$,而实际的值却更大,这是因为在金属接触下的石墨烯中,金属诱导的掺杂及其扩散限制了传导模式的数量。在文献[48]中,1nm 的 Cr 和 80nm 的 Au 接触的接触电阻率为 $190\sim224\Omega\cdot\mu m$,该值随缩放宽度变化而与接触面积无关。

电子输运不能测得任何局部的变化,因此需要进一步的测量方法来研究接触掺杂。此外,因为在大多数实验中石墨烯晶体管是背栅的。因此,当背栅电压变化时,金属接触下的石墨烯中载流子类型会发生变化,这加大了研究石墨烯晶体管性能的难度。在文献[89]中,用扫描光电流显微镜(scanning photocurrent microscopy,SCPM)研究了电接触的影响。测量表明电位阶跃的存在,它们在金属接触中可作为势垒。在文献[90]中,用近场扫描光学显微镜(near-field scanning optical microscope,NSOM)在背栅的石墨烯器件中进行了高分辨率的光电成像。金属电极钉住了石墨烯中的费米能级并在石墨烯薄膜中产生了电位阶跃。研究发现,Pd 在石墨烯底部引入了 p 型掺杂。$V_g<V_{gmin}$ 时,载流子主要是空穴,在石墨烯电极界面附近形成 pp 结;$V_g>V_{gmin}$ 时,因为接触区域仍为 p 型,所以在该区域形成 pn 结。通过对扩散输运模型的分析,我们发现石墨烯 pn 结比 pp 结的电阻更大,因此接触掺杂是电子和空穴传导机制不对称的原因。研究表明,来自于电极的电荷输运可延伸数百纳米至石墨烯通道的相邻区域。

石墨烯中最终的单片集成可避免使用金属石墨烯结,在整个电路中均用石墨烯,即从晶体管到整个回路。这样可以避免金属石墨烯结引起的多种问题,但实现单片石墨烯芯片也将面临相当大的挑战。通孔中垂直的石墨烯结构和 CNT 将有望用于单片集成。

3.12 从晶体管到电路

虽然大多数石墨烯晶体管只是分立的器件,但是仍有一些关于电路的报道,包括倍频器、逆变器和混频器。

1. 倍频器

传统的倍频器都是以二极管或场效应管为基础的,前者提供了良好的转换效率(30%)但没有增益,后者提供了增益但转换效率较低(约15%)。石墨烯的双极输运特性已被用于实现全波信号整流和倍频[91]。通过使用共同的源配置,加在背栅的正弦电压在漏极被整流;10kHz 的信号倍增至 20kHz,有较好的光谱纯度。这个频率比使用硅二极管的 1THz 倍频器低得多,但给出了石墨烯应用于该领域的可能性。

2. 逆变器

石墨烯逆变器的前期论证[92]需要较大的栅电压,因为背栅氧化层较厚,电压增益小于 0.5。文献[93]用简单工艺制备了顶栅叠层,同时也提供了低电压环境。该逆变器在 2V 电压下运行,显示出了 4~7 倍的增益,如图 3.23 所示。石墨烯顶部连接了一个 30nm 的沉积铝顶栅,二者之间无电介质。将该装置暴露于空气中多个小时后,在 Al 顶部和石墨烯-金属界面处均形成 4~8nm 厚的钝化层,这是由于空气中 O_2 的扩散。从顶栅到石墨烯之间的漏电流不到 0.2nA,存在约 2.4V 的击穿电压。通过漏极电压随 V_{gmin} 的变化得到互补的 n 型和 p 型晶体管,我们观察到,当 V_{ds} 从 0.1V 增加到 0.5V 时,V_{gmin} 从 0.15V 变为 0.42V。这是由通道中的 V_{ds} 引起的,随着 V_{ds} 的增大,通道电位增大而栅极和通道之间的有效电压减小,因此需要增大 V_g 以引入与之前相同的电荷。因上拉 FET 处于上游位置,因此上拉 FET 的变化比下拉 FET 的大。因为没有带隙,静态功耗为微安数量级。在文献[94]的相关工作中,用双层石墨烯来制造逆变器,温度为 300K 和 77K 时,BLG FET 的开关比分别为 70 和 400。在温度为 77K 时,亚阈斜率为 140mV/dec(相对于 SLG 的高于 600mV/dec 来说)。BLG 逆变器因具有较好的电容耦合及带隙的存在,故表现出优越的输出电压振幅。设置参数 V_{bg} = -6V,$V_{dd} \approx 1$V 时,逆变器正常运行,高达 10kHz 的频率被逆变且没有信号失真。

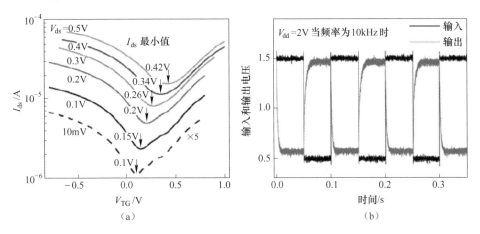

图 3.23　(a)V_{gmin} 随 V_{ds} 的变化,该特性用于获得 n 型或 p 型 GFET;(b)SLG 逆变器的动态响应。V_{gmin} 是 I_{ds} 最小值处的 V_{TG} 值(引自文献[93]© 2010 美国化学学会)

3. 混频器

混频器是 RF 通信设备的重要组成部分,通常用于频率转换。我们关注的输出成分为 $f_{IF} = f_{RF} - f_{LO}$,其中,f_{RF} 为输入 RF 频率,f_{LO} 为本地振荡器输入频率。CVD 石墨烯用于高达 10MHz 的混频器[95]。理想的 GFET 表现出连续的对称传输特性,漏电流可表示为

$$I_d = a_0 + a_2 (V_g - V_{gmin})^2 + a_4 (V_g - V_{gmin})^4 + \cdots$$

式中:a_0、a_2、a_4为常数。

在这个模型中,在偏压V_{gmin}下理想的GFET应只显示频率差和总频率及其他偶次项,因此相对于常规单极混频器来说,奇次项互调干扰可显著减小。常规混频器需要较复杂的电路来实现其优良特性,而GFET只需要更加简单的电路来显示其对称特性。用GFET实现的电路如图3.24(a)所示。当在栅极施加10MHz和10.5MHz两个射频信号时,GFET使它们混合并输出产生$f_{RF}+f_{LO}$和$f_{RF}-f_{LO}$两个信号。这些频率的强度比输入频率或基本频率高10dB以上。另外,如$2f_{LO}-f_{RF}$和$2f_{RF}-f_{LO}$这样的奇数阶频率的强度明显受到抑制。频率极限可以通过式$f_T = g_m / (2\pi C)$来计算。在所研究的器件中,输运曲线有明显的不对称性,这可能是因为接触掺杂或吸附的缘故。由于该器件是在$V_{dnin} = -1\sim1V$的范围内运行的,因此$I-V$曲线的不对称性并没有使混频器的运行能力明显降低。

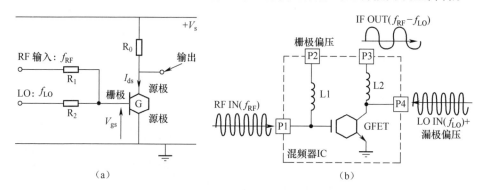

图3.24　GFET RF混频器的电路实现(a)频率高达10MHz的运行的、分立的CVD
生长GFET(授权复制于文献[95]@2010 IEEE);(b)运行频率高达10GHz
的集成外延石墨烯混频器(引自文献[96])

上述混频器的频率受到限制是因为寄生效应而不是因为GFET性能。文献[96]中描述了运行频率高达10GHz的集成混频器。用生长在SiC上的石墨烯构造电路,接触垫接触面积不到$1mm^2$,电路图如图3.24(b)所示。GFET由f_{RF}和f_{LO}共同调制,漏极电流包括频率和频率差。电感器弥补了GFET,L1与从RF平台和GFET栅极输入的寄生电容产生共鸣,而L2提供和LO信号相匹配的输入信号并作为漏极和输出端口P3之间的低通滤波器。石墨烯为2~3层厚,使用SiC的Si表面。I_d-V_{gs}曲线是线性的,没有显示出V_{gmin},这可能是因为基板上强烈的n型掺杂。$V_{ds} = 1.6V$时,输出特性呈现出线性的I_d-V_{ds}图像,这导致了g_m随着V_{ds}的增加而增加。$V_{ds} = 1.6V$时,电流密度和电感密度g_m分别为$2mA/\mu m$和$80\mu S/\mu m$,测得$\rho_{cW} = 600\Omega \cdot \mu m$。$L \approx 550nm$、$V_{ds} = 1.6V$时,根据测得的$g_m$和$C_G$计算得到的$f_T$为9GHz。漏极电流可表示为$I_d \approx A(B + g_m V_g) V_{ds}$,

其中 A 和 B 为常数。因输出信号和 I_d 成正比，f_{IF} 的强度和 g_m 与 g_d 的乘积成正比。电流没有达到饱和，大多数器件表现出与三极管类似的情况。我们发现，g_m 随着 V_g 略有下降，作为 V_g 的函数，这种情况在混频器的变频损耗中也很明显。这种强烈的对比表明，石墨烯混频器的性能是由 GFET 而不是由寄生效应决定的。当温度从 300K 增加到 400K 时，石墨烯混频器的变频损耗具有良好的热稳定性，这是由于 GFET 中掺杂能级的简并以及高偏压下光声子与温度无关的散射机制。传统的半导体混频器需要额外的反馈电路使热灵敏度降到最低。

3.13　非经典的电荷晶体管

石墨烯独特的能带结构为构建基于电荷的开关提供了条件，该开关具有优于 Si 基 CMOS FET 的潜力。本节将讨论基于克莱因隧穿、韦谢拉戈透镜和齐纳隧穿的三种不同物理现象的晶体管。

1. 克莱因隧穿

通过高且宽势垒的相对论粒子传输被称为"克莱因悖论"。因石墨烯中载流子的手性性质，无质量的狄拉克费米子可以在单层石墨烯中实现克莱因隧穿[97]。如下面将讨论的，双层石墨烯中有质量的手性费米子则提供一个互补体系。在克莱因隧穿中，如果势垒高度 V_0 高于电子的静止能量 mc^2，入射电子将穿过势垒。在此，传输概率 T 只微弱地取决于 V_0，并在高势垒中达到 1。在传统隧穿中，T 随 V_0 成指数衰减。产生这种效果的物理机制是势垒中正电子态的存在。如果势垒足够高，其能量和外面电子连续区的能量相同。如克莱因悖论所述，跨越势垒的正负电子波函数的匹配导致了高传输概率。在康普顿长度（h/mc）以上所需的电压降是 mc^2，这产生巨大的电场（大于 10^{16}V/cm）。

通常情况下，电子和空穴的物理情况是由不以任何方式联系的、独立的薛定谔方程所描述的。但在石墨烯中电子态和空穴态是相互关联的。石墨烯的准粒子必须由双组分波函数来描述，以此来定义晶格 A 和 B 的相对贡献（赝势指数 η 连接这两个组分）。石墨烯的锥型能谱来自于晶格 A 和 B 能带的交叉，因此沿正方向传播的能量为 E 的电子对应于该能带分支沿反方向传播的能量为 $-E$ 的空穴。这样，同一能带分支的电子和空穴具有相同的赝自旋，赝自旋的方向和电子动量方向相同，与空穴动量方向相反。手性是赝自旋在运动方向上的投影，对电子来说是正值，对空穴来说是负值，如图 3.25 所示。

在载流子通过势垒的模型中，假设势垒边缘无限陡，这样的势垒可以用穿过薄绝缘体的场效应得到。由于石墨烯中的狄拉克费米子是无质量的，因此对形成势垒中类正电子态所需要的电场无理论要求。我们可以用对赝自旋的保护来理解石墨烯中的克莱因隧穿，如图 3.25 所示。赝自旋翻转过程非常罕见，因为这需要一个在石墨烯晶格 A 和 B 位置不同的短程势。因此电子向右侧运动只

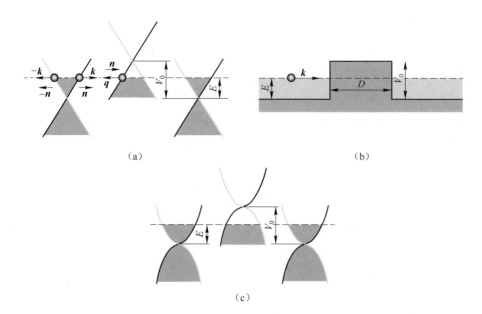

图 3.25　石墨烯在低能量(<1eV)下的能量-动量关系可假定是线性的。暗线和亮线突出了光谱的起源——它们表示与晶格 A 和 B 相应的能带的交叉。(a)单层石墨烯的能带图——矢量 **n** 表示的赝自旋平行(反平行)于电子(空穴)的运动方向;(b)宽为 D、高为 V_0 的势垒,虚线表示费米面;(c)双层石墨烯载流子的能带谱(引自文献[97])

能被散射为右移电子或左移空穴的态。势垒内外准粒子赝自旋相匹配的要求产生了完美的隧穿。SLG 和 BLG 与角度的散射关系如图 3.26 所示。BLG 的载流子具有抛物型的能谱,这意味着它们是有质量的准粒子且在零能量处存在有限的 DOS。但是,这些准粒子也是手性的,在 BLG 中正入射时 $T \approx 0$,这好像是因为电荷共轭要求波矢为 **k** 的传播电子转变为波矢为 **ik** (不是 - **k**)的空穴,这是一个势垒内的渐逝波。这样的微小输运可以用来制造 BLG 的克莱因通道 FET。载流子的入射角将对输运产生显著影响进而影响开关比。注入准直载流子的方法包括使用接触结点和超晶格结构。

2. 韦谢拉戈透镜

文献[98]预言了石墨烯中单 pn 结的载流子聚焦。在 n 端和 p 端微调载流子密度可达到精确聚焦。根据这一思路,可将 npn 结变为电子韦谢拉戈透镜。p 区域的载流子密度由顶栅控制。当 p 区域和 n 区域的载流子密度相同时,注入石墨烯的电荷载流子将在距离源极 2W 的焦点处再次相聚。V_g 在 p 区域的变化使得焦点转变为沿 x 轴以约 $2(|n|-1)W$ 的距离分布的点,从而使电极对之间的强耦合从 SD1 转移到 SD2、SD3 或 SD4,如图 3.27 所示。这一思路也可用来创建分束器。文献[99]提出了基于韦谢拉戈透镜的可重构逻辑器件。静电掺杂可用来定义石墨烯薄膜下面的共面分裂栅极,在分裂栅极中应用相反的偏压

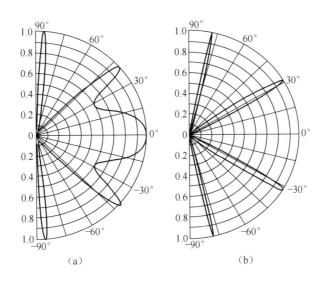

图 3.26 透射率与(a)单层和(b)双层石墨烯中入射角的函数。(b)势垒内部电子密度为 $5\times10^{11}\,cm^{-2}$，空穴密度为 $10^{12}\,cm^{-2}$。势垒宽度为 100nm 而势垒高度为(a)200meV 和(b)50meV(引自文献[97])

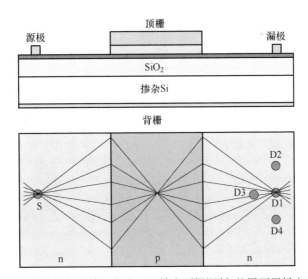

图 3.27 电子韦谢拉戈透镜。中央 p 区域由顶栅调制，整层石墨烯由背栅调制。顶栅电压可控制载流子在电极对 SD1 或 SD2、SD3 及 SD4 的聚焦(引自文献[98])

来形成 pn 结。穿过 pn 结界面的传输概率可表示为

$$T(\theta) = \cos^2\theta\exp(-\pi k_F d \sin^2\theta)$$

式中：k_F 为费米波矢；θ 为电子波矢和界面之间的入射角；d 为 pn 结接口的间隙。

给出合理的 d 和 k_F 值，T_{IR} 的临界角为 $45°$，就产生 $10^3 \sim 10^5$ 的开关比。因此该装置可通过将 nn 结接口换为依赖角度的 pn 结接口来实现从开(on)状态到闭(off)状态的转变。

3. 齐纳隧穿场效应晶体管

图 3.28 解释了齐纳隧穿场效应晶体管(tunnel FET,TFET)的操作。在操作中假定一个具有明显带隙的 GNR。在较小的漏极电压下假定突变的 p^+n^+ 结。从价带到导带的齐纳隧穿产生了通道电流。为了实现增强模式操作，栅极功函数需要调谐到 p^+n^+ 结，此外栅极需要充分占有沟道。正的 V_g 触发了齐纳隧穿，栅极偏压降低了垂直于栅极的垂直场，这将有助于产生更好的沟道迁移。模拟结果表明[100]，GNR TFET 在 0.1V 的漏极偏压 V_{dd} 下可得到 $200\mu A/\mu m$ 的开电流密度及 $0.1\mu A/\mu m$ 的截止电流密度。一维的齐纳隧穿电流可通过从 p^+ 一侧到 n^+ 一侧的费米能级处整合电荷通量和隧穿概率来计算。仿真结果表明，在 0.1V 的反向偏压下，GNR 隧穿结可获得 $1mA/\mu m$ 的电流密度。材料的带隙越窄，有效质量越小，所得到的隧穿电流越大，因此预测 GNR 具有比 Si 高 4 个数量级的电流。由于不对称场下带隙出现，双层石墨烯的利用可实现无须光刻的 TFET;仿真结果表明,仅在提供 0.1V 的电压下可能实现超过 1000 的开关比。

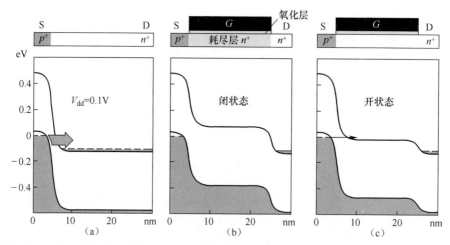

图 3.28　包括 p^+ 源极和 n^+ 漏极的 TFET 的能带图。(a)0.1V 偏压下的齐纳隧穿通道(没有栅极)。(b)栅极在零栅压下完全耗尽沟道,从而形成常闭状态。(c)正栅压打开了沟道,电流由价带电子和未填充的导带状态的重叠部分来设定(引自文献[100]© 2010 IEEE)

3.14　小　　结

基于传统 FET 结构的石墨烯晶体管因其高载流子迁移率而倍受关注。考虑迄今取得的进展,GFET 更适合 RF 的应用,因为它们不需要带隙。对于数字应用,有带隙的 GFET 是否能超越 Si 基 FET 仍有待观察。在 GFET 能够集成到主流电路之前,仍有许多与器件性能相关的挑战需要解决,包括接触电阻、掺杂、边界散射、介质和衬底。

参 考 文 献

[1] K. S. Novoselov, et al., "Two-dimensional gas of massless Dirac fermions in graphene," *Nature*, vol. 438, pp. 197−200(2005).

[2] K. S. Novoselov, et al., "Electric field effect in atomically thin carbon films," *Science*, vol. 306, pp. 666−669 (2004).

[3] C. Berger, et al., "Electronic confinement and coherence in patterned epitaxial graphene," *Science*, vol. 312, pp. 1191−1196(2006).

[4] F. N. Xia, D. B. Farmer, Y. M. Lin, and P. Avouris, "Graphene Field-Effect Transistors with High On/Off Current Ratio and Large Transport Band Gap at Room Temperature," *Nano Letters*, vol. 10, pp. 715−718 (2010).

[5] T. Fang, A. Konar, H. L. Xing, and D. Jena, "Carrier statistics and quantum capacitance of graphene sheets and ribbons," *Applied Physics Letters*, vol. 91, 092109(2007).

[6] W. Zhu, V. Perebeinos, M. Freitag, and P. Avouris, "Carrier scattering, mobilities, and electrostatic potential in monolayer, bilayer, and trilayer graphene," *Physical Review B*, vol. 80, 235402(2009).

[7] G. Baccarani, M. R. Wordeman, and R. H. Dennard, "Generalized Scaling Theory and Its Application to a 1/4 Micrometer Mosfet Design," *IEEE Transactions on Electron Devices*, vol. 31, pp. 452−462(1984).

[8] S. I. Association, "International Technology Roadmap for Semiconductors," (2007).

[9] S. W. Keckler, et al., "A wire-delay scalable microprocessor architecture for high performance systems," *2003 IEEE International Solid-State Circuits Conference*, vol. 46, pp. 168−169(2003).

[10] D. Geer, "Chip makers turn to multicore processors," *Computer*, vol. 38, pp. 11−13(2005).

[11] D. Hisamoto, et al., "FinFET−A self-aligned double-gate MOSFET scalable to 20nm," *IEEE Transactions on Electron Devices*, vol. 47, pp. 2320−2325(2000).

[12] K. Boucart and A. M. Ionescu, "Double-gate tunnel FET with high-K gate dielectric," *IEEE Transactions on Electron Devices*, vol. 54, pp. 1725−1733(2007).

[13] K. Gopalakrishnan, P. B. Griffin, and J. D. Plummer, "Impact ionization MOS(I-MOS) − Part I: Device and circuit simulations," *IEEE Transactions on Electron Devices*, vol. 52, pp. 69−76(2005).

[14] S. Salahuddin and S. Datta, "Use of Negative Capacitance to Provide Voltage Amplification for Low Power Nanoscale Devices," *Nano Letters*, vol. 8, pp. 405−410(2007).

[15] R. Murali, et al., "Breakdown current density of graphene nanoribbons," *Applied Physics Letters*, vol. 94, (2009).

[16] R. Murali, et al., "Resistivity of Graphene Nanoribbon Interconnects," *IEEE Electron Device Letters*, vol. 30, pp. 611−613(2009).

[17] M. Y. Han, B. Ozyilmaz, Y. B. Zhang, and P. Kim, "Energy band-gap engineering of graphene nanoribbons," *Physical Review Letters*, vol. 98, 206805(2007).

[18] S. Y. Zhou, et al., "Substrate-induced bandgap opening in epitaxial graphene," *Nature Materials*, vol. 6,

pp. 770-775(2007).

[19] M. Sprinkle, *et al.*, "Scalable templated growth of graphene nanoribbons on SiC," *Nature Nanotechnology*, vol. 5, pp. 727-731(2010).

[20] J. W. Bai, *et al.*, "Graphene nanomesh," *Nature Nanotechnology*, vol. 5, pp. 190-194(2010).

[21] E. Rotenberg, *et al.*, "Origin of the energy bandgap in epitaxial graphene," *Nature Materials*, vol. 7, pp. 258-259(2008).

[22] F. Schwierz, "Graphene transistors," *Nature Nanotechnology*, vol. 5, pp. 487-496(2010).

[23] J. S. Moon, *et al.*, "Top-Gated Epitaxial Graphene FETs on Si-Face SiC Wafers With a Peak Transconductance of 600 mS/mm," *IEEE Electron Device Letters*, vol. 31, pp. 260-262(2010).

[24] Y. -M. Lin, *et al.*, "100-GHz Transistors from Wafer-Scale Epitaxial Graphene," *Science*, vol. 327, 662 (2010).

[25] K. A. Jenkins, *et al.*, "Graphene RF Transistor Performance," *ECS Transactions*, vol. 28, pp. 3 – 13 (2010).

[26] G. C. Liang, N. Neophytou, D. E. Nikonov, and M. S. Lundstrom, "Performance projections for ballistic graphene nanoribbon field-effect transistors," *IEEE Transactions on Electron Devices*, vol. 54, pp. 677-682 (2007).

[27] A. C. Ford, *et al.*, "Diameter-Dependent Electron Mobility of InAs Nanowires," *Nano Letters*, vol. 9, pp. 360-365(2009).

[28] D. A. Areshkin, D. Gunlycke, and C. T. White, "Ballistic transport in graphene nanostrips in the presence of disorder: Importance of edge effects," *Nano Letters*, vol. 7, pp. 204-210(2007).

[29] D. Gunlycke, D. A. Areshkin, and C. T. White, "Semiconducting graphene nanostrips with edge disorder," *Applied Physics Letters*, vol. 90, 142104(2007).

[30] T. Fang, A. Konar, H. Xing, and D. Jena, "Mobility in semiconducting graphene nanoribbons: Phonon, impurity, and edge roughness scattering," *Physical Review B*, vol. 78, 205403(2008).

[31] Y. X. Yang and R. Murali, "Impact of Size Effect on Graphene Nanoribbon Transport," *IEEE Electron Device Letters*, vol. 31, pp. 237-239(2010).

[32] K. I. Bolotin, *et al.*, "Ultrahigh electron mobility in suspended graphene," *Solid State Communications*, vol. 146, pp. 351-355(2008).

[33] J. H. Chen, *et al.*, "Intrinsic and extrinsic performance limits of graphene devices on SiO_2," *Nature Nanotechnology*, vol. 3, pp. 206-209(2008).

[34] Y. W. Tan, et al., "Measurement of scattering rate and minimum conductivity in graphene," *Physical Review Letters*, vol. 99, 246803(2007).

[35] A. A. Balandin, *et al.*, "Superior thermal conductivity of single-layer graphene," *Nano Letters*, vol. 8, pp. 902-907(2008).

[36] X. R. Wang, *et al.*, "Room-temperature all-semiconducting sub-10-nm graphene nanoribbon field-effect transistors," *Physical Review Letters*, vol. 100, 206803(2008).

[37] D. V. Kosynkin, *et al.*, "Longitudinal unzipping of carbon nanotubes to form graphene nanoribbons," *Nature*, vol. 458, pp. 872-876(2009).

[38] L. Jiao, *et al.*, "Narrow graphene nanoribbons from carbon nanotubes," *Nature*, vol. 458, pp. 877 – 880 (2009).

[39] J. Cai, *et al.*, "Atomically precise bottom-up fabrication of graphene nanoribbons," *Nature*, vol. 466, pp. 470-473(2010).

[40] H. Xiang, *et al.*, ""Narrow" Graphene Nanoribbons Made Easier by Partial Hydrogenation," *Nano Letters*,

vol. 9, pp. 4025−4030(2009).

［41］ D. C. Elias, *et al.*, "Control of Graphene's Properties by Reversible Hydrogenation: Evidence for Graphane," *Science*, vol. 323, pp. 610−613(2009).

［42］ R. Balog, *et al.*, "Bandgap opening in graphene induced by patterned hydrogen adsorption," *Nature Materials*, vol. 9, pp. 315−319(2010).

［43］ J. R. Williams, T. Low, M. S. Lundstrom, and C. M. Marcus, "Gate-controlled guiding of electrons in graphene," *Nature Nanotechnology*, vol. 6, pp. 222−225(2011).

［44］ X. Wang and H. Dai, "Etching and narrowing of graphene from the edges," *Nature Chemistry*, vol. 2, pp. 661−665(2010).

［45］ L. C. Campos, *et al.*, "Anisotropic Etching and Nanoribbon Formation in Single-Layer Graphene," *Nano Letters*, vol. 9, pp. 2600−2604(2009).

［46］ S. S. Datta, D. R. Strachan, S. M. Khamis, and A. T. C. Johnson, "Crystallographic Etching of Few-Layer Graphene," *Nano Letters*, vol. 8, pp. 1912−1915(2008).

［47］ Z. Chen and J. Appenzeller, "Mobility Extraction and Quantum Capacitance Impact in High Performance Graphene Field-effect Transistor Devices," *IEEE International Electron Devices Meeting*, pp. 509 − 512 (2008).

［48］ I. Meric, *et al.*, "Channel Length Scaling in Graphene Field-Effect Transistors Studied with Pulsed Current-voltage Measurements," *Nano Letters*, vol. 11, pp. 1093−1097(2011).

［49］ Y. Ouyang, H. Dai, and J. Guo, "Projected performance advantage of multilayer graphene nanoribbons as a transistor channel material," *Nano Research*, vol. 3, pp. 8−15(2010).

［50］ Y. Sui and J. Appenzeller, "Screening and Interlayer Coupling in Multilayer Graphene Field-Effect Transistors," *Nano Letters*, vol. 9, pp. 2973−2977(2009).

［51］ J. Hass, *et al.*, "Why multilayer graphene on 4H-SiC(000(1) over-bar) behaves like a single sheet of graphene," *Physical Review Letters*, vol. 100, 125504(2008).

［52］ J. Martin, *et al.*, "Observation of electron-hole puddles in graphene using a scanning single-electron transistor," *Nature Physics*, vol. 4, pp. 144−148(2008).

［53］ S. M. Sze, *Physics of Semiconductor Devices*: Wiley-Interscience, 1981.

［54］ F. Schedin, *et al.*, "Detection of individual gas molecules adsorbed on graphene," *Nature Materials*, vol. 6, pp. 652−655(2007).

［55］ P. L. Levesque, *et al.*, "Probing Charge Transfer at Surfaces Using Graphene Transistors," *Nano Letters*, vol. 11, pp. 132−137(2010).

［56］ Y. Dan, *et al.*, "Intrinsic Response of Graphene Vapor Sensors," *Nano Letters*, vol. 9, pp. 1472 − 1475 (2009).

［57］ M. Ishigami, *et al.*, "Atomic structure of graphene on SiO_2," *Nano Letters*, vol. 7, pp. 1643−1648(2007).

［58］ M. Lafkioti, *et al.*, "Graphene on a Hydrophobic Substrate: Doping Reduction and Hysteresis Suppression under Ambient Conditions," *Nano Letters*, vol. 10, pp. 1149−1153(2010).

［59］ Z. Liu, A. A. Bol, and W. Haensch, "Large-Scale Graphene Transistors with Enhanced Performance and Reliability Based on Interface Engineering by Phenylsilane Self-Assembled Monolayers," *Nano Letters*, vol. 11, pp. 523−528(2010).

［60］ C. R. Dean, *et al.*, "Boron nitride substrates for high-quality graphene electronics," *Nature Nanotechnology*, vol. 5, pp. 722−726(2010).

［61］ X. Hong, *et al.*, "High-Mobility Few-Layer Graphene Field Effect Transistors Fabricated on Epitaxial Ferroelectric Gate Oxides," *Physical Review Letters*, vol. 102, 136808(2009).

[62] F. Chen, J. L. Xia, and N. J. Tao, "Ionic Screening of Charged-Impurity Scattering in Graphene," *Nano Letters*, vol. 9, pp. 1621-1625(2009).

[63] F. Chen, J. Xia, and N. Tao, "Ionic Screening of Charged-Impurity Scattering in Graphene," *Nano Letters*, vol. 9, pp. 1621-1625(2009).

[64] B. Guo, *et al.*, "Controllable N-Doping of Graphene," *Nano Letters*, vol. 10, pp. 4975-4980(2010).

[65] D. B. Farmer, *et al.*, "Chemical Doping and Electron-hole Conduction Asymmetry in Graphene Devices," *Nano Letters*, vol. 9, pp. 388-392(2009).

[66] A. Kasry, *et al.*, "Chemical Doping of Large-Area Stacked Graphene Films for Use as Transparent, Conducting Electrodes," *ACS Nano*, vol. 4, pp. 3839-3844(2010).

[67] Y. Shi, *et al.*, "Work Function Engineering of Graphene Electrode via Chemical Doping," *ACS Nano*, vol. 4, pp. 2689-2694(2010).

[68] F. Gunes, *et al.*, "Layer-by-Layer Doping of Few-Layer Graphene Film," *ACS Nano*, vol. 4, pp. 4595-4600 (2010).

[69] C. Coletti, *et al.*, "Charge neutrality and band-gap tuning of epitaxial graphene on SiC by molecular doping," *Physical Review B*, vol. 81, 235401(2010).

[70] W. Chen, *et al.*, "Surface Transfer p-Type Doping of Epitaxial Graphene," *Journal of the American Chemical Society*, vol. 129, pp. 10418-10422(2007).

[71] I. Gierz, *et al.*, "Atomic Hole Doping of Graphene," *Nano Letters*, vol. 8, pp. 4603-4607(2008).

[72] X. R. Wang, *et al.*, "N-Doping of Graphene Through Electrothermal Reactions with Ammonia," *Science*, vol. 324, pp. 768-771(2009).

[73] S. Ryu, *et al.*, "Reversible Basal Plane Hydrogenation of Graphene," *Nano Letters*, vol. 8, pp. 4597-4602 (2008).

[74] M. J. Loboda, C. M. Grove, and R. F. Schneider, "Properties of a-SiOx : H thin films deposited from hydrogen silsesquioxane resins," *Journal of the Electrochemical Society*, vol. 145, pp. 2861-2866(1998).

[75] K. Brenner and R. Murali, "Single step, complementary doping of graphene," *Applied Physics Letters*, vol. 96, 063104(2010).

[76] H. J. Lee, *et al.*, "Structural comparison of hydrogen silsesquioxane based porous low-k thin films prepared with varying process conditions," *Chemistry of Materials*, vol. 14, pp. 1845-1852(2002).

[77] M. Cheli, P. Michetti, and G. Iannaccone, "Model and Performance Evaluation of Field-Effect Transistors Based on Epitaxial Graphene on SiC," *IEEE Transactions on Electron Devices*, vol. 57, pp. 1936-1941 (2010).

[78] H. Wang, *et al.*, "Compact Virtual-Source Current-voltage Model for Top-and Back-Gated Graphene Field-Effect Transistors," *IEEE Transactions on Electron Devices*, vol. 58, pp. 1523-1533(2011).

[79] Y. Ouyang, Y. Yoon, and J. Guo, "Scaling behaviors of graphene nanoribbon FETs: A three-dimensional quantum simulation study," *IEEE Transactions on Electron Devices*, vol. 54, pp. 2223-2231(2007).

[80] K. Nagashio and A. Toriumi, "DOS-limited contact resistance in graphene FETs," *arxiv*, 1104. 1818 (2011).

[81] B. Huard, N. Stander, J. A. Sulpizio, and D. Goldhaber-Gordon, "Evidence of the role of contacts on the observed electron-hole asymmetry in graphene," *Physical Review B*, vol. 78, 121402(2008).

[82] S. Russo, *et al.*, "Contact resistance in graphene-based devices," *Physica E: Low-dimensional Systems and Nanostructures*, vol. 42, pp. 677-679(2010).

[83] A. Venugopal, L. Colombo, and E. M. Vogel, "Contact resistance in few and multilayer graphene devices," *Applied Physics Letters*, vol. 96, pp. 013512-3(2010).

[84] K. Nagashio, T. Nishimura, K. Kita, and A. Toriumi, "Contact resistivity and current flow path at metal/ graphene contact," *Applied Physics Letters*, vol. 97, pp. 143514-3(2010).

[85] P. Blake, *et al.*, "Influence of metal contacts and charge inhomogeneity on transport properties of graphene near the neutrality point," *Solid State Communications*, vol. 149, pp. 1068-1071(2009).

[86] K. L. Grosse, *et al.*, "Nanoscale Joule heating, Peltier cooling and current crowding at graphene-metal contacts," *Nature Nanotechnology*, vol. 6, pp. 287-290(2011).

[87] J. A. Robinson, *et al.*, "Contacting graphene," *Applied Physics Letters*, vol. 98, pp. 053103-3(2011).

[88] F. Xia, *et al.*, "The origins and limits of metal-graphene junction resistance," *Nature Nanotechnology*, vol. 6, pp. 179-184(2011).

[89] E. J. H. Lee, *et al.*, "Contact and edge effects in graphene devices," *Nature Nanotechnology*, vol. 3, pp. 486-490(2008).

[90] F. N. Xia, *et al.*, "Photocurrent Imaging and Efficient Photon Detection in a Graphene Transistor," *Nano Letters*, vol. 9, pp. 1039-1044(2009).

[91] H. Wang, D. Nezich, J. Kong, and T. Palacios, "Graphene Frequency Multipliers," *IEEE Electron Device Letters*, vol. 30, pp. 547-549(2009).

[92] F. Traversi, V. Russo, and R. Sordan, "Integrated complementary graphene inverter," *Applied Physics Letters*, vol. 94, 223312(2009).

[93] S. L. Li, *et al.*, "Low Operating Bias and Matched Input-output Characteristics in Graphene Logic Inverters," *Nano Letters*, vol. 10, pp. 2357-2362(2010).

[94] S. L. Li, *et al.*, "Enhanced Logic Performance with Semiconducting Bilayer Graphene Channels," *ACS Nano*, vol. 5, pp. 500-506(2011).

[95] H. Wang, *et al.*, "Graphene-Based Ambipolar RF Mixers," *IEEE Electron Device Letters*, vol. 31, pp. 906-908(2010).

[96] Y. M. Lin, *et al.*, "Wafer-Scale Graphene Integrated Circuit," *Science*, vol. 332, pp. 1294-1297(2011).

[97] M. I. Katsnelson, K. S. Novoselov, and A. K. Geim, "Chiral tunnelling and the klein paradox in graphene," *Nature Physics*, vol. 2, pp. 620-625(2006).

[98] V. V. Cheianov, V. Fal'ko, and B. L. Altshuler, "The Focusing of Electron Flow and a Veselago Lens in Graphene p-n Junctions," *Science*, vol. 315, pp. 1252-1255(2007).

[99] S. Tanachutiwat, J. U. Lee, W. Wang, and C. Y. Sung, "Reconfigurable multi-function logic based on graphene P-N junctions," presented at the Proceedings of the 47th Design Automation Conference, Anaheim, California, 2010.

[100] A. C. Seabaugh and Q. Zhang, "Low-Voltage Tunnel Transistors for Beyond CMOS Logic," *Proceedings of the IEEE*, vol. 98, pp. 2095-2110(2010).

第4章

非电态参量石墨烯晶体管

Kosmas Galatsis, Alexander Shailos, Ajey P. Jacob, Kang L. Wang

4.1 引　言

2004 年 10 月是单层石墨烯被发现的时间,也是石墨烯首次用于场效应晶体管(FET)通道材料的时间[1]。这个二维材料的历史性发现激励了科学界,得到广泛关注并迅速推进。Novoselov 和 Geim 也因此获得了 2010 年诺贝尔物理学奖。石墨烯潜在的应用价值不仅在于它实现电荷器件的能力,也在于它被应用于其他一系列令人振奋的基于自旋、声子、光子、赝自旋等一些基于非电态参量的特异器件的前景。本章我们将向读者介绍基于非电态参量设计的石墨烯器件。

一般而言,无论是材料应用还是器件构想,对信息(用状态变量表示)的操作、操控和加工处理的最基本要求就是要能承载信息加工处理的任何形式。最直接的办法就是,可以用两个独立的态来表示二进制信息;读、写和擦除操作能够进行初始化,并且能够从一个态转化到另一个态。"态参量"术语表示这些态能够表征的物理量[2]。另外,信息也需要从一个物理地址传输到另一个物理地址。任何信息处理系统的行为都受制于物理原理(如光速等物理不变量和量子力学原理)、材料性能(如热电导、缺陷、迁移率、介电常数和饱和速度)、器件设计(如增益、扇出和寄生效应)和制造技术(如良率、临界尺寸和边缘粗糙度)。Meindl 在 20 世纪 90 年代对这种等级进行了分级[3],如图 4.1 所示。

超越电子电荷的非电态参量已经得到广泛使用,其中包括:①用于磁数据存储和计算机磁盘驱动器的磁性(自旋磁畴);②可用来制作 CD 和 DVD 的硫族化合物相变存储技术;③在高流通光通信系统中不可或缺的光子。我们注意到,以

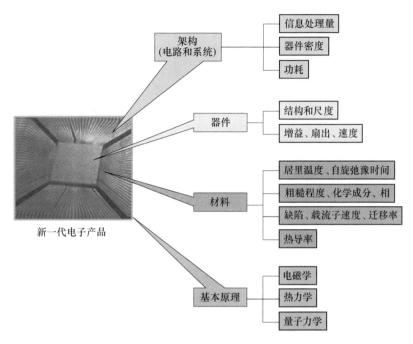

图 4.1　影响信息处理系统行为的各种因素

上所有情况的信息处理仍然只是在电荷的水平上。这告诉我们,虽然非电态参量已经可以应用于存储器和高速数据传输方面,但是通过逻辑功能来进行信息的处理加工过程仍然只在电子学水平上。由于 CMOS 管的尺寸饱和度为 10nm[4],人们才要追寻大量的可能超越 CMOS 规模限制的其他逻辑器件[5]。由于石墨烯良好的电子和物理性能,它已成为科学家探索其他基于状态参量的器件的"操练场"。正因为如此,本章我们将探讨下面几个问题:

(1)基于电子电荷的石墨烯场效应晶体管;

(2)运用分子电荷设计的石墨烯原子开关;

(3)基于自旋畴的自旋场效应晶体管;

(4)通过双层赝自旋场效应晶体管(bilayer pseudospin field effect transistor,BiSFET)实现赝自旋态变量;

(5)通过基于石墨烯的热能智控系统实现声子态变量。

4.2　石墨烯中的电子电荷

2004 年,成功制备出石墨烯的契机主要源自石墨烯的电子特性优越于传统硅材料的预言[1],其中被提及最多的电子性质就是它的电子迁移率。有报道指出,悬浮石墨烯的迁移率上限为 $10^6 cm^2 \cdot V^{-1} \cdot s^{-1}$[6]。在实现 FET 时,通常利用有能隙的石墨烯纳米带(GNR)通过场效应静电势来实现电荷调制。获得石墨烯带隙的通常做法是将其裁剪成纳米带,且实验中已测量到10nm宽纳米带的能隙可高达$0.3\text{eV}^{[7]}$。然而,用典型工艺制备石墨烯纳米带的代价是载流子迁移率的降低。例如,宽度为$1\sim10\text{nm}$的石墨烯纳米带的迁移率小于$200\text{cm}^2\cdot\text{V}^{-1}\cdot\text{s}^{-1[8]}$。随着纳米带宽度的变窄,电子输运中边界态占主导的地位,这导致电子迁移率变小。此外,电子能级增加会增大栅极漏电流[9]。石墨烯数字FET器件面临的另一个挑战是石墨烯和金属电极之间巨大的接触电阻,约1000Ω,这比Si基MOSFET的接触电阻大很多倍[10]。基于上述这些缺陷,石墨烯可能不是数字电荷电子器件的理想候选材料。但是,由于射频晶体管不一定要完全关闭,它仍然很适合用在射频FET中。现在制备出的速度最快的石墨烯晶体管的栅极宽度和截止频率分别为140nm和$f_{\text{T}}=300\text{GHz}^{[11]}$。

然而,从原理上讲,不管是石墨烯还是传统的Si基场效应晶体管器件的应用,最终都受限于电子电荷开关的本质特征,其最简单的形式可近似为电容器。在充电和放电过程中,能耗C可表达为$E_{\text{dissipated}}=CV^2=NqV_{\text{dd}}$,其中$V_{\text{dd}}$为电源电压。在理想情况下,操作一个电子就可以了,即$N=1$,能耗变为qV_{dd}。在这种情况下,能耗就仅仅是V_{dd}的函数。Landauer的双稳态势阱方法[12-14]、Shannon的信道容量定理[15]、MOSFET模型[3,16-17]和热力学推导[17-19]均表明,与热库达到平衡时单电子的基本最小开关能耗为$k T\ln 2=0.017\text{eV}$。如果开关时间$\tau_{\text{switch}}\gg T_1$的条件成立,上面的结果就有效,其中,$T_1$为电子能弛豫时间。如果考虑能量弛豫,最小能耗改写为$\alpha T_1/2+k T\ln 2$,其中,$\alpha=qV_{\text{dd}}/\tau_{\text{switch}}^{[2]}$。该公式是通过对一般的二能级量子的演化分析推导出来的。根据国际半导体技术蓝图(international technology roadmap for semiconductors,ITRS),金属氧化物半导体(metal oxide semiconductor,MOS)单晶体管可达到12.5THz的频率,对应的转化时间为0.08ps,这比硅中的电子弛豫时间1ps要快很多。但是也应注意到,储存在传统CMOS集成电路的栅极电容中的能量大部分会耗散在时钟和金属互联的电阻中,与其对应的弛豫时间仅为10fs。对于石墨烯这种会有弹道输运的材料媒介,接触点仍然会有热耗散。逻辑门最重要的行为参数就是在最大的时钟频率下工作时的平均功耗。图4.2说明了能量耗散的增加是由于更快的开关速度以及在V_{dd}、开关速度和能耗方面的折中。

对于尺度极限下的石墨烯数字电晶体管,纳米带的最小尺寸主要取决于所需的带隙宽度。用单电子势阱模型可以估算石墨烯电晶体管的极限密度。在一维或二维量子阱中,通常都会有一个束缚态。但是在有限势垒的三维量子阱模型中,束缚态存在与否主要取决于势阱的宽度a和势垒高度E_{barrier}的关系。势阱的最小尺寸与势垒高度的关系为

$$a=\frac{\pi\hbar}{2\sqrt{2E_{\text{barrier}}m_{\text{eff}}}}$$

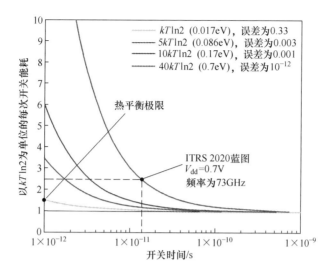

图 4.2　不同能量间隔下（不同错误率）能耗随开关时间变化的曲线。随着开关频率的增加，能耗是呈指数增加的，且在 32GHz 以上时的能耗主要源于动态贡献（经许可引自文献［2］© 2009 IEEE）

这是最终的极限表达。为了可以在有限温度下进行可靠的器件操作，这里要求势阱的宽度越宽越好。对于能量标度约 0.3eV、有效质量 $m_{eff} = 0.01 m_e$ [24]（m_e 为自由电子质量）的石墨烯纳米带，可以粗略地估计出势阱的最小宽度为 1nm。运用海森堡不确定关系所估算的势阱宽度提供了几纳米的栅极（势垒）长度（电子在势阱中的模型）[18]。而另一些人认为最终极限受限于材料基本的构建单元，如碳原子的大小[25]。假设后者（孤立原子，忽略相互关联区域的需要）成立，并且 Boolean 信息是通过一个碳原子对组成的物理系统中电荷分布的变化来呈现的，那么这样的体系占据的面积小于 1nm×1nm。

4.3　石墨烯原子开关

相比于电子电荷开关，分子开关有着自己独特的优势，因为它具有更大的质量，这对应于更长的保留时间。这一特点以及它们自然的两端特征使分子器件更适合用作存储器[26]，并且可以将其纳入另类构架设计，如混合 CMOS-纳米线和神经网络[27-28]。其他优点包括分子设计及合成允许优选的分子自组装到金属和半导体上进行互联[29]，以及实现原子尺度密度的预言[30]。使用分子基态变量的例子包括使用合成轮烷官能分子[31]、金属碳硼烷分子[32]和碳纳米管（carbon nanotube，CNT）[33]的分子和原子开关。也有人提出并证明可用石墨烯制造原子级的器件，例如[34]在偏压下变形的悬浮石墨烯纳米带可用于纳米尺寸机械开关;电容耦合可使悬浮的石墨烯靠近下电极,一旦撤除偏压,弹力又使石墨烯恢复到"开"的位置。Bockrath 等同样也证实了原子尺度的石墨烯开关的存在[35-36]。这些原子开关运用石墨烯片的电击穿产生纳米尺寸的间隙。原子开关在 1.6mA/μm 的电流密度下实现,这相当于在 5V 的电压下每个原子承受的电流约为 1μA。Bockrath 等还指出,物理击穿尺寸要小于 10nm。为了恢复电导,他们使用 4V 的偏压,这样可以形成一个线性的碳链来接通断开的石墨烯结。I_{on}/I_{off} 可以达到 100%。无放大时,该开关器件可成为一个稳定的两端存储单元。该装置的示意图如图 4.3 所示,典型的电压时间开关特性如图 4.4 所示。

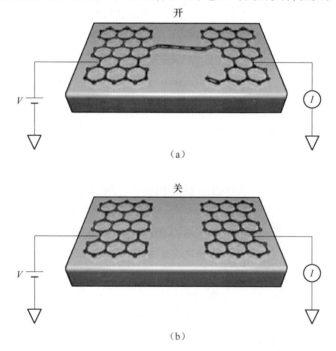

图 4.3　石墨烯原子开关(经许可引自文献[35]© 2008 美国化学学会)

从更基本的分析来看,利用原子尺寸的线型 C≕C 键能构造这样的原子开关。而碳-碳原子开关的最小能耗可以通过结合能和形成能计算。Iijima 等[37]研究了与石墨烯相连的碳链中碳原子的形成能、转移和破坏行为。采用的方法包括图 4.5 所示的透射电子显微镜(transmission electron microscope,TEM)法和密度泛函理论(density functional theory,DFT)计算。他们的研究表明,用窄锯齿型石墨烯纳米带得到碳原子链的形成能约为 1.09eV/Å。因此,需要 109eV(1.75×10^{-17}J)的能量才能得到 10nm 长的线型碳原子桥。为了实现击穿,必须提供高于键能的能量。我们假设碳链由连续的双键(≕C≕C≕C≕C≕)组成,键能为 614kJ/mol。为了减小量子隧穿效应,同时假设需要破坏 10nm 长的碳原子链,也就是约 75 个累计双键共价键,此时有,$E_{Breakdown} = 75 \times 10^{-18}$J(468eV)。

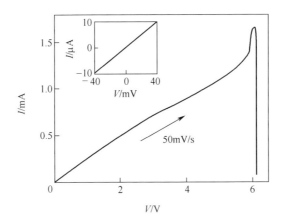

图 4.4 击穿过程的电流-电压图。插图为击穿之前低偏压下的电流-电压特性。
(经许可引自文献[35]© 2008 ACS)

每一个开关周期所需要的能量为 $E_{\text{dissipated}} = E_{\text{formation}} + E_{\text{Breakdown}}$，那么 $E_{\text{dissipated}} \approx$ $9.25 \times 10^{-17}\text{J}(577\text{eV})$。

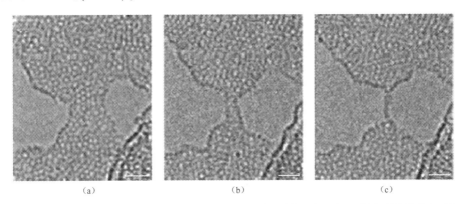

图 4.5 连续的 HR-TEM 图像展示了通过连续电子束辐射操纵的独立碳原子链形成和破坏的动态过程。(a)在石墨烯的两个孔洞之间形成了 1.7nm 宽的石墨烯纳米带；(b)纳米带在连续电子束辐射下变得越来越窄；(c)形成了拥有双键的碳原子链，并且在链的左端仍然有一个结(比例尺为 1nm。经许可引自文献[37])

分子作为一个态参量与电子有很大的不同,因为分子典型的质量和尺寸都要大很多。这种差异在存储器的应用上更具有优势。我们可以通过 WKB(Wentzel-Kramers-Brillouin)理论估算它的储存时间:

$$\tau_{\text{store}} \approx \frac{1}{P_{\text{tun}}} = \exp\left[\frac{2\sqrt{2m}}{\hbar}(a\sqrt{E_b})\right]$$

式中:P_{tun} 为遂穿概率;m 为分子质量;E_b 为势垒高度;a 为常数。

由于分子相比于电子质量更大,对于逻辑器件的应用而言,分子存储器件的存储速度会比电子或自旋逻辑器件的存储速度要慢(即使旋转模式的最大振动周期要小于1ps),这是因为

$$\tau_{\mathrm{sw}} = \frac{L}{v} = L\sqrt{\frac{m}{2E_{\mathrm{b}}}}$$

式中:L 为特征尺寸。

实际上,分子器件很有希望达到一个非常高的密度水平,以至活性分子单元的数量接近阿伏伽德罗常数;然而,要实现极限尺度生产,很多实际的挑战,如处理复杂互联体系、消除不良耦合效应和实现可靠的数据读取,都需要在构造水平上解决。在速度方面,分子器件的振动能量弛豫(约 2700cm^{-1})将是最快的物理分子动态运动。因此,开关速度不会比 1ns 还快,这与迄今为止最快的原子开关的实验结果相似。

4.4　石墨烯中的自旋

自旋器件及其概念不仅在石墨烯中,而且在各类材料体系中都获得大量关注。自旋的前景在于,相比于电荷,其可以以更稳健的方式来表达、计算和传递信息。这是因为自旋器件的变异仅仅受限于热振荡而不是电子器件中的量子振荡[42]。另外,自旋电子学为低功率、高性能非易失效电子学器件的建立提供了可能性。这种可能性是通过将能量密集的电子电荷转移与电子自旋自由度解耦实现的。

自旋是磁学的基本单元。要想得到所需的电子自旋方向需要一个可调节的外界磁场 B。另一种方法是自旋轨道(spin orbit,SO)耦合。一个外加的磁场会产生塞曼(Zeeman)分裂,幅度大小为 $\Delta E = g\mu B$,其中,g 为电子的朗德因子,μ 为玻尔磁子。能量会对称地分裂和弛豫,分裂后两个能级的大小为 $\pm\Delta E/2$,相差 ΔE。这与电子电荷的情况非常相似,就是要求分辨率必须超过热噪声的最小值 $kT\ln 2$。除了耦合差异外,自旋可以对之前提出的电子电荷功率方面的考虑进行模拟,这里单电子总能耗为 $E_{\mathrm{dissipation}} = 1/(2\alpha T_1) + kT\ln 2$。

自旋器件,如自旋 FET 和自旋扭矩传递随机存取存储器(spin torque transfer radom access memory,STTRAM)器件,都必须满足以下临界参数:①自旋自由度的有效调制要求有一个自旋调节机制;②高自旋传输时间或退相干长度,自旋极化的电子在不丢失编码信息的情况下进行远距离传输的手段;③从铁磁系统到非磁性系统的自旋电流的有效注入和探测。实现低读写电流的方法。对我们最有利的是具有较大的自旋相干长度和自旋耦合的材料,但是很少有材料同时具有以上两种性质。然而,我们可以预料在室温下至少可以满足两者之中的一种特性,这样就可以制造出有用的自旋器件。碳基材料,如石墨烯,是最引人注目的自旋电子学材

料,因为它们具有很大的自旋相干长度和很弱的自旋轨道耦合作用。石墨烯的原子序数很小,所以有很弱的自旋轨道耦合作用和零核自旋。零核自旋会导致低超精细耦合相互作用,这样反而减少了自旋散射。在室温下测得石墨烯的自旋相干长度约为 2μm,这比大部分半导体的都要高[43]。有报道指出,通过 Hanle 实验可获得 1.5μm 的自旋散射长度和 84ps 的自旋寿命[44]。这些性质不仅在远距离传输自旋编码信息方面具有诱人的前景,在制造基于 Sugahara-Tanaka 模型的跨电导器件方面也很引人注目[45]。然而,石墨烯中很小的自旋轨道耦合相互作用将会限制 Datta–Das 自旋 FET 传统器件的设计[46]。由于石墨烯中微弱的自旋轨道相互作用,自旋信息的调制将会很困难。为了能够进行自旋信息的调制,可通过掺杂过渡金属产生稀释磁性的石墨烯(类似于稀磁半导体)从而实现载流子的传输[47],以及铁磁氧化物/石墨烯三明治结构中的交换邻近相互作用(exchange proximity interaction,EPI)来实现石墨烯能带的自旋分裂和栅极调制。在交换邻近相互作用中[48],石墨烯非常接近于铁磁氧化物或多铁氧化物,并且它会产生一个交换相互作用,这个相互作用能给石墨烯中的电子提供一个塞曼场。这样在铁磁氧化物的磁化轴附近会产生一个自旋进动,如图 4.6 所示。有效的塞曼分裂作用在石墨烯载流子自旋上,因此会在铁磁氧化物的磁化轴附近产生一个自旋进动。另外,与其他半导体材料不同的是,石墨烯可以做出没有肖特基电阻的自旋隧道结接触,这就为高自旋极化的注入提供了通道[49]。

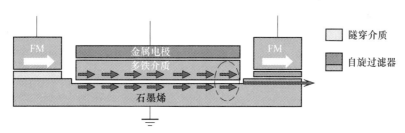

图 4.6 一个石墨烯 FET 的横截面图。它的铁磁(FM)源/漏电极提供自旋过滤
作用,而栅极调制则通过多铁栅介质与石墨的交换耦合实现

单自旋开关的动态行为不同于电荷开关,因为它的开关过程不依赖于移动的载流子,受限于自旋(电子或空穴的自旋)的弛豫时间(这个时间是指自旋的方向弛豫到平衡态所需要的时间)。与电子在动量空间的弛豫时间相似,自旋弛豫时间依赖于材料的自旋轨道耦合性质。具有强自旋轨道耦合的空穴最短的弛豫时间约为 1ps,而具有弱自旋轨道耦合的电子的弛豫时间可达到几百纳秒至微秒量级[50]。要利用抑制散射来获得自旋系统的优点,最典型的方法就是实现电子运动最小化。最小的自旋单元/器件从概念上来讲可以是单个原子,所以有可能使器件密度大于 10^{14} cm^{-2}。如果在最小功率耗散($2 \times 1.5kT\ln2$)和 1ps 的弛豫时间下运行,耗散的功率为 MW/cm^2 的量级。这样的高器件密度可通过从石墨烯中制

备出的石墨烯纳米岛(尺寸小于 10nm)来实现[51]。

4.5 石墨烯中的赝自旋

赝自旋是可能在石墨烯中实现的另一个非电态参量[52]。利用石墨烯独特的材料性质,有人提出了双层赝自旋场效应晶体管(bilayer pseudospin field effect transistor,BiSFET)模型[53]。该装置是基于双层石墨烯中相位相干的多体激子隧穿效应而运行的,可以通过栅压控制及微调每层石墨烯中电荷载流子来调控。术语"赝自旋"类似于铁磁体中的"上"和"下"自旋。对于该体系中的赝自旋而言,每一层(包括其中的空穴或电子)对应一个自由度。通过栅压控制费米电荷载流子浓度使得某一层中的电子与其相对层中的空穴组合成可以凝聚的玻色子-电子空穴对/激子。因此,这样的凝聚就会定性地改变双层石墨烯中的量子态波函数,把一层中孤立的态转化为上层和下层的相干线性组合态[53]。这种定性的改变增强了两层中的电导,将隧穿电阻从很大的值减小到一个仅由接触限制的值。在 GaAs-AlGaAs 双层体系中已经观测到了相似的相干输运特性[54]。如果双层石墨烯中的载流子密度相同,但是极性相反——一层为电子,另一层为空穴,就有可能在室温下实现相干输运。理论上来说[55],这样的一个凝聚可以出现在由 n 型和 p 型石墨烯组合成的石墨烯对中,这样的石墨烯对具有较大的近乎相等的载流子密度($n = p$),并且两层中间用薄的电介质隧道结隔开。图 4.7(a)所示为 BiSFET 器件示意图,图中简单画出了双层石墨烯与电极的接触。图 4.7(b)所示为其等效电路图,图 4.7(c)所示为电学特性图。在很小的层间偏压下,p 型和 n 型石墨烯之间的隧穿电导很大,而当偏压变大时,电导变小。该器件可达到的最大电压和电流也取决于两层中的电荷密度。在具有相同电荷密度(平衡)的器件中,n 型石墨烯层中的每个电子都可以和 p 型石墨烯层中的空穴组成一对,所以两层间的隧穿率是最高的和最令人满意的。在电荷密度不同的情况下,I_{max} 和 V_{max} 比平衡时的要小。

栅极宽度为 20nm 的电路模拟结果显示,每个 BiSFET 在 100GHz 的频率下每个时间周期的平均能耗为 0.008aJ[53]。而 CMOS MOSFET 在 100GHz 的频率下每次开关的平均能耗为 5aJ。从器件的角度看,BiSFET 更加引人注目。为了实现凝聚,需要达到转变温度,也就是 Kosterlitz-Thouless(KT)温度。模拟结果显示,费米能高于 0.3eV 时,这种转变温度接近于 300K,载流子浓度 $n > 10^{13} cm^{-2}$,层间距 $d < 2nm$[56]。该双层石墨烯器件中玻色凝聚的含时动力学过程还没有具体的研究结果。为了了解 BiSFET 和赝自旋电子学的最终速度极限,人们运用了很多方法:①把双层石墨烯结构模型化为一个电容器并简单得到了一个 RC 时间常数[57];②在 100 GHz 的频率下电路模拟显示出了开关特性,利用超流体方法结合朗道规范,器件的大小为 10nm 的情况下,超流体速度不能超过声速($1.5×10^4 m/s$),时间

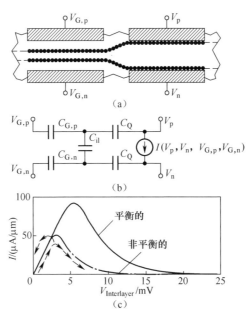

图 4.7　(a)BiSFET 器件示意图;(b)电路模型;(c)用于 SPICE 仿
真模拟的 BiSFET 在近似平衡和非平衡电荷密度情况下的层间电流
电压(I-V)特性,非平衡的层间电荷密度是通过-25mV 的有效门
电压得到(引自文献[53]© 2009 IEEE)

在皮秒量级范围内[58];③使用浓度为 $10^{12}\,cm^{-2}$ 左右时,石墨烯中电子空穴对的复
合时间(计算表明该时间约为 1ps)[59]。作为一个基准方法,考虑文献[35]在
SPICE 模拟中选取的门宽尺寸,可以假设最小开关时间为 1ps,最小器件尺寸为
20nm×20nm。最近的研究也表明,石墨烯宽度小于 20nm 时,其最大电流也明显
下降[60]。

4.6　石墨烯中的声子

在石墨烯中声子也被提出可以用作一个态参量。在传统物理中,声子是热载
流子,但是它也可以像电子、自旋和光子一样承载物理信息,因此被看作一个态
参量。考虑到石墨烯有很高的热导率(大于 5000W/(m·K))[61],所以有很多人
提出用声子作为石墨烯中态参量的想法[62-65]。当一个方向的热导率比反方向的
热导率大很多时,就会出现热整流现象,这样的热梯度可以在非线性格子中获得。
有报道指出,在非线性的碳晶格系统中,会出现负微分热阻(negative differential
thermal resistance,NDTR),这有可能应用于热逻辑和存储器件[64,66]。

石墨烯的优势是,它是二维的几何结构而且很容易被裁剪成不同的形状。这对于整流很重要,因为器件的几何形状会影响声子电路的信息路径。声子器件,如热整流器[67]、热晶体管[66]、热逻辑门[66]和热存储器[64],已经被概念化并提出。这些设计的核心就是基本的分子动力学现象;碳纳米管中,质量梯度和半径方向的梯度都有助于得到整流现象;石墨烯中,宽度梯度可以提供最大的整流[65,68-69]。图4.8给出了一个分级石墨烯纳米带热整流的例子。这种结构可被当作热二极管,在正的热偏压下具有良好的热电导,在负的热偏压下具有"很差"的热电导。这主要强调沿着宽度减少的梯度方向会有声子输运,其他的方向会有热整流现象。

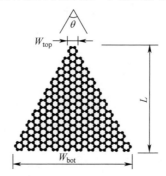

图4.8 可以提供最大热整流的分级石墨烯二维结构的示例。W_{top}和W_{bot}分别对应于有一个六角环原子结构的顶层和有 N 层的底部,每一段按照 $L/2$ 方式分级(经许可引自文献[65]© 2009 美国物理联合会)

图4.9 所示为热晶体管示意图。该器件的非线性源极 S 和漏极 D 受控于栅压。每一部分的温度梯度会产生一个简谐振荡,这些热致简谐振荡就像是在附加的弹簧上来回振荡,弹簧常数 K_{int} 和 K_{intG} 分别是与 S-D 和 S-G 的温度梯度有关的量。石墨烯系统的研究表明,上述结构清楚地说明了 NDTR 的特性。我们可以通过对 O 点和 O' 点振动谱的研究来理解 NDTR 现象。NDTR 是热逻辑门的关键点,如热信号中继器和 NOT 门中必不可少的超响应和负响应。图4.10 给出了热 NOT 门的模拟结果。

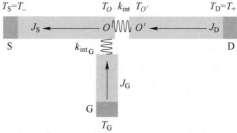

图4.9 简单热晶体管示意图。T_+ 和 T_- 是离散温度且 $T_+ > T_-$。栅极 G 设定为离散温度 T_G,每个部分适用于一维的 FK 晶格模型,FK 模型描述了一个受制于外部正弦波势的简谐振荡链。弹簧系数 K_{int} 和 K_{intG} 是能够控制 NDTR 幅度和位置的最重要的热晶体管参数(引自文献[66]© 2008 美国物理学会)

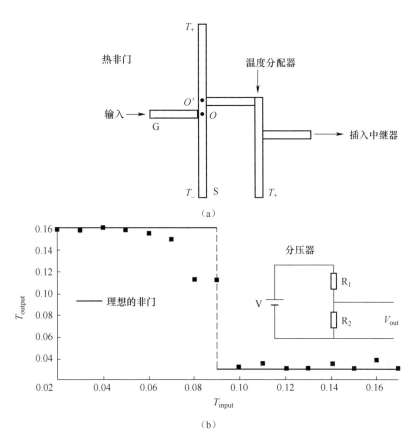

图 4.10 (a)热非门的结构。通过 G 部分,信号传送到晶体管的 O 点。晶体管的输出信号(从 O'点)传送到温度分配器。把温度分配器的输出端和中继器连接,最后的输信号如图(b)所示。(b)热非门的函数图像。这非常接近于理想的非门。插图是一个两电阻分压器结构,对应于温度分配器,它可以提供比电池更低的电压(引自文献[66]©2008 美国物理学会)

　　基本上来说,声子决定了系统的温度。热力学绝对零度时原子几乎是不动的。材料中原子振荡的能量单元就是声子。为了用声子传播信息,在某一温度 T 下它必须拥有高于本征振动模式的能量。我们也可以将这种情况想象为发射一个代表二进制数为"1"的"热"包。因此,发射一个声子信息"包"所需要的能量必须大于 $kT\ln2$。另外,声子有特定的传播速度,也就是声子群速度。石墨烯中的纵向和横向模式的群速度分别为 $v(L)=21.3\text{km/s}$ 和 $v(T)=13.6\text{km/s}$[70]。从这个角度来说,石墨烯中的声子传播 1nm 至少需要 5ns。最后,至少在两个碳原子之间才能存在一个声子。这个示例类似于离子阱,量子信息通过声子耦合的方式从一个离子阱传送到另一个离子阱[71]。至于使用石墨烯和以声子形式传播的信息包,我们可以想象一个碳原子单链(＝C＝C＝C＝C＝)或者有边界态的单个六角石墨烯链。在为蜂窝晶格的情况下,我们可以估算出这些器件的极限尺寸为至少可以测量出两个C—C键,所以这些器件的大小将是C—C键(0.142nm)的整数倍。图4.11所示的表格中的计算假设石墨烯的宽度为1nm。

4.7 展　望

图4.11总结了非电态参量一些关键的行为属性,其中特意回避了许多实际的挑战,如制备、器件互联、电路和制造等方面的问题。诚然,我们主要关注与物理极限相关的基本态参量操控。

状态参量	电子 	自旋 	赝自旋 	声子 	分子运动 
器件实现	FET 	自旋FET 	BiSFET 	热逻辑电路 	原子开关 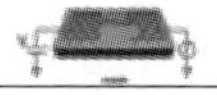
最快开关速度	约1ps 能量弛豫时间	约1ps 进动频率	约1ps 复合时间 RC时间常数	约5ns 声子群速度	1ns 振动速度
能量	0.05eV $3kT\ln2$ (1电子)	0.05eV $3kT\ln2$ (1自旋)	0.05eV $2kT\ln2$	0.02eV $kT\ln2$	577eV
最小器件尺寸	1nm×1nm (2个碳原子)	0.5nm×0.5nm (1个碳原子)	20nm×20nm	1nm×1nm (2个碳原子)	0.2nm×75×0.2nm 75个碳原子组成的链
调制方法——开/关	场效应调制	磁场、自旋轨道耦合	通过电场控制n型和p型载流子密度	通过热电技术控制温度或电压	电容和弹力
优势	充分理解的电子器件	单原子操作	低功耗	适合声子定向控制的	非常好的"关"特性(无漏)
挑战	带隙控制、静态功率、边缘态控制	绝缘和单自旋定位	转变温度敏感系数T_c	声子移动相对缓慢	破坏C—C共价键需要较高的能量

图4.11　石墨烯状态参量性能总结。"最快开关速度"是指物理态参量在两个稳态之间变换得最快的可能速度。"最小的开关能"是指器件在开关过程中损失的最小的能量。忽略完成这个过程所要求的任何外部能量,如产生磁场的能量。"最小的器件封装"是指器件可以支持态参量所需的最小的面积。"调制方法"是指能够促使开关事件发生的外部刺激。最后的两组强调每种态参量的优势和面临的挑战

从一开始我们就知道非电态参量不会全面优于电子电荷参量。现阶段在微处理器技术开发方面的挑战在于最小化能耗,这就在本质上要求态参量要与热噪声本底(在最理想的情况下小于kT)进行竞争。如果能耗小于这个极限,那么

分辨率就要降低,并且要实施精致容错和冗余机制。而精致容错和冗余机制又要妥协让步于制备费用、平面面积、设计的简洁度和芯片成品率。

至于速度,毫无疑问依赖于碳原子移动的机械开关不支持快速操作。相似地,在实现开关的过程中,电子、自旋、磁子和声子在能量方面都有相似的要求。

这些挑战仍要求我们通过石墨烯器件的概念寻找胜过电子电荷的物理态参量。虽然石墨烯有很多独特的态参量和物理现象,但人们对这些态参量能否转化为有用的器件、电路和系统仍然没有一致的看法。

致谢

在此感谢纳米电子学研究所(Nanoelectronics Research Institute,NRI)、西部纳米电子研究所(Western Institute of Nanoelectronics,WIN)、重点研究项目中心(Focus Center Research Program,FCRP)以及纳米结构功能工程中心(The Center on Functional Engineered Nano Architectonics,FENA)等单位。还要感谢 Alex Khitun 博士(UCLA)、Ian Young 博士(Intel 公司)、Matthew Gilbert 教授(UIUC)、Brian Doyle 博士(Intel 公司)和 Dmitri Nikonov 博士(Intel 公司)。此外,要特别感谢 Kerry Bernstein 博士(IBM)和 Steve Kramer 博士(MICRON)对本书的审校。

参 考 文 献

[1] K. Novoselov, A. Geim, S. Morozov, D. Jiang, Y. Zhang, S. Dubonos, I. Grigorieva, and A. Firsov, "Electric field effect in atomically thin carbon films," *Science*, vol. 306, p. 666, 2004.

[2] K. Galatsis, A. Khitun, R. Ostroumov, K. Wang, W. Dichtel, E. Plummer, J. Stoddart, J. Zink, J. Lee, and Y. Xie, "Alternate State Variables for Emerging Nanoelectronic Devices," *Nanotechnology, IEEE Transactions on*, vol. 8, pp. 66-75, 2009.

[3] J. D. Meindl, "Low power microelectronics: retrospect and prospect," *Proceedings of the IEEE*, vol. 83, pp. 619-635, 1995.

[4] Y. Taur, "CMOS design near the limit of scaling," *IBM Journal of Research and Development*, vol. 46, pp. 213-222, 2002.

[5] J. Hutchby, G. Bourianoff, V. Zhirnov, and J. Brewer, "Extending the road beyond CMOS," *Circuits and Devices Magazine, IEEE*, vol. 18, pp. 28-41, 2002.

[6] J. Meyer, A. Geim, M. Katsnelson, K. Novoselov, T. Booth, and S. Roth, "The structure of suspended graphene sheets," *Nature*, vol. 446, pp. 60-63, 2007.

[7] M. Han, B. Ozyilmaz, Y. Zhang, and P. Kim, "Energy band-gap engineering of graphene nanoribbons," *Physical review letters*, vol. 98, p. 206805, 2007.

[8] X. Wang, Y. Ouyang, X. Li, H. Wang, J. Guo, and H. Dai, "Room-temperature all-semiconducting sub-10-nm graphene nanoribbon field-effect transistors," *Physical review letters*, vol. 100, p. 206803, 2008.

[9] L. Mao, "Finite size effects on the gate leakage current in graphene nanoribbon field-effect transistors," *Nanotechnology*, vol. 20, p. 275203, 2009.

［10］ S. Russo, M. Craciun, M. Yamamoto, A. Morpurgo, and S. Tarucha, "Contact resistance in graphene-based devices," *Physica E: Low-dimensional Systems and Nanostructures*, 2009.

［11］ L. Liao, Y. Lin, M. Bao, R. Cheng, J. Bai, Y. Liu, Y. Qu, K. Wang, Y. Huang, and X. Duan, "High-speed graphene transistors with a self-aligned nanowire gate," *Nature*, vol. 467, pp. 305−308, 2010.

［12］ R. W. Keyes and R. Landauer, "Minimal energy dissipation in logic," *IBM Journal of Research & Development*, vol. 14, pp. 152−157, 1970.

［13］ R. Landauer, "Irreversibility and heat generation in the computing process," *IBM Journal of Research & Development*, vol. 5, p. 183, 1961.

［14］ R. Landauer, "Computation: a fundamental physical view," *Physica Scripta*, vol. 35, pp. 88−95, 1987.

［15］ C. Shannon, "The mathematical theory of communication," *Bell Systems Technical Journal*, vol. 27, pp. 379−423, Mar 1948 1948.

［16］ J. D. Meindl, "A history of low power electronics: how it began and where it's headed," in *Proceedings 1997 International Symposium on Low Power Electronics and Design* (*IEEE Cat. No. 97TH8332*). *ACM. 1997*, pp. 149−51. *New York, NY, USA*.

［17］ J. D. Meindl and J. A. Davis, "The fundamental limit on binary switching energy for terascale integration (TSI)," *IEEE Journal of Solid-State Circuits*, vol. 35, pp. 1515−1516, 2000.

［18］ V. V. Zhirnov, R. K. Cavin, III, J. A. Hutchby, and G. I. Bourianoff, "Limits to binary logic switch scaling—a gedanken model," *Proceedings of the IEEE*, vol. 91, pp. 1934−1939, 2003.

［19］ R. W. Keyes, "Fundamental limits in digital information processing," *Proceedings of the IEEE*, vol. 69, pp. 267−278, 1981.

［20］ K. L. Wang, K. Galatsis, R. Ostroumov, M. Ozkan, K. Likharev, and Y. Botros, "Nanoarchitectonics: Advances in Nanoelectronics," in *Handbook of Nanoscience, Engineering and Technology*, 2nd ed, W. A. Goddard, III, W. D. Brenner, S. E. Lyshevski, and J. G. Iafrate, Eds. Boca Raton: CRC Press, 2007.

［21］ R. Ostroumov and K. L. Wang, "On Power Dissipation in Information Processing," in *American Physical Society*, Los Angeles, 2005.

［22］ R. Ostroumov and K. L. Wang, "Fundamental power dissipation in scaled CMOS and beyond," in *Proceedings of the SRC Techcon Conference*, Portland, 2005.

［23］ ITRS, "International Technology Roadmap for Semiconductors, 2005," *Semiconductor Industry Association* (*SIA*) http://public. itrs. net/Reports. htm.

［24］ K. Majumdar, K. V. R. M. Murali, N. Bhat, and Y.-M. Lin, "External Bias Dependent Direct To Indirect Band Gap Transition in Graphene *Nanoribbon*," *Nano Letters*, vol. 10, pp. 2857−2862, 2010.

［25］ R. Singh, J. O. Poole, K. F. Poole, and S. D. Vaidya, "Fundamental device design considerations in the development of disruptive nanoelectronics," *Journal of Nanoscience and Nanotechnology*, vol. 2, pp. 363−8, 2002.

［26］ J. R. Heath, "Molecular Electronics," *Annual Review of Materials Research*, vol. 39, pp. 1−23, 2009.

［27］ M. Butts, A. DeHon, and S. C. Goldstein, "Molecular electronics: devices, systems and tools for gigagate, gigabit chips," in *IEEE/ACM International Conference on Computer Aided Design. IEEE/ACM Digest of Technical Papers* (*Cat. No. 02CH37391*). *IEEE. 2002*, pp. 433−40. *Piscataway, NJ, USA*.

［28］ K. K. Likharev and D. B. Strukov, "CMOL: devices, circuits, and architectures," *Introducing Molecular Electronics. Springer-Verlag. 2005*, pp. 447−477.

［29］ J. E. Green, J. Wook Choi, A. Boukai, Y. Bunimovich, E. Johnston-Halperin, E. DeIonno, Y. Luo, B. A. Sheriff, K. Xu, Y. Shik Shin, H.-R. Tseng, J. F. Stoddart, and J. R. Heath, "A 160-kilobit molecular electronic memory patterned at 1011 bits per square centimetre," *Nature*, vol. 445, pp. 414 − 417, 2007/01/25/

print 2007.

[30] D. Eigler, C. Lutz, and W. Rudge, "An atomic switch realized with the scanning tunneling microscope," 1991.

[31] W. Dichtel, J. Heath, and J. Fraser Stoddart, "Designing bistable [2] rotaxanes for molecular electronic devices," *Philosophical Transactions of the Royal Society A: Mathematical, Physical and Engineering Sciences*, vol. 365, p. 1607, 2007.

[32] S. Kabehie, A. Stieg, M. Xue, M. Liong, K. Wang, and J. Zink, "Surface Immobilized Heteroleptic Copper Compounds as State Variables that Show Negative Differential Resistance," *The Journal of Physical Chemistry Letters*, vol. 1, pp. 589–593, 2010.

[33] T. Rueckes, K. Kim, E. Joselevich, G. Y. Tseng, C. -L. Cheung, and C. M. Lieber, "Carbon Nanotube-Based Nonvolatile Random Access Memory for Molecular Computing," *Science*, vol. 289, pp. 94 – 97, July 7, 2000 2000.

[34] K. Milaninia, M. Baldo, A. Reina, and J. Kong, "All graphene electromechanical switch fabricated by chemical vapor deposition," *Applied Physics Letters*, vol. 95, p. 183105, 2009.

[35] B. Standley, W. Bao, H. Zhang, J. Bruck, C. Lau, and M. Bockrath, "Graphene-based atomicscale switches," *Nano Lett*, vol. 8, pp. 3345–3349, 2008.

[36] M. Bockrath, J. Bruck, and N. -C. Yeh, "Graphene Atomic Switches for Ultra – Compact Logic Devices & Non-Volatile Memories," in *NRI Annual Review* Gaithersburg, 2009.

[37] C. Jin, H. Lan, L. Peng, K. Suenaga, and S. Iijima, "Deriving carbon atomic chains from graphene," *Physical review letters*, vol. 102, p. 205501, 2009.

[38] A. Ferrari, J. Meyer, V. Scardaci, C. Casiraghi, M. Lazzeri, F. Mauri, S. Piscanec, D. Jiang, K. Novoselov, and S. Roth, "Raman spectrum of graphene and graphene layers," *Physical review letters*, vol. 97, p. 187401, 2006.

[39] J. Beebe and J. Kushmerick, "Nanoscale switch elements from self-assembled monolayers on silver," *Applied Physics Letters*, vol. 90, p. 083117, 2007.

[40] T. Tamura, T. Hasegawa, K. Terabe, T. Nakayama, T. Sakamoto, H. Sunamura, H. Kawaura, S. Hosaka, and M. Aono, "Material dependence of switching speed of atomic switches made from silver sulfide and from copper sulfide," 2007, p. 1157.

[41] K. Terabe, T. Hasegawa, T. Nakayama, and M. Aono, "Quantized conductance atomic switch," *Nature*, vol. 433, pp. 47–50, 2005.

[42] I. Ovchinnikov and K. Wang, "Variability of electronics and spintronics nanoscale devices," *Applied Physics Letters*, vol. 92, p. 093503, 2008.

[43] N. Tombros, C. Jozsa, M. Popinciuc, H. Jonkman, and B. Van Wees, "Electronic spin transport and spin precession in single graphene layers at room temperature," *Nature*, vol. 448, pp. 571–574, 2007.

[44] W. Han, K. Pi, W. Bao, K. McCreary, Y. Li, W. Wang, C. Lau, and R. Kawakami, "Electrical detection of spin precession in single layer graphene spin valves with transparent contacts," *Applied Physics Letters*, vol. 94, p. 222109, 2009.

[45] S. Sugahara and M. Tanaka, "Spin MOSFETs as a basis for spintronics," *ACM Transactions on Storage (TOS)*, vol. 2, pp. 197–219, 2006.

[46] S. Datta and B. Das, "Electronic analog of the electro optic modulator," *Applied Physics Letters*, vol. 56, pp. 665–667, 2009.

[47] T. Jayasekera, B. D. Kong, K. W. Kim, and M. Buongiorno Nardelli, "Band Engineering and Magnetic Doping of Epitaxial Graphene on SiC(0001)," *Physical review letters*, vol. 104, p. 146801, 2010.

[48] Y. Semenov, K. Kim, and J. Zavada, "Spin field effect transistor with a graphene channel," *Applied Physics*

Letters, vol. 91, p. 153105, 2007.

[49] V. Karpan, G. Giovannetti, P. Khomyakov, M. Talanana, A. Starikov, M. Zwierzycki, J. van den Brink, G. Brocks, and P. Kelly, "Graphite and graphene as perfect spin filters," *Physical review letters*, vol. 99, p. 176602, 2007.

[50] C. Tahan and R. Joynt, "Rashba spin-orbit coupling and spin relaxation in silicon quantum wells," *Physical Review B*, vol. 71, Feb 2005.

[51] J. Bai, X. Zhong, S. Jiang, Y. Huang, and X. Duan, "Graphene nanomesh," *Nat Nano*, vol. 5, pp. 190-194, 2010.

[52] M. Polini, R. Asgari, Y. Barlas, T. Pereg-Barnea, and A. MacDonald, "Graphene: A pseudochiral Fermi liquid," *Solid State Communications*, vol. 143, pp. 58-62, 2007.

[53] S. Banerjee, L. Register, E. Tutuc, D. Reddy, and A. MacDonald, "Bilayer pseudospin fieldeffect transistor (BiSFET): a proposed new logic device," *Electron Device Letters, IEEE*, vol. 30, pp. 158-160, 2009.

[54] I. Spielman, J. Eisenstein, L. Pfeiffer, and K. West, "Resonantly enhanced tunneling in a double layer quantum Hall ferromagnet," *Physical review letters*, vol. 84, pp. 5808-5811, 2000.

[55] H. Min, R. Bistritzer, J. Su, and A. MacDonald, "Room-temperature superfluidity in graphene bilayers," *Physical Review B*, vol. 78, p. 121401, 2008.

[56] H. Min, R. Bistritzer, J. -J. Su, and A. H. MacDonald, "Room-temperature superfluidity in graphene bilayers," *Physical Review B*, vol. 78, p. 121401, 2008.

[57] D. Reddy, L. Register, E. Tutuc, and S. Banerjee, "Bilayer Pseudospin Field-Effect Transistor: Applications to Boolean Logic," *Electron Devices, IEEE Transactions on*, vol. 57, pp. 755-764, 2010.

[58] S. Ianeselli, C. Menotti, and A. Smerzi, "Beyond the Landau criterion for superfluidity," *Journal of Physics B: Atomic, Molecular and Optical Physics*, vol. 39, p. S135, 2006.

[59] F. Rana, "Electron-hole generation and recombination rates for Coulomb scattering in graphene," *Physical Review B*, vol. 76, p. 155431, 2007.

[60] M. Gilbert, "Performance Characteristics of Scaled Bilayer Graphene Pseudospin Devices," *Electron Devices, IEEE Transactions on*, pp. 1-9.

[61] A. Balandin, S. Ghosh, W. Bao, I. Calizo, D. Teweldebrhan, F. Miao, and C. Lau, "Superior thermal conductivity of single-layer graphene," *Nano Letters*, vol. 8, pp. 902-907, 2008.

[62] L. A. Jauregui, Y. Yue, A. N. Sidorov, J. Hu, Q. Yu, G. Lopez, R. Jalilian, D. K. Benjamin, D. A. Delkd, W. Wu, Z. Liu, X. Wang, Z. Jiang, X. Ruan, J. Bao, S. S. Pei, and Y. P. Chen, "Thermal Transport in Graphene Nanostructures: Experiments and Simulations," *ECS Transactions*, vol. 28, pp. 73-83, 2010.

[63] J. Hu, X. Ruan, and Y. Chen, "Thermal conductivity and thermal rectification in graphene nanoribbons: a molecular dynamics study," *Nano Letters*, vol. 9, pp. 2730-2735, 2009.

[64] L. Wang and B. Li, "Thermal memory: a storage of phononic information," *Physical review letters*, vol. 101, p. 267203, 2008.

[65] N. Yang, G. Zhang, and B. Li, "Thermal rectification in asymmetric graphene ribbons," *Applied Physics Letters*, vol. 95, p. 033107, 2009.

[66] L. Wang and B. Li, "Thermal logic gates: computation with phonons," *Physical review letters*, vol. 99, p. 177208, 2007.

[67] B. Li, L. Wang, and G. Casati, "Thermal diode: Rectification of heat flux," *Physical review letters*, vol. 93, p. 184301, 2004.

[68] G. Wu and B. Li, "Thermal rectifiers from deformed carbonánanohorns," *Journal of Physics: Condensed Matter*, vol. 20, p. 175211, 2008.

[69] N. Yang, N. Li, L. Wang, and B. Li, "Thermal rectification and negative differential thermal resistance in lattices with mass gradient," *Physical Review B*, vol. 76, p. 20301, 2007.

[70] D. L. Nika, E. P. Pokatilov, A. S. Askerov, and A. A. Balandin, "Phonon thermal conduction in graphene: Role of Umklapp and edge roughness scattering," *Physical Review B*, vol. 79, p. 155413, 2009.

[71] J. I. Cirac and P. Zoller, "Quantum Computations with Cold Trapped Ions," *Physical review letters*, vol. 74, p. 4091, 1995.

第5章

新型态参量的输运

Shaloo Rakheja, Azad Naeemi

5.1 引　　言

在本章节中,我们建立针对新型互联的框架,比较不同的后 CMOS 技术中的输运机制和物理模型。5.2 节是有关 CMOS 互联的综述,主要强调扩展性能的影响和局域(小于 100 栅极间距)连接的能量耗散。5.3 节介绍了如何处理新型互联的时延建模,新型互联的最佳性能是以相应传统 CMOS 性能作为基准,在器件和电路层面得到的一系列指南是为了服务后 COMS 技术。

半导体行业革命性的增长很大部分是由于器件的二进制信息吞吐量的增加。在器件层面上,二进制信息吞吐量是计算能力的量度,同时也认为是单位面积芯片的每秒执行指令数。电路的微缩使得芯片具有更多的功能,并降低每单元功能成本。然而,来自 IC 散热的严峻挑战,可能会使微缩 Si 基 FET 在 2020 年之后的技术蓝图中受到极大的限制[1-3]。电子通过栅介质时,量子力学隧穿的增加和亚阈值漏电流的增加是抑制以电荷技术为基础的 Si 基器件尺寸缩减最重要的两个原因[2-3]。当前 FET 结构的核心是金属氧化物半导体(MOS)电容器,它在每个开关周期内消耗的能量正比于其电容值。目前,迫切需要有一个替代的开关模式,用来克服基于电荷 FET 的能量限制。此外,芯片上互相连接的电容提供了额外的负载,而且增加了在微处理器上的功耗。

许多变量都可作为状态变量电子电荷的可替代方案,包括电子自旋、石墨烯中的赝自旋、直接/间接激子、温度、等离激元、磁畴壁和光子[4]。由于石墨烯的长自旋相干长度[5]、直接和间接激子产生及操控的适宜性[6]、长电子相位相干长度[7]和赝自旋[8],在处理这些新状态变量方面它是很有前景的材料。

任何信息处理系统都有3个通用要求,它们是能处于不同的状态、能受外部控制在不同数字状态之间切换,以及能将信息从芯片上的一个物理位置传输到另一个位置,即"通信"。任何逻辑技术必须需要互联技术的补充,才能使信息在一个芯片上的不同器件之间传输。为了减少面积和功耗,这些器件至少在短程内要避免信号转换。而且,在目前的微处理器中,互联能耗超过了动态能耗的50%[9]。互联尺寸的缩减会减缓互联并增加时延[10]。所以,它对于评价基于非电荷逻辑技术的互联很重要。

器件之间的通信可以通过器件之间信息载体的物理传输或波的传播来建立。因此,运输机制可以大致分为粒子输运和波基通信。基于粒子输运的机制包括扩散、漂移和弹道输运。波基通信包括电磁波、等离激元波和自旋波。表5.1列出了不同的输运机制和可以用来通信的状态变量。

表5.1　用来建立芯片上驱动器和接收器之间通信的
输运机制和对应的状态变量

输运方式	状态变量信息
扩散	自旋、赝自旋(石墨烯)、温度(声子)、直接激子、间接激子
漂移	间接激子、自旋、赝自旋
弹道	自旋、赝自旋、温度(声子)
自旋波	自旋
电磁波	声子、等离激元

5.2　CMOS 之间的互联

互联的主要目的是在芯片不同物理位置上实现最小时延的信息通信。在物理上,互联是在介质上或介质内的金属层。在目前的CMOS技术中,互联是通过被低有效介电常数(不大于3)的电介质隔开的铜实施的。在微处理器中,铜互联使用了220nm的刻蚀技术[12]。铜的大马士革镶嵌工艺对铜互联技术的成功具有关键作用[12-13]。铜镶嵌工艺主要有4个步骤:第一步是使用光掩模和光刻技术在电介质上刻画图案;第二步是在刻蚀后的电介质上沉积一个势垒层(如Ta或TiN)防止金属和电介质之间的相互作用,这一点尤其重要,因为铜扩散到电介质中会产生一个深的杂质能级使得器件的性能降低;第三步是用电化学沉积把金属填充在图案上;第四步是采用化学机械抛光去除多余的铜来平整金属表面。图5.1给出了一个典型的铜镶嵌工艺进程的步骤。降低有效介电常数(减小线间电容)的工艺会增加制造的复杂性,并影响成本和可靠性。一种由多孔低 κ 电介质与空气间隙混合的技术可能会纳入未来的研究中从而保持低介电常数[10]。

当晶体管微缩提高性能的同时,互联时延却随着互联的相应微缩而增加[16]。与互联尺寸相关的挑战包括:电阻率下降,材料集成问题,平面控制以及多层线堆栈中电、热和机械应力引起的可靠性问题。由于集成电路关键尺寸的缩小,工艺参数的变化对电路电阻的影响变得尤其显著。当互联尺寸接近铜中电子的平均自由程($\lambda_{Cu}=40nm$),电子与互联侧壁和晶界的相互作用趋向于增加导线的有效电阻率。要建立互联电阻率模型,应考虑以下因素:电子晶界反射、侧壁反射和线边缘粗糙[15,17-18]。未来技术节点的互联性能指标已经写入ITRS蓝图[10]。图5.1给出了在不同侧壁反射、晶界反射和线边缘粗糙度的情况下,用铜的体电阻率归一化后的有效电阻率与金属线宽的关系。尺寸效应的累积影响增加了互联的有效电阻率,从而破坏了其性能。

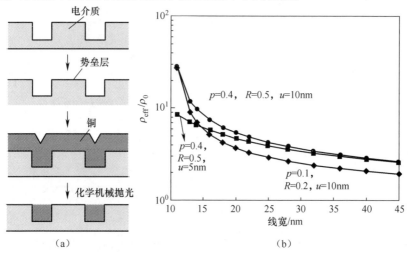

图5.1 (a)由文献[14]改编的铜镶嵌工艺进程;(b)铜电阻率与线宽的电阻率模型[15]。p为电子被薄膜边界弹性散射的概率,R为被晶界散射的概率,且有$0 \leqslant p, R \leqslant 1$

图5.2给出了ITRS蓝图中互联和FET的时延随技术年的变化[10]。这些数据旨在突出由于尺度的收缩互联和晶体管的性能差距越来越大。图5.2中的插图给出了用最小尺寸NFET的能耗归一化后互联的能耗。虽然互联电容随着不同的技术年有很小的变化或者没有变化,但是晶体管电容出现了恒定的下降。相对于晶体管来说,这提高了互联的能量耗散。

图5.3中的插图给出了经常用来分析CMOS互联性能的电路模型。电路由一个驱动互联和负载的CMOS反相器组成。负载为一个相同尺寸的CMOS反相器。电路可以表示为一个有驱动、互联及负载的电阻及电容网络。一个分布式RC网络模型常用来表示互联。在局部互联上,互联的电感不起任何作用,因此,模型中不包括电感。使用埃尔莫尔(Elmore)时延公式,CMOS电路的时延可以写为

$$t_{\text{CMOS}} = 0.69R_{\text{ON}}(C_{\text{par,dr}} + C_{\text{L}}) + 0.69(R_{\text{ON}}c_{\text{int}} + r_{\text{int}}C_{\text{L}})L + 0.38r_{\text{int}}c_{\text{int}}L^2 \quad (5.1)$$

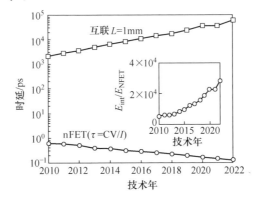

图 5.2　1mm 长互联的时延与技术年的关系。同时给出了最小尺寸 n 型场效应晶体管(nFET)的时延与技术年的关系。插图给出了不同技术年里,没有用最小尺寸 nFET 能耗归一化的 1mm 长无中继互联的能耗(数据源于 ITRS[10])

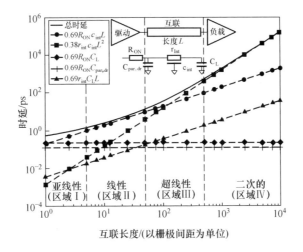

图 5.3　当 CMOS 互联被一个具有 2020 技术年节点上最小尺寸驱动器 5 倍驱动强度的驱动器驱动时,式(5.1)中不同时延组成部分的时延(插图表示用于模拟 CMOS 互联性能的电路模型)

对于 ITRS 2020 技术年节点(最小特征尺寸为 14nm),最小尺寸 NFET 的 R_{ON} 值取 24kΩ,最小尺寸驱动的寄生电容为 7.56aF。C_{L} 是输出门的负载电容,对于最小尺寸的反相负载来说约为 15aF。单位长度的互联电阻 r_{int} 和电容 c_{int} 分别为 $2×10^6$ Ω/cm 和 1.65pF/cm[10]。

图 5.3 给出了式(5.1)中各个组成部分的时延贡献,此处互联被认为是一个驱动强度为最小尺寸驱动器 5 倍的驱动器所驱动的。对于具有很短长度(相

当于 5 倍栅极间距)的互联来说,在总时延中,$R_{ON}(C_{par,dr} + C_L)$ 的影响相当于 $R_{ON}c_{int}L$ 的影响。图 5.3 中区域 Ⅰ 为亚线性区域。在区域 Ⅱ(线性区域),总时延总是和 $R_{ON}c_{int}L$ 非常接近,其他参数对于总时延的影响是可以忽略的。线性区域为互联长度在 5~50 倍栅极间距的长度。然而,对于互联长度超过 50 栅极间距,在总时延中,相比于 $R_{ON}c_{int}L$,$r_{int}c_{int}L^2$ 的影响变得不可忽略。这个是超线性区域(区域 Ⅲ),此时已经延伸到 50~500 栅极间距。对于互联长度超过 500 栅极间距,总时延主要是互联时延,这个区域被认为是二次区域(区域 Ⅳ)。

值得注意的是,目前仍然没有可行的解决方案来实现 ITRS 的 14nm 技术蓝图。然而,ITRS 在给定节点的蓝图代表了目前半导体专家在行业需求方面给出的最好预测和共识[10]。研发方面的努力将会促成这些目标的实现。

5.3 新 型 互 联

表 5.1 将状态变量与可能用于信息交流的物理输运机制联系起来。截至目前,没有明确的领先技术可以替代或增强 CMOS 技术。因此,表 5.1 提供了比较新技术的通用平台。同时,使用基于物理输运方式的输运方程,能够探索新技术在材料、器件、电路和整体结构层面上新技术的基本局限。

本节分为两部分:粒子输运互联和波基互联。

5.3.1 粒子输运互联

粒子输运互联包括扩散互联、漂移互联和弹道互联。这些互联依赖于芯片中不同物理位置上承载信息的实体(以下称为载流子)的物理运动。

5.3.1.1 扩散互联

扩散是系统中载流子密度梯度所驱动的一个动态过程。扩散作为一种输运方式,可用于各种不同的包括那些和它们相关但没有净电荷的状态变量。这些可以被扩散输运的状态变量包括自旋、石墨烯中的赝自旋、声子和激子(直接和间接)[5,8,20-21]。信息在自旋极化过程中可以被编码,在磁场下有两种稳态:自旋上和自旋下。因此,自旋的两种状态可以用来表示二进制逻辑状态的"0"和"1",反之亦然。自旋电子学是基于电子自旋态编码信息的处理。自旋电子学可能具有增加数据存储、高可靠性和低功耗的潜在优势。然而,只有当电子自旋同时被用来作为输入和输出时,这些优点才有可能实现。如果自旋仅用来控制电流,该技术将面临相同的缩放限制。

对于基于电子自旋操作和检测的逻辑,已经有了许多值得注意的方案。有些器件利用它的电输入和电输出及控制其操作的自旋自由度,其他的器件也可完全由自旋输入和输出来定义。属于后一类的器件包括磁性元胞自动机、磁畴壁逻辑、畴壁择多逻辑、自旋波总线器件和自旋增益晶体管[22]。在全自旋逻辑方案中[23],信息存储在纳米磁矩的方位中,信息的写入则利用自旋转移矩效应。虽然通常利用电流来注入自旋极化流到器件通道中,但是把电流路径和自旋流路径分开还是有可能的。无论是在理论水平上还是在实验水平上,针对分析时延、能量消耗、可扩展性、可靠性和自旋扭矩器件逻辑可行性的研究都正在进行中。尽管自旋电子学处于研究初期,但是本节后面提到的时延模型可被扩展用于描述所有自旋逻辑器件中的通道和互联时延。

在石墨烯中,赝自旋提供了一个额外的自由度。石墨烯原胞由 2 个碳原子组成。两个原子的电子波函数相位差类似于自旋。因此,它可以用来表示逻辑状态"0"和"1"。在双层石墨烯中,两层提供了额外的赝自旋自由度,它可被用来表示二进制逻辑状态[8]。

激子是电子激发能中的一个量子,存在于周期性结构的晶体中。它可以看作是一个库仑关联的电子空穴对。二进制逻辑可以表示为存在或不存在的激子或利用激子的自旋自由度。直接激子是电中性的,因此它的运动引起的是能量的传输而不是电荷的输运。另一方面,与在双层石墨烯中的一样,间接激子由空间分离的电子和空穴组成[6]。间接激子不同于直接激子,它可以在外电场的作用下输运,而直接激子却不能。

一维的扩散方程为

$$\frac{\partial n}{\partial t} = D\frac{\partial^2 n}{\partial x^2} - \frac{n}{\tau_n} \tag{5.2}$$

式中: n 为载流子浓度($1/cm$), D 为扩散系数(cm^2/s); τ_n 为载流子弛豫时间(s)。在本章的分析中,假设载流子在从驱动器扩散到接收器的时间内载流子的密度变化是可以忽略的($\tau_n \gg \tau_D = L^2/D$)。这个假设是为了得到扩散互联性能的上界。扩散时间正比于 L^2/D ,比例系数 γ 取决于边界条件。用于求解式(5.2)的边界条件如下:

$$n(x, 0 < t < t_1) = 0 \tag{5.3a}$$

$$n(x = 0, t) = u(t - t_1) \tag{5.3b}$$

$$\frac{\partial n}{\partial x}(x = L, t) = 0 \tag{5.3c}$$

在任意时间 t_1 ,发射器浓度从 0 到 1 的改变对应于输入上的逻辑 0 到逻辑 1 的转变。在忽略载流子弛豫的情况下,新型互联的扩散方程类似于电互联的电压扩散方程[24]。边界条件(式(5.3a)~式(5.3c))是用来获得扩散互联性能的上界的。其实,边界条件假设接收器是理想的,且对互联的影响可以忽略不计。这类似于将一个小负载连接到电互联上,CMOS 电路中电压扩散方程的边界条件。

图 5.4 给出了利用 MATLAB 的 PED 求解器获得的式(5.2)的数值解。互联长度 L 与时延的函数关系为

$$t_{DIFF} = \gamma\frac{L^2}{D} \tag{5.4}$$

在接收器中,假设输入信号的上升时间是无穷小,达到稳态浓度 50% 的时间为 $0.38L^2/D$ 。因此,归一化的扩散时间 $\gamma = t_{DIFF}/(L^2/D)$ 。如图 5.4 的插图

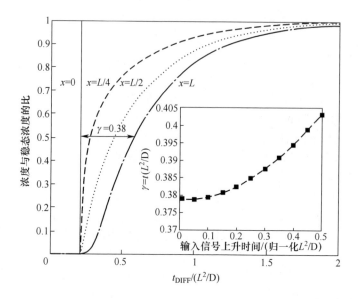

图 5.4　互联不同点上的分数浓度与归一化的扩散时间 $t_{DIFF}/(L^2/D)$ 的关系。
接收器中,达到 50%稳态浓度的时间为 $\gamma = 0.38(L^2/D)$。插图表示输出到 50%
稳态浓度的时间会随着输入信号上升时间的增加而逐渐增加

所示,50%的时延值会随着输入信号上升时间的增加而逐渐增加。此处 γ 的值为 0.38,这是为了获得扩散互联的性能上界。

以温度作为状态变量的逻辑门也被提出[26],称为热逻辑门,它们用声子作为信息的载体。声子可以在热计算系统芯片中的驱动器和接收器之间扩散驱动。声子的扩散方程常称为热方程[27]。对于恒温系统,热方程为

$$\frac{\partial T}{\partial t} = k_{th}\frac{\partial^2 T}{\partial x^2} \tag{5.5}$$

式中:T 为开尔文温度;k_{th} 为热扩散率,也为热导率与体积比热容的比值,即

$$k_{th} = \frac{\kappa}{c\rho} \tag{5.6}$$

其中:κ 为热导率(W/(m·K));c 为比热容(J/kg·K);ρ 为物质密度(kg/m³)。

最近,Wang 和 Baowen 对石墨烯热晶体管进行了论述[26]。它是一个三端器件,并表现出负微分热阻特性。为建立一个使用温度作为状态变量的晶体管,石墨烯和碳纳米管可以作为材料体系。另外,本系统中互联用相同的材料制作而成,因此它提供了一个同类的集成,可以克服不同技术的混合集成中的相关问题[26,28]。声子可能通过扩散来传输,且声子扩散互联的互联时延为

$$t_{THERMAL,DIFF} = \gamma_{th}\frac{L^2}{k_{th}} \tag{5.7}$$

一般而言,k_{th} 随着温度的升高而减小,这是因为 κ 随着温度的升高而减小,

c 随着温度的升高而增大。在低温下,随着温度的升高,石墨烯的热导率急剧增大。然而,在超过 80K 时,由于石墨烯中三声子倒逆散射过程的日益增强,热导率开始随着温度的升高而下降[29]。在式(5.7)中,假设 k_{th} 独立于温度是为了获得声子扩散互联性能的上界。在式(5.4)中,对于扩散时延,如比例系数 γ 一样,γ_{th} 的值也取决于边界条件。对于与式(5.3)类似的边界条件,$\gamma_{th} = 0.38$。表 5.2 给出了在石墨烯自旋扩散和热扩散体系中评估互联时延的材料参数。

表 5.2 用于评估基于互联的粒子输运性能的材料参数

材 料 参 数	参 数 值
自旋扩散系数 D/（cm²/s）	200 [5]
电子迁移率 μ/（cm²·V⁻¹·s⁻¹）	10000[5]
热导率 κ/（W/（m·K））	3000 [30]
比热容 c/（J/（kg·K））	1000[31]
材料密度 ρ/（kg/m³）	1300
平均自由程 λ/μm	1 [32]
石墨烯中声速 v/（km/s）	20[29]

注:石墨烯热导率 κ 和比热容 c 的值都是在 300K 时的值。石墨烯的热特性是温度的函数,且取决于尺寸量子化。这些值仅用于比较石墨烯互联和其他互联。热导率 κ 和比热容 c 在基于互联的碳纳米管中也很相似。

5.3.1.2 漂移互联

漂移互联使用外部电场来操纵与之相关的有净电荷的载流子。因此,在双层石墨烯中,漂移互联可以用于电子自旋和间接激子[6,21]。由于自旋是电子的量子力学特性,所以对于全自旋晶体管来说,漂移是一种可能的输运方式。在外部电场中,电子凭借电荷以漂移速度移动,自旋也跟着漂移输运。漂移也可以用于间接激子的输运。在双层石墨烯中,间接激子由空间分离的电子和空穴组成[6,21]。相比于扩散互联,漂移互联具有更低的时延,漂移互联的时延为

$$t_{DRIFT} = \frac{L}{v_d} \qquad (5.8)$$

式中:v_d 为电子的漂移速度。

互联中电子的漂移速度可以通过首先计算互联长度上的实际电场来获得。当互联长度相当于电子的平均自由程时,量子电阻的影响就不可忽略。存在一个与理想量子线相关的最小电阻(也称为量子电阻),阻值为 12.9kΩ。这个量子电阻 R_Q 仅仅是一个接触电阻,而不是长度的函数[33]。图 5.5 所示为一个低偏压下纳米线的等效电路图。由于在获得漂移互联速度的上界时,已经考虑了稳态模型,所以该模型不包括纳米线的电容或电感。在低电场时,单位长度的互联电阻仅依赖于纳米线中低电场载体的平均自由程。

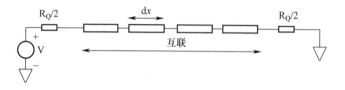

图 5.5　低偏压下纳米线的等效电路图。R_Q 为大小为 12.9kΩ 的每个通道的量子电阻。微分元 $\mathrm{d}x$ 的电阻值为 $(R_Q/l_0)\mathrm{d}x$。平均自由程 l_0 设定为 $1\mu m$[33]（经许可引自文献[19]© 2010 IEEE）

互联中电子的漂移速度 $v_{\mathrm{d}}=\mu_0 E_{\mathrm{net}}$，其中，$E_{\mathrm{net}}$ 为互联长度为 L 时的净电场，μ_0 为在长互联中的电子迁移率，有

$$E_{\mathrm{net}} = \frac{V_{\mathrm{dd}} - IR_Q}{L} \tag{5.9}$$

其中

$$I = \frac{V_{\mathrm{dd}}}{R_Q + R_Q \dfrac{L}{l_0}} \tag{5.10}$$

式中：V_{dd} 为加在互联上的电压；I 为互联电流；R_Q 为量子电阻；l_0 为互联中低电场时电子的平均自由程。

利用式(5.9)和式(5.10)，漂移速度 v_{d} 可以表示为

$$v_{\mathrm{d}} = \frac{\mu_0}{1 + \dfrac{l_0}{L}} \frac{V_{\mathrm{dd}}}{L} \tag{5.11}$$

根据式(5.11)中的 v_{d}，漂移时延可以表示为

$$t_{\mathrm{DRIFT}} = \frac{L^2}{V_{\mathrm{dd}}\mu_0}\left(1 + \frac{l_0}{L}\right) \tag{5.12}$$

粒子输运的漂移互联和 CMOS 互联有明显的不同，CMOS 互联是一个 RC 互联，在 RC 互联中，信息的传递是通过电压波在驱动器和接收器之间的扩散[24]。虽然电压扩散方程的性质类似于粒子扩散方程，但是在 RC 互联中，信息的传递速度比粒子互联的物理输运速度要快得多。换句话说，在 RC 互联中，信号到达接收器的速度要比电子快。对于自旋互联，携带自旋信息的电子必须在驱动器和接收器之间移动。

5.3.1.3　弹道互联

弹道输运是指介质中载体无散射的运动。弹道输运通常在低维的导体中观察到，这时载流子散射的相空间比较小。在没有任何净电荷输运的情况下，弹道自旋输运就可以发生，这时会出现纯自旋流和零电流。如果在驱动端和接收端

之间的弹道通道中,向右运动的电子数等于向左运动的电子数,那么通道中净电荷电流就等于 0。然而,如果左(驱动)端中电子自旋极化与右(接收)端中电子自旋极化不同,那么一个纯自旋流就可以从驱动端流到接收端(图 5.6)。在石墨烯中,狄拉克点附近的 E-k 关系近似为线性关系[35],这使得载流子的速度独立于能量,并等于费米速度,$v_f \approx 8 \times 10^5 \mathrm{m/s}$。因此,在石墨烯中,自旋可以以费米速度输运。导体中弹道的性质使向左和向右运动的电子不能相互碰撞并混合。

图 5.6　左边为一根理想的量子线,右边为石墨烯的能带图。当向左和向右的电子数相同时,电子的电流为零。但是,如果左电极库里的自旋极化改变了,那么净自旋流就可以不为零(经许可引自文献[34] © 2010 IEEE)

与石墨烯弹道互联相对应的时延为

$$t_{\mathrm{BALL}} = \frac{L}{v_f} \tag{5.13}$$

如果互联长度大于载体平均自由程,弹道输运就将趋向于扩散输运,这时弹道扩散的统一输运模型是必要的。但是,由于我们的目标是比较各种新互联中性能最好的例子,纯弹道输运对应的模型就足够了。

除了电子自旋,声子也能够在石墨烯中进行弹道输运,这可能是弹道热开关的基础。式(5.13)中的费米速度替换为声子速度 v_{ph} 就可以得到弹道热互联的时延,在石墨烯中,声学声子的速度为 $20\mathrm{km/s}$[29],即

$$t_{\mathrm{THERMAL,BALL}} = \frac{L}{v_{\mathrm{ph}}} \tag{5.14}$$

5.3.2　波基互联

在波基互联中,信息的交流基于一种没有实际粒子移动的波的方式。下面将讨论波基互联,包括自旋波总线互联和等离激元互联。

5.3.2.1　自旋波总线

自旋波是电子磁矩绕磁场进动的集合。自旋波导可以由磁性薄膜、金属丝或铁磁薄膜、反铁磁材料或铁氧体材料组合而成的金属丝制作而成[36-40]。自

旋信息被编译到自旋波相位中,而自旋波的叠加可以用来实现有用的逻辑功能[37,40]。最后的逻辑状态可以被接收微芯片通过测量感应电压检测到。通过自旋波进行的信息交换不会产生净电荷电流。自旋波信号的传播速度取决于诸多因素,例如波导的材料和结构、自旋波的频率以及外磁场的大小和方向。自旋波相关的时延为

$$t_{SWB} = \frac{L}{v_p(\omega)} \qquad (5.15)$$

式中:传播速度 $v_p(\omega)$ 为工作频率的函数。

文献[37]中 NiFe 自旋波函数总线的数值模拟传播速度为 10^4 m/s。为了便于与其他传输机制比较,在 NiFe 中考虑两个自旋波的传播速度 10^5 m/s(理想值)和 10^4 m/s(实际值)。有的磁性材料可能具有高达 1.3×10^5 m/s 的自旋波速度[41],但这里只考虑 NiFe 自旋波函数总线。

5.3.2.2 等离激元互联

光学互联已被广泛作为研究芯片-芯片和芯片-板互联的一种可供选择的方法,这里带宽是一个关键指标[42]。此外,光学互联在芯片内的潜在应用也被研究过[42-43]。但是,由于纳电子器件与光波长之间尺寸不匹配达一个数量级,光学互联的使用可能仅限于全局互联层面。

在嵌入电介质的纳米金属结构中,等离激元学是一种新的在微米尺度上操纵和路由光波的技术。等离激元波的传输管道称为等离元波导。表面等离激元是沿导体(通常为金属)、表面传输的光波。它可以被看作是一种耦合电子和光的振荡,也称为"朗缪波"。不同于常规电介质器件,等离激元最吸引人的特征就是能将光限制在小于衍射极限的结构中并在相对小的体积内实现强电场。这可能使本来与电路相比很大的光路变得小型化[44]。等离激元波导可以用于光的传播,也可以作为等离激元线路的互联。然而,在芯片上用等离激元作为局域互联的时候,还需要等离激元开关,否则与信号转换相关的系统消耗(能量和线路面积)将难以承受。

在电介质中,通过金属纳米颗粒(如 Au、Ag、Cu、Al)实现的等离激元互联可以作为等离激元波传播的一种媒介。在等离激元互联中信息的传播速度取决于很多因素,例如等离激元波导的材料、波导结构以及等离激元的频率。在介电材料中,表面等离激元的传播速度与光速相当。在 SiO_2 电介质基质中植入 Ag 圆柱的孤立等离激元波导中的群速度已经由模拟获得[45]。表 5.3 列出了不同直径和自由空间波长组合对应的群速度。

在金属表面,由于金属中相关吸收的损失,等离激元传播模式最终将会衰减。这种吸收取决于等离激元振荡频率处金属的介电常数。在可见光频范围,Ag 是吸收损耗最低的金属,相应的传播长度为 $10 \sim 100 \mu m$。在 1550nm 的电信

表 5.3　文献[45]得到的在 SiO_2 电介质中 Ag 圆柱等离
激元互联的群速度数据(c_0 为真空中的光速)

直径/nm	波长/nm	群速度
10	500	$0.02c_0$
10	1000	$0.1c_0$
50	500	$0.12c_0$
50	1000	$0.38c_0$

波长处,传播长度可达 1mm[46]。Ag 的传播长度范围相当于电子电路中的短程和中程互联范围。传播长度是指表面等离激元能量衰减到 $1/e(e=2.718)$ 的距离。表面等离激元会受到相邻线路衰减场的耦合,能量从携带能量的信号线损失到另一个不携带任何初始能量的信号线中。这就是"串扰",信号能量泄漏到其相邻互联里。在更低操作频率下和/或更大直径波导中,等离激元的串扰长度会降低[45]。低串扰要求与长信号传输长度相冲突。因此,对于一个指定的串扰级别,进行等离激元波导尺寸和自由波长的仔细优化可最大化传播长度。

短程等离激元互联的实施需要等离激元开关,这个开关主要是为了避免电信号和等离激元信号之间相互转换时导致的能量和面积的损失。

5.4　新型互联之间的比较

新型互联的性能与原来 CMOS 性能比较是通过它们与互联长度的关系来进行的,并讨论互联时延导致的限制。重点关注可能改善新型电路性能的方法。为了能够与传统的 CMOS 电路相比较,新型电路的互联长度要比 CMOS 互联长度短。下面将提到"区域尺度"的概念。

5.4.1　粒子输运互联与 CMOS 互联

图 5.7 所示为粒子输运互联对应的时延。在对后 CMOS 互联的分析中,与驱动器和接收器相关的时延忽略了,这是因为讨论这个基准的目的是确定新型互联的性能最大值。图中也给出了两种驱动器尺寸 CMOS 系统的时延,一种是通道宽长比 $\frac{W}{L}=1$,还有一种是 $\frac{W}{L}=5$(也称为"5×"(5 倍))。在高性能逻辑系统里,由于 $\frac{W}{L}=1$ 的最小尺寸驱动器的驱动能力有限,很少被使用。

与 CMOS 互联相比,大多数的新型互联都是比较慢的。也就是说,即使新型电路使用时延可以忽略不计的完美开关,它的时延还是明显高于 CMOS 互联。与 CMOS 互联相比,扩散系数 $D=200cm^2/s$ 的扩散互联也还是慢。用最小尺寸

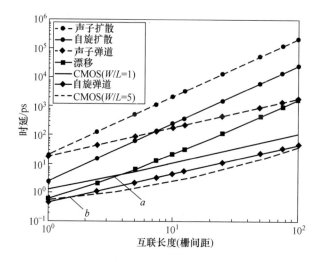

图 5.7 不同粒子输运机制的互联时延和互联长度。CMOS 时延为 2020 技术年节点数据。W/L 表示 CMOS 驱动器的宽度和长度之比。对于新型互联,开关时延是被忽略的,但是对 CMOS 来说,开关时延是不能被忽略的。表 5.2 中有材料设置的参数值。对于漂移互联,假设加了一个 0.8V 的电压。除了弹道互联,与 CMOS 互联相比,新型互联都是比较慢的。从 b 点开始,弹道互联变得比 CMOS ($W/L=5$)互联慢一点,漂移互联比 CMOS ($W/L=1$)互联更快,但也只有几个栅间距(图 5.7 中 a 点)

的 CMOS 驱动使得扩散互联和 CMOS 互联时延一样快,如图 5.8 中的 a 点,互联长度大约在 10 栅极间距左右,而扩散系数大约为 $4700 \mathrm{cm}^2/\mathrm{s}$。而对于 5 倍最小驱动尺寸的 CMOS,如图 5.8 中点 b,扩散系数大约为 $2 \times 10^4 \mathrm{cm}^2/\mathrm{s}$。与报道的具有高迁移率的石墨烯扩散系数相比,这个扩散系数值大了一个数量级[5]。由于声子具有非常小的热扩散系数,所以它的扩散互联时延最长,几乎比在一个栅极间距互联长度的最小驱动尺寸的 CMOS 互联大一个数量级。声子的弹道互联比 CMOS 互联慢很多,因为在石墨烯中声子的速度大约为 $20 \mathrm{km}/\mathrm{s}$。$\mu_0 = 10^4 \mathrm{cm}^2 \cdot \mathrm{V}^{-1} \cdot \mathrm{s}^{-1}$ 且 $l_0 = 1\mu\mathrm{m}$ 时,自旋漂移互联比 CMOS 互联速度快,但也只在小于四个栅极间距时(图 5.7 中 a 点)。

与最小尺寸驱动器驱动的 CMOS 互联相比,弹道互联要更快。但是,如图 5.7中的 b 点,如果互联比 0.5 栅极间距长,自旋弹道互联比 CMOS 互联稍慢,这里假设 CMOS 互联是被一个 5 倍最小驱动尺寸的驱动器驱动。这就意味着在弹道输运系统中可以采用更大的器件。

为了能与 CMOS 电路相比较,新器件逻辑电路需要减小面积来缩短互联长度。这可以推导出与 CMOS 逻辑电路具有相同性能的新逻辑电路的面积比例因子,即使新型互联系统和 CMOS 系统有相同的时延。由此得到的新逻辑电路的面积比例没有考虑器件本身在新逻辑电路中的时延,只是给出面积比例的理想值。如果考虑设备本身的时延,所需的面积比例将更苛刻。

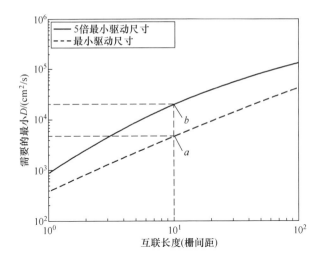

图 5.8　使扩散互联得到与在 2020 技术年节点下 CMOS 系统相同的性能所需的最小的扩散系数 D。当互联长度为 10 栅极间距时,在 a 点,扩散互联与最小驱动尺寸 CMOS 互联相当,$D=4700\text{cm}^2/\text{s}$;在 b 点,扩散互联和 5 倍最小驱动尺寸 CMOS 互联相当,$D=20000\text{cm}^2/\text{s}$

假设在新逻辑电路中,逻辑栅极间距是由 $L_{\text{p,CMOS}}/L_{\text{p,new logic}}$($L_{\text{p}}$ 为栅极间距)因子和实现逻辑功能所需的栅极数目 $N_{\text{CMOS}}/N_{\text{new logic}}$ 限定,这样可以得到新逻辑电路的面积比例因子为

$$\frac{A_{\text{CMOS}}}{A_{\text{new logic}}} = \left(\frac{L_{\text{p,CMOS}}}{L_{\text{p,new logic}}}\right)^2 \times \frac{N_{\text{CMOS}}}{N_{\text{new logic}}}$$

如图 5.9 所示,扩散互联和漂移互联所需的面积比例因子随着互联长度的增加而增加,直到互联长度达到 100 栅极间距。这是因为与 CMOS 互联相比,以

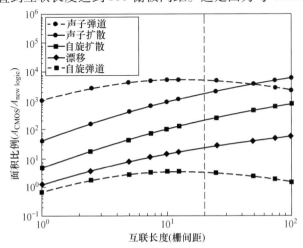

图 5.9　不同的互联长度对应的新逻辑电路的面积比例,使得新逻辑电路和
CMOS 逻辑电路有相同的性能(5 倍最小尺寸 CMOS 驱动器)
(从文献[19]复制© 2010 IEEE)

传输机制为基础的扩散和漂移互联导致的互联时延随互联长度而增长得更快。自旋弹道互联的面积比例因子小于最小尺寸的 CMOS 驱动器，却比 5 倍最小驱动尺寸的 CMOS 驱动器稍微大一点。另外，自旋互联和热弹道互联所需的面积比例因子存在一个最大值。超过这个最大值，与弹道互联的时延相比，CMOS 互联的时延会迅速增加。这有助于降低弹道互联所需要的面积比例因子的要求。

5.4.2 波基互联与 CMOS 互联

图 5.10 给出了自旋波总线（spin wave bus，SWB）和等离激元互联的时延随互联长度变化的函数关系。为了得到互联性能的上界，忽略了新技术开关的时延。与 CMOS 互联以及本章讨论的其他互联相比，等离激元互联快几个数量级。这是因为等离激元振子的传播速度与光在等离激元波导电介质中速度相当。

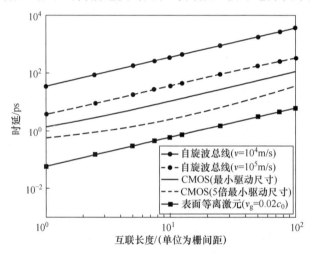

图 5.10 波基互联中时延与互联长度的关系。图中给出了 CMOS 互联的时延作为参考，还给出了最小驱动尺寸和 5 倍最小驱动尺寸 CMOS 互联的时延。对于自旋波总线，自旋上及自旋下的传播速度都已考虑在内。对于表面等离激元，考虑传播速度为 $0.02c_0$[45]，对应于嵌入在 SiO_2 电介质中直径为 10nm 的 Ag 圆柱，自由空间波长为 500nm，c_0 为真空中的光速（从文献[19]复制© 2010 IEEE）

图 5.10 还给出了传播速度为 10^4m/s（实际值）和 10^5m/s（理想值）的自旋波总线的时延。自旋波总线互联总是比 COMS 互联慢。为了与 COMS 互联的性能相匹配，自旋波总线的面积必须小于 COMS 互联。图 5.11 给出了自旋波总线互联所需的面积比例因子。当与最小尺寸驱动器驱动的 CMOS 互联相比，自旋波总线具有 10^5m/s 的传播速度时，面积比例因子约为 10 倍；而速度为 10^4m/s 时，面积比例因子约需 1000 倍。当一个自旋波总线互联强度相当于最小尺寸驱动器驱动的 CMOS 互联强度的 5 倍时，所需的面积比例因子上升 10 倍。这样的大

面积换算因子可能无法在所有的自旋波总线线路中实现。在自旋波波长以下的自旋波总线的可扩展性存在巨大的挑战[47]。当自旋波总线的宽度和厚度可以缩小到几纳米时,波长也必须降低从而使长度变短。基于缺陷容限的自旋波长典型值约为100nm[47]。因此,在自旋波总线电路中缩放器件的面积可能不容易实现。

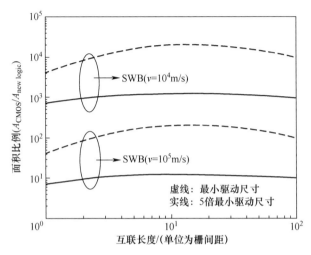

图 5.11 SWB 获得与 CMOS 互联同等性能的面积比例要求。对于互联来说,当与一个被更大驱动器驱动的 CMOS 互联相比时,面积比例更为可观(复制于文献[19]© 2010 IEEE)

与最小驱动尺寸和 5 倍最小驱动尺寸 CMOS 驱动器驱动的 CMOS 系统相比,表 5.4 给出了性能匹配时不同互联的面积比例因子。互联长度为 10 栅极间距的面积比例被列入了表 5.4 中。要使新型逻辑电路的面积比例和 CMOS 系统的性能相匹配,CMOS 的驱动尺寸就有很大的影响。对新型逻辑技术来说,这种大面积的比例因素要求可能会非常严格,这意味着新型电路可以以较低的速度运行。但它们在速度方面的差距必须由能量方面的明显改进来补偿。推进智能逻辑结构的吸引力对新技术是极为有利的。并行方法可用于新型技术,以克服互联时延。

表 5.4 性能匹配时不同 CMOS 互联的面积比例因子

互联类型	$W/L = 1$	$W/L = 5$
扩散(自旋)	24	97.5
弹道(自旋)	0.19	3.2
漂移(自旋)	2.2	13
弹道(声子)	304	5126
扩散(声子)	199	845

互联类型	$W/L=1$	$W/L=5$
自旋波总线 ($v_p=10^4\text{m/s}$)	1.2×10^3	2.05×10^4
自旋波总线 ($v_p=10^5\text{m/s}$)	12.2	205

注：W/L 为 CMOS 驱动的宽度和长度的比值。表中的值是互联长度为 10 栅极间距的面积比例。

5.5 展望与发展

在基于电荷的技术中,互联消耗超过微处理器动态功率的 50%,因而施加了主要的限制。此外它们还增大了关键路径的时延,加大了噪声和信号的波动。未来的技术可以选择利用替代状态变量来克服 CMOS 技术固有的限制。使用交替状态变量进行信息处理的未来器件必须至少在局部上能够快速而高效地传达相应的状态变量,否则信号转换所需的能量和线路消耗将难以承受。

一些输运机制可用于传送被编码成新状态变量的信息。信息载流子的扩散可能用于电荷和中性的状态变量,如声子、电子自旋和激子。当系统的尺寸小于载流子的平均自由程时,弹道输运可能被使用。与扩散一样,弹道输运也适用于声子、自旋和激子。漂移作为输运的一种,它只有在承载信息的粒子有一个与之相关的净电荷(如电子自旋间接激子和石墨烯中的准自旋)时才发生。基于波的形式,信息也可以在没有任何实际的载流子运动的系统中传达。如果是自旋波互联,那么信息可以在自旋波的相位上编码。用自旋波的叠加来实现某些逻辑功能。等离激元存在于金属和电介质之间界面的光电耦合振荡,而等离激元波导可以用作等离激元的信息编码管道。

即使拥有后 CMOS 开关,除了弹道互联和等离激元互联之外的最新型互联的时延,都显著高于 CMOS 互联。从这个意义上来说,后 CMOS 互联在技术上存在更大的限制,最缓慢的输运机制是声子扩散。由于自旋扩散系数高于声子扩散系数,自旋扩散稍快于声子扩散。自旋波的传播速度被限制为 10^5m/s,因此通过这些互联的时延大于 CMOS 互联的时延。

除等离激元互联和弹道互联之外,仅当线路的互联长度短于 CMOS 电路的互联长度时,利用替代状态变量在速度方面才具有一定的优势。通过下面两种方式可以得到较短的长度:①新开关的栅极间距相对 CMOS 开关是否缩小了;②在新的逻辑需要做同样的任务的时候是否用了更少的开关。新逻辑面积比例因子被定义为 CMOS 电路和新型电路区域的比例(两者都实现相同的功能)。也就是说,新型开关必须有更小的面积。但是面积比例因子是相当大的,所以对于大多数替代技术的选择要求可能是非常苛刻的。

替代状态变量器件有可能使用新型互联和电互联的混合。局部互联可以使用新的传输机制进行信息传递,而全局互联则可能都是电气化的。尽管新型互联可能不能提供超过 CMOS 互联的性能优势,但是使用它们可以在线路面积和主要能源效益上有显著的进步。

参 考 文 献

［1］ G. I. Bourianoff,"The future of nanocomputing," IEEE Computer Society,2003.

［2］ V. V. Zhirnov,R. K. Cavin-Ⅲ,J. A. Hutchby,and G. I. Bourianoff,"Limits to binary logic switch scaling—a gedanken model," Proceedings of the IEEE,vol. 91,no. 11,2003.

［3］ R. K. Cavin,V. V. Zhirnov,D. J. C. Herr,A. Alba,and J. A. Hutchby,"Research directions and challenges in nanoelectronics," Journal of Nanoparticle Research,vol. 8,no. 6,2006.

［4］ K. Galatsis,A. Khitun,R. Ostroumov,K. L. Wang,W. R. Dichtel,E. Plummer,J. F. Stoddart,J. I. Zink,J. Y. Lee, Y. H. Xie,and K. W. Kim,"Alternate state variables for emerging nanoelectronic devices," IEEE Transactions on Nanotechnology,vol. 8,no. 1,2009.

［5］ N. Tombros,C. Josza,M. Popinciuc,H. Jonkman,and B. V. Wees,"Electronic spin transport and spin precision in single graphene layers at room temperature," Nature,vol. 448,2007.

［6］ J. Su and A. MacDonald,"How to make a graphene bilayer excitons condensate flow," Nature Physics, vol. 4,August 2008.

［7］ F. Miao,S. Wijeratne,Y. Zhang,U. Coskun,W. Bao,and C. Lau,"Phase-coherent transport in graphene quantum billiards," Science,vol. 317,September 2007.

［8］ P. S. Jose,E. Prada,E. McCann,and H. Schomerus,"Pseudospin valve in bilayer graphene:Towards graphene-based pseudospintronics," arXiv:0901. 0889v2.

［9］ N. Magen,A. Kolondy,U. Weiser,and N. Shamir,"Interconnect-power dissipation in a micropro- cessor," SLIP,2004.

［10］ ITRS 2008 Update on PIDS and Interconnects. Website:http://www. itrs. net/Links/2008ITRS/Home 2008. htm.

［11］ J. Meindl,J. Davis,P. Zarkesh-Ha,C. Patel,K. Martin,and P. Kohl,"Interconnect opportunities for gigascale integration," IBM Journal of Research and Development,vol. 46,no. 2/3,March/May 2002.

［12］ P. Andricacos,"Copper-on-chip-interconnections,a breakthrough in electrodeposition to make better chips," The Electrochemical Society Interface,pp. 32-37,1999.

［13］ P. Andricacos,C. Uzoh,J. Dukovic,J. Horkans,and H. Deligianni,"Damascene copper electro- plating for chip interconnections," IBM Journal of Research and Development,vol. 42,no. 5,pp. 567-574, Sept. 1998.

［14］ K. Saraswat,"Interconnections:Copper and low k dielectrics," Stanford University. online:www. stanford. edu/ class/ee311/NOTES/.

［15］ G. Lopez,"The impact of interconnect process variations and size effects for gigascale integration," 2009.

［16］ J. A. Davis,R. Venkatesan,A. Kaloyeros,M. Beylansky,S. J. Souri,K. Banerjee,K. C. Saraswat,A. Rahman, R. Reif,and J. D. Meindl,"Interconnect limits on gigascale integration (gsi) in the 21st century," Proceedings of the IEEE,vol. 89,no. 3,March 2001.

[17] A. Mayadas, M. Shatzkes, and J. Janak, "Electrical resistivity model for polycrystalline films: the case of specular reflection at external surfaces," Applied Physics Letters, vol. 14, no. 11, 1969.

[18] E. Sondheimer, "Mean free path of electrons in metals," Advances In Physics (Quarterly Supple- ment of Philosophical Magazine), vol. 1, no. 1, pp. 1–42, 1952.

[19] S. Rakheja and A. Naeemi, "Interconnects for Novel State Variables: Performance Modeling and Device and Circuit Implications," IEEE Trans. Electron Devices, vol. 57, no. 10, pp. 2711–2718, Oct. 2010.

[20] J. Hu, X. Ruan, and Y. Chen, "Thermal conductivity and thermal rectification in graphene nanoribbons: A molecular dynamics study," NanoLetters, vol. 9, no. 7, 2009.

[21] R. Dillenschneider and J. E. Moore, "Exciton formation in graphene bilayer," Physical Review B, vol. 78, 2008.

[22] D. E. Nikonov, G. I. Bourianoff, and T. Ghani, "Proposal of a spin torque majority gate logic." online: http://arxiv.org/abs/1006.4663.

[23] B. Behin-Aein, D. Datta, S. Salahuddin, and S. Datta, "Proposal for an all-spin logic device with built-in memory," Nature Nanotechnology, vol. 5, February 2010.

[24] H. B. Bakoglu, Circuits, Interconnections and Packaging for VLSI, 1st ed. Springer, 1990.

[25] R. Skeel and M. Berzins, "A method for the spatial discretization of parabolic equations in one space variable," SIAM Journal of Scientific and Statistical Computing, vol. 11, pp. 1–32, 1990.

[26] L. Wang and L. Baowen, "Thermal logic gates: Computation with phonons," Physics Review Letters, vol. 9, 2007.

[27] D. Widder, The Heat Equation (Pure and Applied Mathematics), Academic Press, 1975.

[28] L. Baowen, L. Wang, and G. Casati, "Negative differential thermal resistance and thermal tran- sistor," Applied Physics Letters, vol. 88, 2006.

[29] D. Nika, E. P. Pokatilov, A. Askerov, and A. Balandin, "Phonon thermal conduction in graphene: Role of umklapp and edge roughness scattering," Physical Review B, vol. 79, 2009.

[30] J. Hone, M. Whitney, C. Piskoti, and A. Zettl, "Thermal conductivity of single-walled carbon nanotubes," Physical Review B, vol. 59, no. 4, pp. 2514-2516, 1999.

[31] S. Hepplestone, A. Ciavarella, C. Janke, and G. Srivastava, "Size and temperature dependence of the specific heat capacity of carbon nanotubes," in Proceedings of the 23 rd European Conference on Surface Science, vol. 600, no. 18, September 2006, pp. 3633-3636.

[32] A. Naeemi and J. Meindl, "Performance benchmarking for graphene nanoribbons, carbon nanotubes and Cu interconnects," International Interconnect Technology Conference, 2008.

[33] A. Naeemi and J. D. Meindl, "Design and performance modeling for single-wall carbon nanotubes as local, semi-global, and global interconnects in gigascale integrated systems," IEEE Transactions on Electron Devices, vol. 54, pp. 26-37, 2007.

[34] S. Rakheja and A. Naeemi, "Modeling Interconnects for Post-CMOS Devices and Comparison With Copper Interconnects," IEEE Trans. Electron Devices, vol. 58, no. 5, pp. 1319-1328, May 2011.

[35] S. Datta, Quantum Transport: Atom to Transistor, 1st ed., Cambridge University Press, 2005.

[36] A. Khitun, M. Bao, Y. Wu, J. Y. Kim, A. Hong, A. Jacob, K. Galatsis, and K. Wang, "Logic devices with spin wave buses-an approach to scalable magneto-electric circuitry," Material Research Society Symposium, vol. 1067, 2008.

[37] A. Khitun, D. E. Nikonov, B. Mingqiang, K. Galatsis, and L. K. Wang, "Feasibility study of logic circuits with a spin wave bus," Nanotechnology, vol. 18, no. 46, 2007.

[38] M. Cottam, Linear and non-linear spin waves in magnetic films and superlattices. World Scientific, 1994.

［39］ R. de Sousa and J. E. Moore, "Multiferroic materials for spin-based logic devices," arXiv:0804. 1539v1.

［40］ R. DeSousa and J. E. Moore, "Multiferroic materials for spin-based logic devices," Journal of Nanoelectronics and Optoelectronics, vol. 3, no. 77, 2008.

［41］ N. Pyka, L. Pintschovious, and A. Rumiantsev, "High energy spin dynamics of La_2CuO_4 and la1. 9 sr0. 1cuo4," Z. Phys. B-Condensed Matter, vol. 82, 1991.

［42］ D. B. Miller, "Device requirements for optical interconnects to silicon chips," Proceedings of the IEEE, vol. 97, no. 9, pp. 1166−1185, July 2009.

［43］ L. Pavesi and G. Guillot, Optical Interconnects: The Silicon Approach, 1st ed. , Springer, 2006.

［44］ S. A. Maeir, M. L. Brongersma, P. Kik, S. Meltzer, A. Requicha, and H. A. Atwater, "Plasmonics: A route to nanoscale optical devices," Advanced Materials, vol. 13, 2001.

［45］ J. Conway, S. Sahni, and T. Szkopek, "Plasmonic interconnects versus conventional interconnects: A comparison of latency, cross-talk and energy costs," Optics Express, vol. 15, 2007.

［46］ W. Barnes, A. Dereux, and T. Ebbesen, "Surface plasmon subwavelength optics," Nature, vol. 424, August 2003.

［47］ A. Khitun, M. Bao, and K. L. Wang, "Spin wave magnetic nanofabric: A new approach to spin-based logic circuitry," IEEE Transactions on Magnetics, vol. 44, no. 9, September 2008.

第6章

石墨烯的外延生长

D. Kurt Gaskill，Luke O. Nyakiti

外延石墨烯(EG)有其独特的电学性质,这使它非常适合于用来制造截止频率在千兆范围内的可扩展高频石墨烯场效应晶体管。本章主要讨论在 4H-SiC 基底或 6H-SiC 衬底上外延石墨烯的生长、结构和电学性质在近年来的研究进展。本章前两节对通过 Si 升华生长石墨烯方法的发展做了历史回顾,并且给出了一些关于 SiC 衬底的基本信息。6.3 重点介绍了在高真空、中等真空以及氩气氛围或可控环境的情况下,SiC 两个极化表面上生长的石墨烯的表面形态的相对变化以及电学性质。在本章的结尾 6.4 节讨论了在石墨烯生长和器件发展方面的一些潜在困难,例如如何构造一个带隙、如何控制掺杂和石墨烯层的均匀性等,除此之外还给出了未来研究领域的建议。

6.1 石墨烯的发展进程

石墨烯首次正式地合成很可能发生在 19 世纪 90 年代 Edward Acheson 从 SiC 中升华出 Si 的实验中。他在寻找耐用的工业研磨料的期间,发明了一种制备 SiC 的方法,同时他也首次将这种制备得到的材料命名为金刚砂[1]。后来,他的一些关于加热的 SiC 的实验表明,Si 在高温的条件下可以脱离石墨碳升华出来[2],这个过程很可能伴随着石墨烯的形成。在 20 世纪的后半叶,人们对半导体的兴趣日益增长,van Bommel 等用低能电子衍射(low energy electron diffraction,LEED)和俄歇电子能谱法对 SiC 表面进行了相关研究[3]。van Bommel 意识到在 Si 升华的过程中,可以控制对 SiC 表面的加热。后来他发现,在(0001̄)极性面上碳形成的速度比在(0001)面上更快。除此之外,Si 的晶格常数也和石墨的非常相像,而且和 SiC 晶体有明显的晶体学关系,同时还指出了(0001)表面的($6\sqrt{3}\times6\sqrt{3}$) $R30°$(为了简便,称为 $6\sqrt{3}$)重构。Forbeaux 等又把

(0001)表面加热到更高的温度,此时这个面的演化使其变得更加像石墨,如图 6.1所示的那样[4]。另外,Forbeaux 也确定在富碳面下层中的 Si 空缺(也就是 Si 升华)是由层坍塌形成石墨的前体。在 2002 年,Charrier 和他的合作者已经可以控制从电子级 6H-SiC 晶片中升华 Si 的速率,这样单层或多层的石墨烯可以在(0001)n⁺SiC 上形成,而且拥有块体石墨的晶格常数[5]。

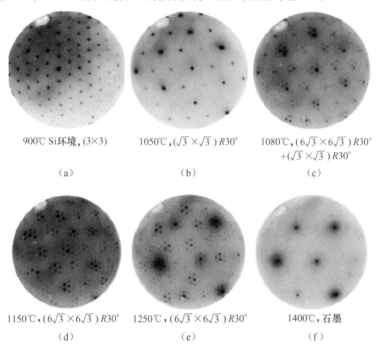

900℃ Si环境,(3×3)
(a)

1050℃,$(\sqrt{3}\times\sqrt{3})R30°$
(b)

1080℃,$(6\sqrt{3}\times6\sqrt{3})R30°$
$+(\sqrt{3}\times\sqrt{3})R30°$
(c)

1150℃,$(6\sqrt{3}\times6\sqrt{3})R30°$
(d)

1250℃,$(6\sqrt{3}\times6\sqrt{3})R30°$
(e)

1400℃,石墨
(f)

图 6.1 初始能量为 130eV 的 6H-SiC(0001)的 LEED 图像(a)(1×1);(b)$(\sqrt{3}\times\sqrt{3})R30°$;(c)$(\sqrt{3}\times\sqrt{3})R30°$ 和$(6\sqrt{3}\times6\sqrt{3})R30°$;(d),(e)$(6\sqrt{3}\times6\sqrt{3})R30°$;(f)石墨(1×1)

(经许可引自文献[4]© 1998 美国物理学会)

仅仅两年后,石墨烯领域的研究有了飞速的发展,同时发表了 3 篇文章。Novoselvo 等证明了在剥落石墨烯上的电场效应[6],Berger 和他的同事证实了在超高真空(ultra high vacuum,UHV)中,用从 SiC 中升华 Si 的方法形成的少数层石墨烯(称为外延石墨烯)有着非常有趣的磁导特性[7],同时他们两个小组也证实了石墨烯可以用传统的光刻方法来形成。随后,Zhang 和他的合作者描述了脱落石墨烯独有的量子霍尔效应以及贝里相位[8]。在 2006 年,首次提出了一个在中等真空(即10^{-5}mbar)下,在(000$\bar{1}$)面上形成石墨烯的方法[9]。在 2007 年底,报道了(0001)面上的这个技术的应用[10]。不久之后,利用超高真空方法在一个 75mm 4H-SiC 晶片上生长石墨烯的方法出现了[11]。2008 年,用氩生长的方法发展了起来[12]。2008 年底,提出了在商用化学气相沉积(CVD)反应器中,利用中等真空技术在 50mm(0001)6H-SiC 晶片上生长石墨烯的方法[13-14]。在氩气环境中晶圆尺寸的外延石墨烯的生长,于 2008 年底和 2009 年底,分别在 50mm 6H[15] 和 75mm 6H[16] 上实现了。100mm 的 SiC 晶片在 4H 和 6H 多型体的 n+ 和半绝缘体导电类型中已经可以获得,加上最近宣布的一个 150mm 4H-SiC 晶片的实验开发[17],预期可以用人工合成更大面积的外延石墨烯晶片。

因为外延石墨烯的相关研究还处于初期,综述外延生长及相关属性进展的文章不多。Haas 和他的合作者写了一篇关于当时外延石墨烯的生长、结构及其他属性信息的文章[18]。Seyller 和他的合作者回顾了用超高真空方法生长的石墨烯的光电效应、结构性质和电学性质[19],同时 de Heer 等[20]讨论了其电子结构和传输性质。本章将描述多种在极性 SiC 表面生长外延石墨烯的方法,并讨论这些超薄膜的一些性质。

6.2　石墨烯合成用的 SiC 和衬底准备

众所周知,SiC 拥有至少 200 种晶体的变异体,称为多型体[21-25]。这些多型体都有相同数量的 Si 和 C,它们主要是由共价键连接的,由不同的 C-Si 双层堆积序列来区分。电子应用中最常见的多型体有立方(闪锌矿)3C、六角(纤锌矿)4H 和 6H,以及斜方六面体 15R。表 6.1 比较了这些多型的带隙和晶格常数,包括石墨的面内晶格常数和平面间间距。许多 SiC 的多型体已经被深入地研究过,它们的属性摘要可以在 Harris 的书中找到[26]。

表 6.1　室温下常见 SiC 多型的带隙和晶格常数 3C 的带隙是直接的(D),其他都是间接的(I)。为了比较,这里也包含了石墨的面内晶格常数和平面间间距。对于 4H、6H 和 15R 三种堆积方式,Si-C 层的间距都约为 2.52Å。

SiC 多型	300K 时带隙/eV	a/Å	c/Å
3C[22]	2.36(D)	4.3596	—
4H[23]	3.23(I)	3.08051	10.08480
6H[23]	3.00(I)	3.08129	15.11976
15R[24]	2.99(I)	3.0813	37.7882
石墨[25]	—	2.4589	3.354

商业上获得高质量、高纯度 4H-SiC 和 6H-SiC 晶片的方式是将典型物理气相沉积方法生长的晶柱锯开并抛光,这个过程发生在高温情况下(大于 2000℃)[27]。可以得到不同取向的晶片并且可以被掺杂成 n 型(电阻率 ρ 通常为 0.02Ω·cm)或半绝缘体($\rho>10^8$Ω·cm)。典型的方向是基面(即所谓的临界面)或与基面朝($11\bar{2}0$)或($1\bar{1}00$)方向有轻微错向,可以有很多种角度,如 8°。

（0001）极性面一般是 Si 面，而（000$\bar{1}$）极性面是 C 面。这些面是由基片确定的。

　　SiC 晶片在一个密度范围中有各种各样的缺陷，这些缺陷在基于 SiC 器件中的影响已被广泛研究[28]。主要缺陷为混合多型体，像微管一样的空心螺型位错（因为缺陷的直径通常为微米或更长的尺度）、低角度晶界和常规的位错，如螺纹孔、线位错和基面位错[22]。SiC 晶片技术在最近有很可观的进展，这项技术推动了在低电压电力电子和 GaN 发光二极管应用方面经济上具有竞争力的商业器件的发展[29]。

　　SiC 晶片的外延生长研究已经取得了重要进展。然而，因为 SiC 是一种非常硬质的材料，所以不留缺陷（也就是磨痕）的抛光是非常困难的。我们非常渴望去掉这些缺陷，以便在石墨烯生长前获得一个取向一致的平滑表面。有一个制备这种表面的常用的方法：把晶片在溶剂中清洗，一般在最后用 HF 浸泡[30]。在此之后，需要在 1500℃ 以上利用流动的氢气对 SiC 表面进行蚀刻来移除衬底上损坏的表面层[31]。在 1600℃ 下，用 100mbar 的氢气刻蚀大约 5min 以后，对于 Si 面的表面定向误差为 0° 的衬底显示一种平台和台阶形态，每节台阶高度为 0.25~0.50nm（1~2 个 Si-C 平面间距）。图 6.2 显示了这种形态的原子力显微镜图像。对于 C 面，形态和观察到的（0001）面很相似，但是它的台阶高度约为 1.0(1.5)nm，相当于 4(6) 个 4H(6H)-SiC 的面间距[32]。在每一种情况中，都有一个预计为 300nm 的衬底材料被移除了。除了要移除抛光缺陷，氢刻蚀有更进一步的价值，就像在刻蚀和非刻蚀的 C 面上生长的石墨烯的 X 射线散射研究所展现的一样。这个刻蚀的表面展示了在石墨烯-衬底的分界面，一个与点缺陷或局部无序有关的背景散射强度有明显的减弱。

图 6.2　在 1600℃ 下，用 100mbar 的氢气刻蚀大约 5min 以后，（0001）6H-SiC 的
原子力显微镜图像（标尺的单位为 nm，引自文献[32]）

6.3 外延石墨烯的理论基础及合成

6.3.1 理论基础

由 sp^2 键连接的碳层(也就是石墨烯)的能带结构和电子传输性质受到活性材料和其周围环境的分界面的影响,第一性原理计算显示 SiC 上的碳层有着和剥落的石墨烯相同的手性性质。第一条能带结构由 Mattausch[33]和 Varchon[34]给出。在每一种情况中,都假设 SiC 表面重构为 6√3 形态,但是这样一来计算量非常大,所以在计算中把这种重构简化为 $(\sqrt{3} \times \sqrt{3})R30°$,同样格子也将被拉伸使这种错配和石墨烯晶胞相适应。这种能带结构可以用密度函数理论来计算,图 6.3 显示了假设贝纳尔(Bernal)堆叠情况时,有 1 个、2 个和 3 个碳层的 SiC 的两个极性面能带结构的计算结果。在每种情况中,都发现第一层碳和重构的交界面以共价键连接,它们之间的距离比石墨烯层间的距离(3.36Å,见表 6.1)要小。因此,第一个碳层变成了 SiC 和石墨烯间的一个界面层(interfacial layer, IFL),如图 6.3(a)和(b)所示,第二个碳层出现了石墨烯的线性色散特性。对于 Si 面,IFL 是金属性的并且石墨烯是 n 型的(费米能量在狄拉克点上的 0.4eV 处),因为在交界面处,电荷从孤立 Si 原子的悬键传输出来,如图 6.3(c)所示。对于 2C 面,先考虑是未掺杂的,悬键态使得 IFL 呈现为半金属性质,如图 6.3(d)所示。在加上第三个碳层之后,我们可以得到一个双层的石墨烯构型,并且在两个极性面都可以形成一个潜在的带隙,如图 6.3(e)和(f)所示。

在 6.3.3.2 节和 6.3.3.4 节中将会看到上面所假设的对于 C 面的交界面层细节是错误的。Magaud 和他的合作者用没有界面层的第一性原理方法,仍然发现了石墨烯能带结构性质中的线性色散[35]。后来,Jayasekera 解释了临近石墨烯层之间的范德瓦耳斯力,并且发现没有迹象证明 C 面上的石墨烯生长有一个界面层。此外,他们预计 Si 上的第一层石墨烯是 n 型的,因为电荷从 SiC 表面的悬键态中传输了出来[36];第二层石墨烯假设是贝纳尔堆叠,发现了典型的双层石墨烯能带结构。

6.3.1.1 生长的起始:是真的石墨烯吗?

首次被报道的外延石墨烯是一些在 UHV(10^{-10}Torr[7])下形成的样品,使用的条件和先前对 SiC 表面研究的很相似[4-5,37]。后来,外延石墨烯在中等真空($10^{-6} \sim 10^{-4}$mbar)条件下被合成了[9-10]。不久之后,在 1 到几百毫巴的高压氩气中生长的石墨烯被证实[12]。最近,石墨烯在封闭容器中被合成来控制 Si 蒸气的压力[38]。在所有情况中,石墨烯都是在 SiC 的 Si 面和 C 面上形成的。但是,所有形成碳层的方法都有着不同的交界面层和堆积序列。因此,石墨烯真

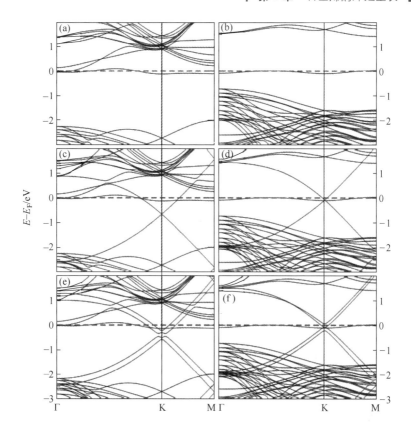

图 6.3　在截断的 SiC 上 1 层((a)、(b)),2 层((c)、(d))以及 3 层((e)、(f))碳层的色散曲线。曲线(a)、(c)和(e)((b)、(d)和(f))分别对应 Si(C)终结面。第一个碳层形成了一个拥有和石墨烯不一样的色散的界面层((a)、(b))。第二个碳层在(界面层的顶部)显示了单个石墨烯层的线性色散属性((c)、(d))。在界面层顶部的两个碳层显示了一个狄拉克带的分裂((e)、(f)),就和对一个自由的石墨烯双层预计的一样(经许可引自文献[34]© 2007 美国物理学会)

的可以在每一种情况中形成吗? 表 6.2 总结了本章中剩下的所有石墨烯形成方法的信息。正确的晶格常数是证明石墨烯的必要但不是充分条件,理论上,能带结构的线性色散是有力的证据。一个间隔为磁场平方根的线性相关的朗道能级也是与石墨烯特征相符的[39]。同样地,反常的 π 贝里相表明石墨烯的手性性质[8]。当比较不同石墨烯的形成方法时,从理论的视角来看,SiC 表面(和它的对称面)出现了一个 IFL 是很有趣的。最后,还有一些其他有趣的特性也被罗列出来,如费米速度(v_F)、量子霍尔效应(quantum Hall effect,QHE)以及要注意是否出现了场效应晶体管。

　　表 6.2 中的数据表明,石墨烯可以在所有 SiC 加工方法中合成,虽然最后一

种方法的说服力要弱一些。

表 6.2　用不同方法合成的碳薄膜的属性对比(主要有如下属性:晶格常数、能带结构的线性色散、朗道能级 $B^{1/2}$、石墨烯的反常 π 贝里相位、是否有一个界面层(IFL)的出现、是否观察到量子霍尔效应、费米速度的大小、是否有舒勃尼科夫-德哈斯振荡(Shubnikov-Haas)、是否有场效应晶体管迹象)

工艺	晶格常数/Å	E_G处线性色散	朗道能级 $B^{1/2}$	反常贝里相位	IFL	QHE	v_F/(m/s)	SdH	FET
UHV Si 面	2.4	有		有	$6\sqrt{3}$		7.2×10^{-5}	有	有
UHV C 面	2.465	有			无				
中间真空 Si 面	2.49			有	$6\sqrt{3}$	有			有	有
中间真空 C 面	2.3	有	有		无	有	1.03×10^6	弱	有
Ar Si 面	2.5			有	$6\sqrt{3}$				有
Ar C 面		有			无				
封闭工艺 C 面				有		有	1.14×10^6		

6.3.1.2　为什么这样能行?

Jernigan 曾使用 Lilov 中的参数[40],计算了在 SiC 衬底上挥发性 Si 和 Si_2C 的压力-温度曲线[41,14](图 6.4),考虑到这一点,石墨烯在很大范围条件下都可以形成就一点也不奇怪了。Jernigan 同时指出,在温度小于 2000℃ 时,碳的局部压力小很多。图 6.4 表明,在 UHV 条件下,由于升华的 Si 被真空系统清除了,石墨烯生长可以在大约 1450℃ 以下实现。在温度更高的时候,中等真空也将能满足条件。只要气体控制系统能够减缓 Si 在表面上的凝结,像氩气一样的惰性气体也可以被加入。在压力-温度关系图中,也说明了生长速率会随着温度的升高而增加,这是因为更多 Si 升华意味着更多 C 被释放出来进行石墨烯生长。这意味着石墨烯的生长速率可以通过温度、Si 生成速率和 Si 的部分去除速度进行控制。这个简单的模型用到了这样一个假设,石墨烯生长之前的 SiC 表面重构在很大的温度范围内是相对不变的,所以石墨烯晶核的形成也是不变的。UHV 的研究表明,对于 Si 面,$6\sqrt{3}$ 重构在温度大于 1150℃ 时是非常有利的[12],而对于 C 面,$(3\times3)_C$ 和 $(2\times2)_C$ 这个重构组合在 800℃ 以上比较有利,以上两种情况在探测的最高温度 1500℃ 时依然存在[4]。如果要比较不同极性面上的生长,这个简单的温度-压力模型变得不那么具有预测性,因为面的表面特性会影响石墨烯的形成。

下面将介绍三种主要的生长方法,它们有不同的压力条件:UHV(10^{-10} Torr)、中等真空($10^{-6}\sim10^{-4}$Torr)以及惰性气体(通常是 Ar,大于 1Torr)。可以

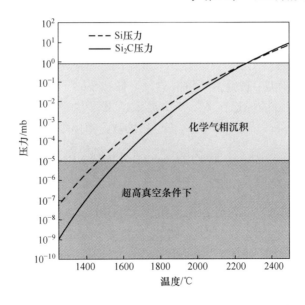

图 6.4　在 SiC 衬底上挥发的 Si 和 Si_2C 的压力–温度曲线。在一个给定的温度下，
可以用一定的真空条件来移除从样品中升华的 Si，以便让石墨烯生长

清晰地看到，在 SiC 的两个极性面上生长的石墨烯的特性是非常不同的，所以会
被分开描述。除此之外，我们将会看到一些对工序压力非常敏感的特性。正是
由于石墨烯的这些特性，如能带结构，与其所在的表面直接联系，所以我们会在
一些细节方面讨论交界面层它下面的 SiC，也会提及一些目前理解不够的地方。

6.3.1.3　外延石墨烯的超高真空合成，Si 面

在 UHV 下形成石墨烯的过程和先前(2004 年以前)对各种各样表面的科学
研究相差无几。2006 年，Seyller 对 Si 面样本的描述也在这里逐字列出[42]：

"在把样本固定在 UHV 系统中之后，我们让它们在温度为 950℃ 的 Si 流中
退火。

这个过程形成了富硅(3×3)重构。随后进一步在 1050℃、1150℃ 和 1400℃
中退火，可以移除表面过量的硅，进而得到富硅 $(\sqrt{3} \times \sqrt{3})R30°$ 的重构、富碳
$(6\sqrt{3} \times 6\sqrt{3})R30°$ 的重构，最后得到一个石墨化的表面。"

除了很早之前的报道以外，所有的工作都会准备一个某种形式的表面来减
弱抛光损害。对于 UHV 下 Si 面上的石墨烯生长，典型石墨化的温度范围为
1250~1350℃[43-45]，不过也有研究已经把温度上升到 1600℃[46]。石墨烯的形
态有着原始衬底的台阶(通常是氢蚀刻)和平台结构(这是可变的)的迹象，平台
宽度可以达到几百纳米。虽然，Seyller 曾提到[42]台阶群的高度为 2nm，不过根
据报道是 0.25~0.75nm。图 6.5 所示为这种形态的 AFM 图像。我们可以观察

到凹陷和矮小的山脊轮廓,总体来说,这个形态是粗糙和不规则的。小面积的STM 图像(200Å×200Å)显示,单层(双层)石墨烯的粗糙程度的均方根为0.2Å(0.1Å)[47]。此外,从 STM 图像中可以发现,石墨烯"像地毯一样覆盖着这个台阶"[42],并证实了石墨烯的晶格常数为(2.4±0.2)Å[48]。单层和双层石墨烯六角格子的 STM 图像也在图 6.6 中展示出来[48]。多层生长相对比较容易,厚度从一层到五层甚至更多层的生长也相继被报道出来。

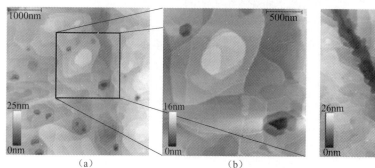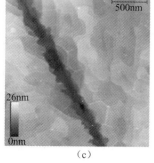

图 6.5　在一个高质量同轴向的(0001)6H-SiC 上生长的石墨层的典型 AFM 图像。图(c)记录的是在衬底中的一个磨痕,在图(a)和图(b)中可以看到凹痕(经许可引自文献[42]© 2006 Elsevier)

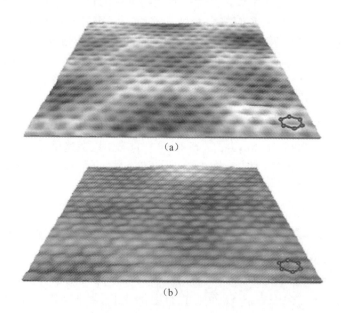

图 6.6　在(0001)6H-SiC 上生长的(a)单层石墨烯和(b)双层石墨烯的 STM 三维图像(4nm×4nm)。两张图都描绘了六角形的石墨烯晶胞(经许可引自文献[48]© 2007 美国物理学会)

UHV 方法提供了利用表面分析工具的机会。就像之前所说,我们发现从

1150℃开始,Si 面样本有 $6\sqrt{3}$ 重构,这种重构一直持续到石墨烯形成。Reidl 用 STM 方法展示了在石墨烯下存在 $6\sqrt{3}$ 重构[44],他提供了原子和原子簇的位置分布示意图,重构元素的轻微变化似乎和过程有关。低能电子衍射(low energy election diffraction,LEED)表明覆盖的石墨烯是从下面 SiC 衬底外延的,这表明石墨烯层和衬底是一致的,所以最初的变换矢量有一个 30°偏角[3,49]。Emtsev 曾用 XPS 研究不同覆盖的石墨烯生长,最初重构表面的 C 1s 核心谱包含了三个峰:S1、S2 和 SiC 衍生峰,图 6.7(a)展示了这些峰。实验中使用了不同平均自由程的非弹性电子,并没有改变 S1 和 S2 的比率,进一步证明 S1 和 S2 中的碳源原子是在同一平面内的。此外,有了额外的石墨烯层,S2 和 SiC 峰的比例为一个常数,在图 6.7(b)(插图)中已经给出了,这暗示在生长过程中相关的成键构型没有改变。对 XPS 数据进一步分析,可以发现大约 1/3 的碳原子(和S2 相关的)和下面的 SiC(S2 峰有一个 sp^3 特征)有很强的相互作用,剩下的 2/3 碳原子(和S1 相关的)和衬底并没有很强的相互作用(S1 在石墨烯峰下被埋没了,因为它们同时拥有 sp^2 特征)。所以,$6\sqrt{3}$ 重构是介于 SiC 衬底和石墨烯之间的,而且它是一个和 SiC 衬底有很强相互作用的界面层。假设重构层有相同的 C—C 键长度和 C 原子密度,Emtsev 注意到重构层的有效厚度一定是(2.4±0.3)Å。

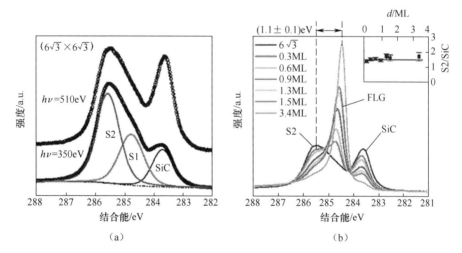

图 6.7 (a)在(0001)6H-SiC 上 $6\sqrt{3}$ 重构的 XPS C 1s 核心级谱,包括 S1、S2 和 SiC 的衍生峰;(b)厚度一直到 3.4ML 的石墨烯的生长的 C 1s 核心级谱的演化,插图展示了在 $h\nu = 510eV$ 时,S2 和 SiC 的比率与厚度的函数关系(经许可引自文献[49]© 2008 美国物理学会)

Charrier 用低能电子衍射证明在 1200℃下退火(0001)面得到的两个石墨层有贝纳尔堆叠结构[5],这和在石墨中发现的很相似[50]。Ohta 和他的合作者计算了两层、三层和四层对贝纳尔和斜方六面体两种堆叠方式的外延石墨烯预期能带结构,通过比较预期的能带结构和用 UHV 方法准备的样品的角分 ARPES

得到的能带结构,他们发现 Si 面上生长的多层石墨烯是贝纳尔堆叠的[51]。除此之外,在三层样品中发现了斜方六面体堆叠部分,但是在加了第四层石墨烯层之后结构稳定在了贝纳尔堆叠[52]。Hass 用 X 射线散射实验探测了这个界面层[53]。这些数据对应于这样一个模型,它对石墨烯和三种不同的界面层模型使用了贝纳尔堆叠排序,这些界面层模型是由一个带有部分不同结构 Si 原子层和密集碳层组成的。每一个界面层模型对应匹配的 X 射线数据都是相同的,所以这个层的真实结构无法确定,然而也表明这是一个复杂的界面,并且肯定的是在一个重构的 Si 面上并不是一个简单的石墨烯层。在 1ML 和 2ML 的石墨烯中都存在约 290Å 的长程有序。这个界面层与石墨烯的间距为 (2.32 ± 0.08) Å。这个间距由 STM 证实为 (2.6 ± 0.4) Å[54]。X 射线匹配同样也得到第一层和第二层石墨烯的间隔为 (3.50 ± 0.05) Å,之后的间隔为 (3.35 ± 0.01) Å,后面的那个间隔和预期的石墨的值非常相似(表 6.1),然而目前还不知道为什么第一间隔更加宽。

重构层上形成了第一层碳之后(因此变成了界面层),Emtsev 和他的合作者用 ARPES 探索了能带结构中的变化。这个界面层和它下方的表面以共价键的形式相互作用,因此缺少了一个明确定义的 π 键(图 6.8(a)),而仅仅是剩下的 σ 键,这是因为在 $6\sqrt{3}$ 重构层中的局部成键[49]。因为在 E_F 附近没有态,所以这个界面层具有半导体特性(很明显在 300K 以下绝缘),同时在 E_F 下面 0.5eV 和 1.6eV 处分别有两个表面态 g_1 和 g_2。由于界面层将石墨烯层与衬底电隔离了,

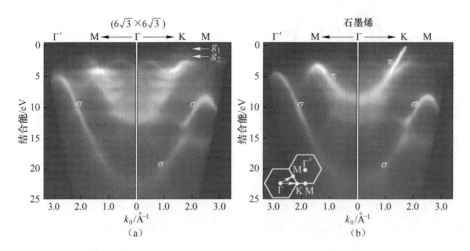

图 6.8 光电子强度与结合能和平行电子动量的关系,(a)对应 SiC(0001)$-6\sqrt{3}$,(b)对应 SiC(0001)$-6\sqrt{3}$ 顶部的 1ML 石墨烯($h\nu=50$eV)。图内也给出了在六角布里渊区面内 $k_\parallel$ 的方向。在 E_F 附近除了能量分别为 0.5eV 和 1.6eV 的局域态 g_1 和 g_2 以外,没有其他态(经许可引自文献[49]© 2008 美国物理学会)

在石墨烯形成的过程中,π键变得显著,如图 6.8(b)所示,石墨烯的电子输运也显现出来。

Berger 等首次探测到了 UHV 下 Si 面石墨烯的电性质,他们提出在 4K 时,有一个迁移率为 1100cm^2 · V^{-1} · S^{-1} 的 n 型掺杂的 3ML 薄膜,面密度约为 3.6×10^{12} cm^{-2}[7]。后来有人报道说这个薄膜的厚度更有可能是 1ML[20]。其他人也指出了单层石墨烯 n 型掺杂的自然形成,其 E_F 在狄拉克点上方 260meV[55]、400meV[19] 和 450meV[52] 处,这通常是因为掺杂衬底的电荷输运或在界面层附近有一个内建电场[43]。第一性原理计算指出,就像引起 n 型电荷转移一样,在界面层中和孤立 Si 原子相关的悬挂键甚至有可能在半绝缘的 SiC 衬底上出现[33-34]。通过 ARPES 测量,Ohta 同样也指出了 n 型行为和一些精确的紧束缚参数,其中包括对于 1ML、2ML、3ML 和 4ML 的 E_F,分别为 440meV、300meV、210meV 和 150meV[51]。因为总的电荷面密度并没有改变很多,所以屏蔽会导致电荷重新分布,其中 3ML 和 4ML 的有效屏蔽长度分别为 1.4Å 和 1.9Å。这样生长的样本显示了 Shubnikov-de Haas 振荡,反常的石墨烯贝里相位,大小为 7.2×10^5 cm/s 的 v_F,同时显示了电导的栅控调制[7,43]。也有小样品场效应晶体管的报道[56]。

6.3.1.4　石墨烯的高真空合成,C 面

与 Si 面上的高真空石墨烯生长很相似,C 面的生长也采用上面描述的表面准备方法。早些时候,van Bommel 指出 C 面上 C 的生长速率在 1300℃附近比 Si 面上的速率快一个数量级[3]。有关 C 面上高真空石墨烯形态的报道非常有限,这主要是因为做出来的薄膜质量和电学性质很差。Kusunoki 指出在衬底表面上形成的纳米凸起导致了表面粗糙的形态[57]。Jernigan 尝试从 1200~1600℃的生长温度发现一种孤岛生长模式导致薄膜自然形成了颗粒状[46]。由 SiC 衬底发出的 Si 2p XPS 衰减信号测得的薄膜厚度可以达到 2.8nm(8ML)。最近,Creeth 等探索了从 1250~1450℃的生长情况,发现在 1250℃时颗粒尺寸为 20nm,而在 1450℃时颗粒高达 1μm。图 6.9[58] 展示了这些形态的 AFM 图像直到 4ML 形成为止。

C 面的(3×3)和(2×2)$_{Si}$ 重构在 800℃时就开始出现了,并且一直持续到 1400℃以上[3,59]。在石墨化的时候,(2×2)$_C$ 重构与(3×3)$_C$ 以及(1×1)$_{graphite}$结构同时存在。在 1500℃时,出现了表面 C,其单元网格尺寸为 2.465Å(最新的 6H 晶格常数)与石墨一致(表 6.1)[3]。表面分析表明,石墨烯层是旋转无序的,衍射图案沿方位角被破坏,然而条纹中大的强度调制表明存在优先的旋转角[19],这个无序的石墨烯有时候被称为乱层石墨烯。与 Si 面情况相比,石墨烯和衬底之间缺乏强烈的耦合,正如通过 XPS 证明的一样,C 1s 核能级只有对应薄膜和衬底的两个峰,缺少一个界面峰(图 6.7 中 Si 面的情况)[49]。0.3ML 覆

盖层的 ARPES 显示出 σ 和 π 能带,且 SiC 块材能带几乎完全衰减为单层能带。可以明显看出图案没有受到扰动,这不同于 Si 面的情况。当没证据表明界面层存在耦合时,这暗示了石墨烯和衬底间存在弱耦合,即使在 0.3ML 时覆盖层的旋转畴特征就已经出现,并随着生长一直保留,这意味着旋转畴在石墨烯生长的最开始就存在了。

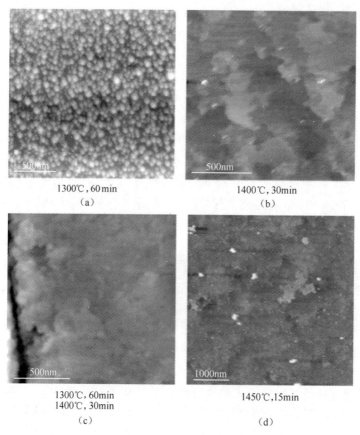

1300℃,60min
(a)

500nm

1400℃,30min
(b)

500nm

1300℃,60min
1400℃,30min
(c)

500nm

1450℃,15min
(d)

1000nm

图 6.9 (a)超高压 1300℃,60min 时($000\overline{1}$)6H-SiC 上形成的石墨烯的原子力显微图片;(b)1400℃,30min 时的显微图片;(c)1400℃,30min 后,1300℃下再生长 60min 的显微图片;(d)1450℃,15min 时的显微图片。注意图片上横向尺寸的变化。(a)的薄膜总高度为 20nm,(b)和(c)的薄膜总高度为 6nm,(d)的薄膜总高度为 4nm,(d)中的白色点是表面碎片(经许可引自文献[58]© 2011 美国物理学会)

C 面生长的 UHV 石墨烯的电性质相当差。Jernigan 发现这时石墨烯具有高电阻,在 300K 时霍尔测量显示出密度为 $1.4×10^3 \sim 6.4×10^{13}$ cm^{-2} 的 p 型载流子以及相应的 $4 \sim 29$ cm^2·V^{-1}·S^{-1} 的迁移率,在 1600℃生长可获得更高的迁移率[46]。Creeth 发现,1450℃生长温度下会出现导电薄膜,他们将电阻的温度相关性归因于变程跳跃机制。

6.3.1.5　外延石墨烯的中等真空合成,Si 面

2007 年,Wu 首次描述了在 Si 面使用中等真空方法进行石墨烯外延生长,该样品通过联合氢刻蚀方法和石墨烯形成方法在商业 SiC CVD 反应器中形成[10]。不完全生长仅出现在 1300℃下紧靠衬底台阶的位置[60]。完整石墨化发生在 1350~1650℃、10^{-7}[10,32]~$2×10^{-4}$ mbar[32] 气压下。与超高压下 Si 面的生长方法得到的样品相比,形态发生明显改善,图 6.10 所示样品的原子力显微镜图像(界面真空)与图 6.5 图像(UHV)的对比也能看出这一点。在 1400℃[61] 时我们注意到台阶高度的增加,1500℃以上发现 1.2~1.44nm[10] 与 1~15nm[32] 的台阶高度,下方衬底的台阶集聚被认为是这一现象产生的原因[32]。另外,腐蚀现象也被注意到,石墨烯出现在腐蚀层中[10]。平台比超高真空下的更宽,达到 3~4nm[32],STM 测量的粗糙度约 0.2nm[10]。STM 确认的石墨烯晶格间距为 0.245nm[62] 和 (0.249±0.01)nm[61]。Bolen 研究发现,生长速率为温度和时间的函数如图 6.11 所示。图 6.11(a)所示为 10min 生长过程中表面覆盖层与生长温度的关系,图 6.11(b)所示为 1475℃生长温度下表面覆盖层与生长时间的关系。1~25ML(8nm)的生长厚度结果已经报道过[32],与邻角方向相比,4°的离切方向增加了石墨烯的厚度,可推测,这是由于附加了来自近邻 Si_2O 表面台阶的碳扩散。

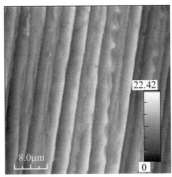

图 6.10　在(0001)6H-SiC 上生长的石墨烯形态的 AFM 图像。台阶聚集现象很明显,平台宽度达到 3~4μm,高度量级为纳米级(引自文献[32])

Jernigan 和合作者论述了 XPS 碳原子 1S 轨道核心能谱拥有与 UHV 条件下相同的结构和几乎相同的能量(图 6.5(b))[46],这意味着出现了类似于 UHA 条件下描述过的界面层。STM 观察到的 $6\sqrt{3}$ 的纹状图案进一步证实了这点[62]。透射电子显微镜(transmission electron microscope,TEM)测量的界面层与第一层石墨烯间的距离为(2±0.2)Å,第二层与接下来一层的距离为(3.3±0.2)Å[63]。后一个值是石墨的期望值,表明该条件下界面层与第一层的距离稍微小于 Si 面

超高真空生长的样品的值[53]。Norimatsu 证实了这些距离,界面层与第一层距离为 2.3Å,接下来的两个距离为 3.1Å 和 3.5Å[64]。

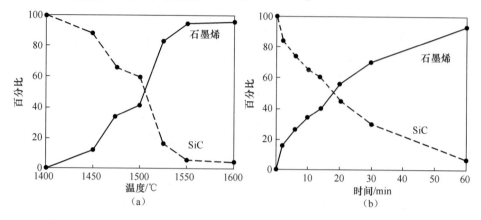

图 6.11 (a)石墨烯和(0001)暴露的 SiC 衬底覆盖物在生长时间为 10min 时随生长温度的变化;(b)在 1475℃生长温度下,石墨烯和(0001)暴露的 SiC 衬底覆盖物随生长时间的变化(经许可引自文献[61]© 2009 美国物理学会)

在中等真空条件下生长的石墨烯电学测量值与 UHV 条件下得到的相仿。据报道,在 1500~1550℃生长温度范围内得到 1ML 石墨烯的薄层电阻为 $10^3 \sim 10^4 \Omega$[10]。薄膜为典型的 n 型,VanMil 发现 1500~1600℃温度下生长 90min 可获得最高的迁移率,结果为独立的 4H 或 6H 多形体。对于电子浓度为 4.7×10^{12} cm^{-2},面积为 16mm×16mm 的样品,77K 下最高的迁移率为 1560cm$^2 \cdot$ V$^{-1} \cdot$ s^{-1}[32]。Shen 和合作者发现,300K 下迁移率为 1300~1600cm$^2 \cdot$ V$^{-1} \cdot$ s^{-1} 的 n 型载流子[65]。Tedesco 发现了霍尔迁移率与面密度的相关性[66]。对于一个栅控的结构,使用 30nm Al$_2$O$_3$ 作为电介质,Shen 报道了 QHE 和 Shubnikov-de Haas 振荡,以及石墨烯的不规则贝里相位。使用中等真空方法在直径 50.8mm 的 6H-SiC 晶片上生长的石墨烯有 1~2 层,制成的 FET 具有 $f_T \cdot L_g = 8.2$GHz $\cdot$ μm[67]。Yakes 和合作者测量了平行以及垂直于少量台阶的电导,发现台阶导致的电导降低,这意味着制作 FET 时最好避开台阶位置。

6.3.1.6 外延石墨烯的中等真空合成,C 面

Hass 首次描述了在 C 面利用中等真空方法在温度 1430℃、压强 3×10^{-5}Torr 条件下用 5~8min 合成的石墨烯[9]。在之前的大部分工作中,使用的压强范围在 $10^{-7} \sim 10^{-4}$Torr 之间[32,60,65,69]。生长温度范围为 1300~1650℃,生长时间很短,约 10min,最高能达到 90min[32]。不完全生长发生在 1300~1400℃[60]或到 1450℃[70],在这些例子中,石墨烯的形成仅仅发生在 SiC 台阶的边缘。石墨烯生长之后,随着生长温度的增加台阶变圆,氢腐蚀衬底表面的台阶和平台

形态发生扭曲[71],发现了 1~15nm 的台阶聚集并从表面延伸至最高 50nm 的脊线,图 6.12 展示了一个例子[32]。通过 STM 确定石墨烯的晶格参数为 (0.23±0.09) nm[70]。脊线高度是随着温度增加的:形成开始于接近 1475℃ 时,在 1500℃时脊线高度为 6nm,更高温度时脊线高度为 20nm[71]。脊线和石墨烯通过胶带方法被移走,可以看到石墨烯具有下方形态[32]。TEM 图像 (图 6.13)显示,脊线是在生长温度冷却过程中,由于石墨烯和 SiC 衬底热膨胀系数的不同而产生的石墨烯的连接区域[72]。石墨烯厚度随着温度迅速增加:10min,1475℃下生长 1.8nm,1500℃下生长 2.4nm,而在 1550℃下生长 3.3nm[70-71]。更高的温度和更长的时间会导致厚度达到 30nm[32]。关于薄膜均匀性只有 Kedzierski 的一篇报道,看到了生长在 1400℃、面积为 3.5mm× 4.5mm 样品中 3~15nm 的厚度变化[56],同时还观察到了凹面[70]。对于 4H 和 6H 衬底形态并没有发现什么不同[32,60]。

图 6.12 生长在 6H-SiC(000$\bar{1}$)面上的石墨烯 AFM 图像显示出台阶、
平台以及脊状网络的残留(尺寸为纳米量级,改编自文献[32])

由于 C 面石墨烯形成速度快而且易产生厚薄膜,所以关于衬底和石墨烯界面的探究很少。Biedermann 利用 1475℃下生长的薄膜进行 XPS 分析,发现只有 sp^2 的谱线峰,而没有界面峰,就如 Si 面生长的样品所观察到的一样[70]。7~13ML 样品 LEED 上出现的方位角条纹暗示着样品旋转无序,还观察到一些强度变化[9]。另一些工作显示,LEED 强度变化偏向于出现在与 SiC [10$\bar{1}$0]方向成 30°和±2.2°方向上[73]。其他实验观察到 6°~13°所在的 7°范围内的旋转无序[74],在 STM 实验中观察到偏向角度为 28.4°±0.2°[70]、7.42° 和 4.13°[75]。使用第一性原理的计算方法,发现了紧邻石墨烯片 2.2°的旋转导致 K 点的狄拉

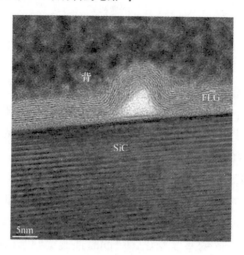

图 6.13   4H-SiC($000\bar{1}$)面上,石墨烯在 1600℃下生长 10min 后形成的脊的横截面的 TEM 图像。显示薄膜的分离导致脊的出现,这被认为是由于在生长后冷却过程中的压力释放(经许可引自文献[72]© 2010 英国物理学会出版社)

克能带,表明层间退耦[73]。Sprinkle 用 ARPES 实验证实了 C 面生长薄膜的能带结构线性分布[76],如图 6.14 所示。从图 6.14 中能够看出三个分离片的影响。虽然对于生长和物理机制还没有完全理解,但能确定旋转无序促进了多层外延石墨烯中石墨烯片之间的退耦。

Hass 和合作者通过 X 射线散射实验探测了多层石墨烯样品的结构[77]。实验使用的样品从 4ML 到 12ML,得到的数据与使用 SiC 重建不同界面缓冲层和不同厚度的探针面积的界面层模型相符合。块体 SiC 第一层只有(1.62 ± 0.08)Å 的厚度,表明衬底间强烈的共价键。第一层和下一层间的距离为(3.41 ± 0.04)Å,下面两层间的距离为(3.368 ± 0.005)Å,之后的晶格长度对于模型细节相当不敏感。由于这些长度大于对石墨烯的期望(3.354nm,见表 6.1),结果说明样品中出现堆叠层错。STM 结果和高堆叠层错密度的石墨烯一致,表明表面不同部分处在不同的石墨化阶段[73]。

该样品电学性质远好于 Si 面生长的石墨烯,最初的报道中,Berger 和合作者研究了霍尔棒,其中密度约 10^{12} cm^{-2} 的 p 型载流子的迁移率高达 27000cm^2 · V^{-1} · s^{-1}[78]。VanMil 报道了在 1500℃下生长 10min,得到了面积为 16mm×16mm、面密度为 1.24×10^{13} cm^{-2} 的样品和面密度为 2.1×10^{12} cm^{-2} 的 10μm 霍尔棒[32],300K 时最好的迁移率分别为 2160cm^2 · V^{-1} · s^{-1} 和 18100cm^2 · V^{-1} · s^{-1}。Tedesco 论述了迁移率和面密度的相关性[66]。另外,Tedesco 指出,在 300K 时本征载流子迁移率可达到 150000cm^2 · V^{-1} · s^{-1},相当于剥落石墨烯只受到电声子散射[79]的本征迁移率和报道的 300K 悬浮剥落石墨烯的迁移率[80]。

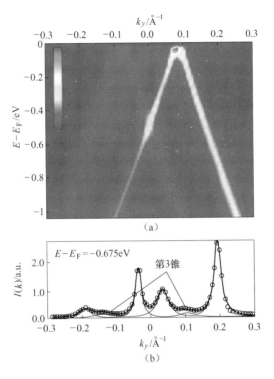

图 6.14　(a)在 6H-SiC(000$\bar{1}$)面上生长的 11 层石墨烯薄膜能带结构的 ARPES 测量。ARPES 的分辨率在 $h\nu = 30$eV 下设置为 7meV。样品温度为 6K。在 K 点时，k_y 方向的扫描垂直于 SiC(10$\bar{1}$0)方向。两个线性的狄拉克锥很容易看到。(b)色散曲线在 $BD = E_F - 0.675$eV 处显示出第 3 个淡锥。重实线为 6 个洛伦兹线形（细实线）的拟合线（经许可引自文献[76]© 2009 美国物理学会）

　　在磁场下测量远红外透射使 Sadowski 及其合作者能够测量石墨烯朗道能级。他们发现能级间距与磁场的平方根呈线性相关，显示出狄拉克电荷载体的行为[81]，结果也表明当前数据并没有贝纳尔分量的贡献。费米速度 v_F 为 $(1.03 \pm 0.01) \times 10^6$m/s，并且至少一个朗道能级显示几乎没有载流子占据[39]。后面的结果表明，界面层控制着电子输运，更上层的浓度几乎是本征的。Berger 的输运测量显示由浓度为 3.7×10^{12}cm^{-2} 的 n 型载流子主导（在 180mK）[82]。300K 时样品表现为强 p 型掺杂，这里 p 型掺杂可能反映出样品中上面几层受环境的影响，因为在最靠近衬底的几层为 n 型。在这些多层外延石墨烯样品中，电荷的屏蔽长度为 1ML[83]。Orlita 通过朗道能级吸收与磁场强度的关系，得到迁移率的下限为 250000cm^2 · V^{-1} · s^{-1}，这归因于相当纯的未掺杂层[84]。Jernigan 使用大面积(16mm×16mm)、霍尔迁移率为 475cm^2 · V^{-1} · s^{-1} 的样品，证明了类本征层与主导电子传输层的解耦[46]，同样证实了这个下限。

在中等真空过程中生长的石墨烯展现出不规则的贝里相和弱的 Shubinikov deHaas 振动[43]，然而并没有观察到量子霍尔扰动[65]。FET 也从中等真空生长的石墨烯中制备出来[56]。

6.3.1.7 外延石墨烯的氩气覆盖合成,Si 面

Emtsev 首次提出用氩气覆盖合成法来合成石墨烯[12]，利用 Langmuir 描述的原理，即脱附硅原子和氩原子的碰撞会使硅原子返回表面，因此与中等真空和超高真空相比可有效地降低生长速率[85]。这使得表面的重建能够在石墨烯生长和 C 面分散距离增加之前完成，因此像在超高真空生长条件下产生较差形态硅时的无序硅升华效应会消失（图 6.15）。Emtsev 用 10~900mbar 氩气和 1500~2000℃温度，除了在最低压情况下，均发现了优于超高压结果的形态，并记录了 8~15nm 的台阶集束，而且也观察到高达 50μm 的平台，并且成核现象开始于台阶边缘。在 1500℃下，没有发现生长。Tedesco[86] 使用 100mbar 的氩气，指出在 1500℃下 SiC 形态出现高度为 6~9nm 的台阶集束现象；大于 1550℃时，得到和在中等真空条件下生长的石墨烯相似的形态，结果为独立的 4H 和 6H 多形体。Virojanadara 在 2000℃使用 1atm 的氩气，在 6H 衬底上看到了 0.03°定向高度 1~1.5nm 的台阶以及 0.25°无定向高度 4~5nm 的台阶。STM 测量得到的石墨烯的晶格常数为 0.25nm[87-88]。

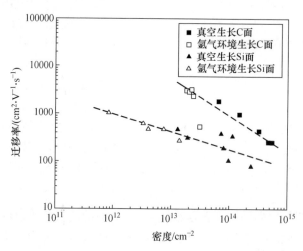

图 6.15 在真空和氩气中,C 面和 Si 面生长的 16mm×16mm 外延石墨烯薄膜,
在 300K 时的霍尔迁移率和面载流子密度。虚线为 C 面和 Si 面的样品数据的
线性拟合(经许可引自文献[86]© 2009 电化学学会)

氩环境中生长的石墨烯结构和中等真空得到的样品相似。Emtsev 报道了平台上单原子层(one monolayer,1ML)的 XPS 谱线与用超高压和中等真空方法

得到的 XPS 谱线相同[12]。另外,LEED 显示出与 $6\sqrt{3}$ 重构一致的衍射点,并表明薄膜是外延的且与 SiC 晶格夹角为 30°。Virojanadara 证实了 2000℃ 条件下生长的薄膜的 XPS 界面峰,并发现 1~4ML 的厚度[87]。拉曼光谱表明了薄膜的压缩应变[12]。ARPES 测量显示出线性色散并指出费米能级 E_F 在狄拉克点上方 0.45eV 处[12,87]。

Tedesco 指出在一般情况下,100mbar 氩气生长的样品与中等真空方法相比,其迁移率增加、面电荷密度减少,迁移率与面密度相关点描绘于图 6.15 中。100mbar 氩气、1600℃ 生长 120min,$16×16mm^2$ 样品显示出最高的 77K 迁移率为 $2647cm^2 \cdot V^{-1} \cdot s^{-1}$,载流子面密度 $-1×10^{12}$ cm^{-2}[86]。Jobst 静电栅控了在 900mbar 氩气 1650℃ 温度下生长的样品,使用四氟-四氰基醌二甲基乙烷(lelvafluoro-tetracyanoquinodimethane,F4-TCNQ)作为掺杂剂和栅极绝缘层,该化合物的移动费米能级为(0.3±0.05)eV,使之更接近狄拉克点,300K 下面密度为 $-7×10^{11}$ cm^{-2}。25K 下,产生了 $-5.4×10^{10}$ cm^{-2} 的面密度和 $29000cm^2 \cdot V^{-1} \cdot s^{-1}$ 的迁移率,因此,尽管与界面层和 F4-TCNQ 接触,样品的测量值近似于最优的剥落样品[89]。

对于在 2000℃、1atm 氩气下得到的样品,且 $\mu = 2400cm^2 \cdot V^{-1} \cdot s^{-1}$(300K)、$\mu = 4000~7500cm^2 \cdot V^{-1} \cdot s^{-1}$(4.2K),Tzalenchuk 和合作者展示了延伸跨越很多个平台的 1ML 材料的 QHE,量子化精度达到十亿分之(0.4±3),比之前使用剥落石墨烯的最好结果提高了 4 个数量级[90]。通过 F4-TCNQ 施加静电栅压的样品显示出单平台材料的 Shubnikov-de Haas 振荡以及石墨烯的贝里相[89]。Pan 也报道了 4K 下密度和迁移率分别为 $-6.1×10^{11}$ cm^{-2} 和 $14000cm^2 \cdot V^{-1} \cdot s^{-1}$ 的样品[91]。这种方法生长的石墨烯也被用于相同样品上 1ML 和 2ML 层以及界面层的开尔文微探针研究[92]。另外,在 50.8mm 晶片上生长的 FET 获得了最好的性能[93],最近,有一个有关栅极为 210nm、去嵌截止频率为 200GHz 的石墨烯场效应晶体管的报道[94]。而且 FET 噪声性能优于或等于剥脱石墨烯,并显示出在吉赫范围的频率放大[95]。

6.3.1.8 外延石墨烯的氩气覆盖限制合成,C 面

与上面 Si 面的例子相似,使用气体覆盖方法能够更好地控制 C 面石墨烯的合成,然而结果好坏都有。两种不同的方法受到关注,第一种方法是使用氩气,第二种方法是通过几何结构控制衬底上的硅超压。对于氩气方法,Tedesco 指出与生长在中等真空条件下相比,100mbar 下的样品形态有显著提高,不规则凹面密度减少,粗糙度也获得改善。除此之外,形态和中等真空生长的样品很相似[86]。另外,在图 6.16 所示的压力和温度范围内发现了不完全生长[96]。然而,在该生长温度和时间下,薄膜厚度也大致和中等真空下相同。

Hite 及其合作者展示了螺旋位错在石墨烯成核现象中起到的重要作用[97]。

这项工作更说明成核作用随机发生在样品上,样品的均匀性在目前的生长条件下很难控制。100mbar、1452℃下形成的石墨烯的 TEM 测量表明,来自块材碳化硅的第一层为(3.2±0.2)Å,第二层为(3.6±0.2)Å。在 1600℃ 下,下面的碳层间距从 3.35Å 到 3.7Å[98]。这些结果和中等真空例子相似,暗示着旋转断层且没有界面层。在最近的报道中,在 1600℃ 下生长,第一层距离记录为(3.0±0.2)Å,高分辨率的 TEM 图像显示出三种碳层的堆叠:贝纳尔、Rhombohedral 和 AAAA(旋转断层)[99]。这也提出了一个问题:贝纳尔和 Rhombohedral 堆叠类型是否出现在超高真空和中等真空条件的石墨烯中。

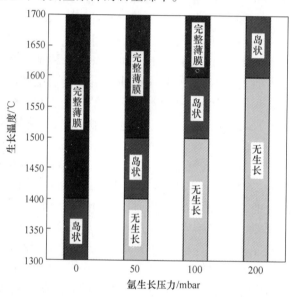

图 6.16 C 面形成的石墨烯形态与生长温度和氩生长压力的关系,
零氩压对应于 10^{-5}mbar 的中等真空条件

Tedesco 发现了电子输运性质的普遍提高,说明与中等真空相比氩气条件下生长的样品面的电荷密度减少、迁移率增加,面电荷主要为空穴。在 100mbar 氩气、1600℃ 温度下生长的 16mm×16mm 样品的最好的迁移率为 3168cm² · V⁻¹ · s⁻¹、面密度为 $1.9×10^{13}$ cm⁻²(300K)和迁移率为 7197cm² · V⁻¹ · s⁻¹、面密度为 $1.1×10^{13}$ cm⁻²(77K)[86,96]。Lin 及其合作者认为这种类型的样品至少有 3 个平行的电导通道,即一个可能靠近衬底界面的 n 型通道、一个近似本征通道、一个可能靠近样品表面的 p 型通道。它们在每个导电通道相关的层数是未知的。如在 6.3.3.4 节的讨论,周围环境被认为是 p 型掺杂的来源。Orlita 在 1600℃、100mbar 氩气下形成的样品,对其在磁场下进行的远红外透射测量显示存在与旋转断层石墨烯以及双层石墨烯包含物类似的成分(因为朗道能级与 $B^{1/2}$ 和 B 线性相关),后者的组成不超过体积的 10%[101]。这与之前高分辨率 TEM 实验一致。

Wu 及其合作者提出了密闭方法。在这种方法下,SiC C 面样品被放在一个用来控制衬底上方硅压的封闭容器内,同时可能添加了一种惰性气体。石墨烯沿着台阶延伸,其形态存在褶皱。报道中,在 300K 时,n 型面密度为 1.27×10^{12} cm^{-2} 的样品的最好的迁移率为 15000cm^2 · V^{-1} · s^{-1},这些值在温度下降到 4.2K 时也不改变。QHE 和石墨烯贝里相都出现了,而 $v_F = 1.14\times10^6$ m/s [38]。

6.4　展　望

在不到 10 年的时间里,外延石墨烯技术取得了相当显著的进步,从仅仅一个概念发展为潜在的器件技术,但是这方面还需要开展进一步的工作。器件发展的潜在障碍包括形成能隙以及控制掺杂和均匀性,这个问题目前仅被提上日程。针对生长机制的研究可能会得到一些控制均匀性和掺杂的线索。石墨烯-碳化硅界面的第一性原理模拟仍需要进一步优化来匹配实验结果。衬底取向的影响仍是一个开放的课题,特别是否会影响石墨烯的生长速率。在其他碳化硅多型体上合成石墨烯的实验研究(这里没有涉及)才刚开始,这提供了向前探索的新路径。电子输运的基础物理机制和交界面层影响方面还需要更多的投入,并将和电介质沉积方法(见第 9 章)的发展共同推进。

然而,相当乐观的是,石墨烯在碳化硅上的合成相当容易。大面积的衬底(对未来的器件技术十分重要)已经变得容易获得。最近的实验表明,使用化学法或静电法控制掺杂会产生极好的电子输运性质。而且,高频晶体管的发展显示出相当好的前景。因此,在可预见的未来外延石墨烯领域会取得持续的进步。

致谢

衷心感谢 Glenn Jernigan 和 Charles Eddy 对稿件的细致阅读感谢 Rachael Myers-Ward、Ginger Wheeler、Jennifer Hite 和 Nelson Garces 的有益讨论。LON 感谢获得 ASEE 的博士后资助。本工作得到美国海军研究办公室的资助。

参 考 文 献

[1] Production of artificial crystalline carbonaceous E. Acheson and United States Patent No. 492. 767 (28. 02. 1893).

[2] Edward Acheson-Carborundum The Lemelson-MIT Program,electronic source (http://web. mit. edu/invent/, and iow/acheson. html).

[3] A. J. Vanbommel,J. E. Crombeen, and A. Vantooren, "LEED and Auger-electron observations of SiC (0001)

surface," Surface Science **48**(2),463-472 (1975).

[4] I. Forbeaux, J. M. Themlin, and J. M. Debever, "Heteroepitaxial graphite on 6H-SiC (0001): Interface formation through conduction-band electronic structure," Physical Review B **58** (24), 16396 – 16406 (1998).

[5] A. Charrier, A. Coati, T. Argunova et al. , "Solid-state decomposition of silicon carbide for growing ultra-thin heteroepitaxial graphite films," Journal of Applied Physics **92**(5),2479-2484 (2002).

[6] K. S. Novoselov, A. K. Geim, S. V. Morozov et al. , "Electric field effect in atomically thin carbon films," Science **306**(5696),666-669 (2004).

[7] C. Berger, Z. M. Song, T. B. Li et al. , "Ultrathin epitaxial graphite: 2D electron gas properties and a route toward graphene-based nanoelectronics," Journal of Physical Chemistry B **108**(52),19912-19916 (2004).

[8] Y. B. Zhang, Y. W. Tan, H. L. Stormer et al. , "Experimental observation of the quantum Hall effect and Berry's phase in graphene," Nature **438** (7065),201-204 (2005).

[9] J. Hass, R. Feng, T. Li et al. , "Highly ordered graphene for two dimensional electronics," Applied Physics Letters **89**(14),143106 (2006).

[10] Y. Q. Wu, P. D. Ye, M. A. Capano et al. ,"Top-gated graphene field-effect-transistors formed by decomposition of SiC," Applied Physics Letters **92**(9),092102 (2008).

[11] Private communication G. Jernigan and P. Campbell, Nov 30, 2007.

[12] K. V. Emtsev, A. Bostwick, K. Horn et al. , "Towards wafer-size graphene layers by atmospheric pressure graphitization of silicon carbide," Nature Materials **8**(3),203-207(2009).

[13] Private communication D. K. Gaskill and J. L. Tedesco, Sept, 2008.

[14] D. K. Gaskill, G. G. Jernigan, P. M. Campbell et al. , in *Graphene and Emerging Materials for Post-Cmos Applications*, edited by Y. Obeng, S. DeGendt, P. Srinivasan et al. (2009), Vol. 19, pp. 117-124.

[15] Private communication D. K. Gaskill and J. L. Tedesco, Dec 4, 2008.

[16] Private communication D. K. Gaskill and J. L. Tedesco, Dec 17, 2009.

[17] Cree press release, Aug. 30, 2010, www. cree. com.

[18] J. Hass, W. A. de Heer, and E. H. Conrad, "The growth and morphology of epitaxial multilayer graphene," Journal of Physics-Condensed Matter **20**(32),323202 (2008).

[19] T. Seyller, A. Bostwick, K. V. Emtsev et al. , "Epitaxial graphene: a new material," Physica Status Solidi B-Basic Solid State Physics **245**(7),1436-1446 (2008).

[20] W. A. de Heer, C. Berger, X. S. Wu et al. , "Epitaxial graphene electronic structure and transport," Journal of Physics D-Applied Physics **43**(37),374007 (2010).

[21] R. F. Davis, "Proceedings of the international conference in SiC and related materials-93," Institute of Physics Conference Series 137, 1 (1994).

[22] A. Taylor, Jones, R. M. in *Silicon Carbide-A High Temperature Semiconductor*, Eds. O'Connor, J. R. , Smiltens, J. , Pergamon Press, Oxford, London, New York, Paris 1960, 14.

[23] A. Bauer, J. Krausslich, L. Dressler et al. , "High-precision determination of atomic positions in crystals: The case of 6H-and 4H-SiC," Physical Review B **57**(5),2647-2650 (1998).

[24] F. R. Chien, S. R. Nutt, and W. S. Yoo, "Lattice mismatch measurement of epitaxial beta-SiC on alpha-SiC substrates," Journal of Applied Physics **77**(7),3138-3145 (1995).

[25] Y. Baskin and L. Meyer, "Lattice constants of graphite at low temperatures," Physical Review **100**(2), 544-544 (1955).

[26] Ed. Gary L. Harris "*Properties of Silicon Carbide*", INSPEC, the Institution of Electrical Engineers, London 1995.

[27] A. Powell " *Growth of SiC Substrates* ", J. Jenny, S. Muller, H. Mcd. Hobgood, V. Tsvetkov, R. Lenoard, and C. Carter, Jr. , in " *SiC Materials and Devices* , vol. 2 ", ed. Michael Shur, Sergey Rumyantsev, and Michael Levinshtein, World Scientific, Singapore (2007).

[28] P. G. Neudeck, W. Huang, and M. Dudley, " Breakdown degradation associated with elementary screw dislocations in 4H-SiC p(+)n junction rectifiers," Solid-State Electronics **42** (12), 2157–2164 (1998).

[29] C. R. Eddy and D. K. Gaskill, "Silicon Carbide as a Platform for Power Electronics," Science **324** (5933), 1398–1400 (2009).

[30] K. K. Lew, B. L. VanMil, R. L. Myers-Ward et al. , in *Silicon Carbide and Related Materials 2006*, edited by N. Wright, C. M. Johnson, K. Vassilevski et al. Materials Science Forum (2007), Vol. 556 – 557, pp. 513–516.

[31] B. L. VanMil, K. K. Lew, R. L. Myers-Ward et al. , "Etch rates near hot-wall CVD growth temperature for Si-face 4H-SiC using H-2 and C3H8," Journal of Crystal Growth **311** (2), 238–243 (2009).

[32] B. L. VanMil, R. L. Myers-Ward, J. L. Tedesco et al. , in *Silicon Carbide and Related Materials 2008*, edited by A. PerezTomas, P. Godignon, M. Vellvehi et al. Materials Science Forum (2009), Vol. 615 – 617, pp. 211–214.

[33] A. Mattausch and O. Pankratov, "Ab initio study of graphene on SiC," Physical Review Letters **99** (7), 076802 (2007).

[34] F. Varchon, R. Feng, J. Hass et al. , "Electronic structure of epitaxial graphene layers on SiC: Effect of the substrate," Physical Review Letters **99** (12), 126805 (2007).

[35] L. Magaud, F. Hiebel, F. Varchon et al. , "Graphene on the C-terminated SiC (0001) surface: An ab initio study," Physical Review B **79** (16) (2009).

[36] Shu Xu Thushari Jayasekera, K. W. Kim, and M. Buongiorno Nardelli, " Electronic properties of the Graphene/6H-SiC(000-1) interface: a first principles study," Physical Review B **84**, 035442 (2011).

[37] A. J. Van Bommel, J. E. Crombeen, and A. Van Tooren, " LEED and Auger-Electron Observations of SiC (0001) Surface," Surface Science **48**, 463–472 (1975).

[38] X. S. Wu, Y. K. Hu, M. Ruan et al. , "Half integer quantum Hall effect in high mobility single layer epitaxial graphene," Applied Physics Letters **95** (22), 223108 (2009).

[39] M. L. Sadowski, G. Martinez, M. Potemski et al. , "Landau level spectroscopy of ultrathin graphite layers," Physical Review Letters **97** (26), 266405 (2006).

[40] S. K. Lilov, "Thermodynamic analysis of the gas-phase at the dissociative evaporation of silicon-carbide," Crystal Research and Technology **28** (4), 503–510 (1993).

[41] Private communication G. G. Jernigan, 2009.

[42] T. Seyller, K. V. Emtsev, K. Gao et al. , "Structural and electronic properties of graphite layers grown on SiC (0001)," Surface Science **600** (18), 3906–3911 (2006).

[43] W. A. de Heer, C. Berger, X. S. Wu et al. , "Epitaxial graphene," Solid State Communications **143** (1–2), 92–100 (2007).

[44] C. Riedl, U. Starke, J. Bernhardt et al. , "Structural properties of the graphene-SiC(0001) interface as a key for the preparation of homogeneous large-terrace graphene surfaces," Physical Review B **76** (24), 245406 (2007).

[45] G. Gu, S. Nie, R. M. Feenstra et al. , " Field effect in epitaxial graphene on a silicon carbide substrate," Applied Physics Letters **90** (25), 253507 (2007).

[46] G. G. Jernigan, B. L. VanMil, J. L. Tedesco et al. , "Comparison of Epitaxial Graphene on Si-face and C-face 4H SiC Formed by Ultrahigh Vacuum and RF Furnace Production," Nano Letters **9** (7), 2605–2609

（2009）.

［47］ V. W. Brar, Y. Zhang, Y. Yayon et al. , "Scanning tunneling spectroscopy of inhomogeneous electronic structure in monolayer and bilayer graphene on SiC," Applied Physics Letters **91**（12）,122102（2007）.

［48］ P. Mallet, F. Varchon, C. Naud et al. , "Electron states of mono- and bilayer graphene on SiC probed by scanning-tunneling microscopy," Physical Review B **76**（4）,041403（2007）.

［49］ K. V. Emtsev, F. Speck, T. Seyller et al. , "Interaction, growth, and ordering of epitaxial graphene on SiC ｛0001｝ surfaces: A comparative photoelectron spectroscopy study," Physical Review B **77**（15）,155303 （2008）.

［50］ D. Graf, F. Molitor, K. Ensslin et al. , "Raman imaging of graphene," Solid State Communications **143** （1-2）,44-46（2007）.

［51］ T. Ohta, A. Bostwick, J. L. McChesney et al. , "Interlayer interaction and electronic screening in multilayer graphene investigated with angle-resolved photoemission spectroscopy," Physical Review Letters **98**（20）, 206802（2007）.

［52］ A. Bostwick, T. Ohta, J. L. McChesney et al. , "Symmetry breaking in few layer grapheme films," New Journal of Physics **9**,385（2007）.

［53］ J. Hass, J. E. Millan-Otoya, P. N. First et al. , "Interface structure of epitaxial graphene grown on 4H-SiC （0001）," Physical Review B **78**（20）,205424（2008）.

［54］ G. M. Rutter, N. P. Guisinger, J. N. Crain et al. , "Imaging the interface of epitaxial grapheme with silicon carbide via scanning tunneling microscopy," Physical Review B **76**（23）,235416（2007）.

［55］ E. Rollings, G. H. Gweon, S. Y. Zhou et al. , "Synthesis and characterization of atomically thin graphite films on a silicon carbide substrate," Journal of Physics and Chemistry of Solids **67**（9-10）,2172-2177 （2006）.

［56］ J. Kedzierski, P. L. Hsu, P. Healey et al. , "Epitaxial graphene transistors on SiC substrates," IEEE Transactions on Electron Devices **55**（8）,2078-2085（2008）.

［57］ M. Kusunoki, T. Suzuki, T. Hirayama et al. , "A formation mechanism of carbon nanotube films on SiC （0001）," Applied Physics Letters **77**（4）,531-533（2000）.

［58］ A. J. Strudwick, G. L. Creeth, J. T. Sadowski, and C. H. Marrows, "Surface morphology and transport studies of epitaxial graphene on SiC（000$\bar{1}$），" Physical Review B **43**,195440（2010）.

［59］ U. Starke, in *Recent Major Advances in SiC*, edited by H. Matsunami W. Choyke, and G. Pensl（Springer Scientific,2003）,p. 281.

［60］ W. Strupinski, R. Bozek, J. Borysiuk et al. , in *Silicon Carbide and Related Materials 2008*, edited by A. PerezTomas, P. Godignon, M. Vellvehi et al.（2009）, Vol. 615-617, pp. 199-202.

［61］ M. L. Bolen, S. E. Harrison, L. B. Biedermann et al. , "Graphene formation mechanisms on 4H-SiC （0001）," Physical Review B **80**（11）,115433（2009）.

［62］ J. Borysiuk, R. Bozek, W. Strupinski et al. , "Transmission electron microscopy and scanning tunneling microscopy investigations of graphene on 4H-SiC（0001）," Journal of Applied Physics **105**（2）,023503 （2009）.

［63］ J. Borysiuk, W. Strupinski, R. Bozek et al. , in *Silicon Carbide and Related Materials 2008*, edited by A. Pérez-Tomás, P. Godignon, M. Vellvehi et al.（2009）, Vol. 615-617, pp. 207-210.

［64］ W. Norimatsu and M. Kusunoki, "Transitional structures of the interface between grapheme and 6H-SiC （0001）," Chemical Physics Letters **468**（1-3）,52-56（2009）.

［65］ T. Shen, J. J. Gu, M. Xu et al. , "Observation of quantum-Hall effect in gated epitaxial graphene grown on SiC（0001）," Applied Physics Letters **95**（17）,172105（2009）.

[66] J. L. Tedesco, B. L. VanMil, R. L. Myers-Ward et al. ,"Hall effect mobility of epitaxial graphene grown on silicon carbide," Applied Physics Letters **95** (12),122102 (2009).

[67] J. S. Moon, D. Curtis, M. Hu et al. ,"Epitaxial-Graphene RF Field-Effect Transistors on Si-Face 6H-SiC Substrates," IEEE Electron Device Letters **30** (6),650-652 (2009).

[68] M. K. Yakes, D. Gunlycke, J. L. Tedesco et al. ,"Conductance Anisotropy in Epitaxial Graphene Sheets Generated by Substrate Interactions," Nano Letters **10** (5),1559-1562 (2010).

[69] S. Shivaraman, M. V. S. Chandrashekhar, J. J. Boeckl et al. ,"Thickness Estimation of Epitaxial Graphene on SiC Using Attenuation of Substrate Raman Intensity," Journal of Electronic Materials **38** (6),725-730 (2009).

[70] L. B. Biedermann, M. L. Bolen, M. A. Capano et al. ,"Insights into few-layer epitaxial graphene growth on 4H-SiC(0001)over-bar substrates from STM studies," Physical Review B **79** (12),125411 (2009).

[71] G. Prakash, M. A. Capano, M. L. Bolen et al. ,"AFM study of ridges in few-layer epitaxial graphene grown on the carbon-face of 4 H-SiC(000 1)," Carbon **48** (9),2383-2393 (2010).

[72] G. Prakash, M. L. Bolen, R. Colby et al. ,"Nanomanipulation of ridges in few-layer epitaxial graphene grown on the carbon face of 4H-SiC," New Journal of Physics **12**,125009 (2010).

[73] J. Hass, F. Varchon, J. E. Millan-Otoya et al. ,"Why multilayer graphene on 4H-SiC (000$\overline{1}$) behaves like a single sheet of graphene," Physical Review Letters **100** (12),125504 (2010).

[74] Luxmi, N. Srivastava, G. He et al. ,"Comparison of graphene formation on C-face and Si-face SiC {0001} surfaces," Physical Review B **82** (23),235406 (2010).

[75] D. L. Miller, K. D. Kubista, G. M. Rutter et al. , "Observing the Quantization of Zero Mass Carriers in Graphene," Science **324** (5929),924-927 (2009).

[76] M. Sprinkle, D. Siegel, Y. Hu et al. ,"First Direct Observation of a Nearly Ideal Graphene Band Structure," Physical Review Letters **103** (22),226803 (2009).

[77] J. Hass, R. Feng, J. E. Millan-Otoya et al. ,"Structural properties of the multilayer graphene/4H-SiC(000$\overline{1}$) system as determined by surface x-ray diffraction," Physical Review B **75** (21),214109 (2010).

[78] C. Berger, Z. M. Song, X. B. Li et al. , "Electronic confinement and coherence in patterned epitaxial graphene," Science **312** (5777),1191-1196 (2006).

[79] J. H. Chen, C. Jang, S. D. Xiao et al. ,"Intrinsic and extrinsic performance limits of grapheme devices on SiO$_2$," Nature Nanotechnology **3** (4),206-209 (2008).

[80] K. I. Bolotin, K. J. Sikes, Z. Jiang et al. ,"Ultrahigh electron mobility in suspended graphene," Solid State Communications **146** (9-10),351-355 (2008).

[81] M. L. Sadowski, G. Martinez, M. Potemski et al. ,"Magnetospectroscopy of epitaxial few-layer graphene," Solid State Communications **143** (1-2),123-125 (2007).

[82] C. Berger, Z. M. Song, X. B. Li et al. ,"Magnetotransport in high mobility epitaxial graphene," Physica Status Solidi a-Applications and Materials Science **204** (6),1746-1750 (2007).

[83] D. Sun, C. Divin, C. Berger et al. ,"Spectroscopic Measurement of Interlayer Screening in Multilayer Epitaxial Graphene," Physical Review Letters **104** (13),136802 (2010).

[84] M. Orlita, C. Faugeras, P. Plochocka et al. ,"Approaching the Dirac Point in High-Mobility Multilayer Epitaxial Graphene," Physical Review Letters **101** (26),267101 (2008).

[85] I. Langmuir, " Convection and conduction of heat in gases," Physical Review 34 (6) (1912); G. R. Fonda,"Evaporation of tungsten under various pressures of argon," Physical Review **31** (2),260-266 (1928).

[86] J. L. Tedesco, B. L. VanMil, R. L. Myers-Ward et al. , in *Graphene and Emerging Materials for Post-Cmos*

Applications, edited by Y. Obeng, S. DeGendt, P. Srinivasan et al. (2009), Vol. 19, pp. 137-150.

[87] C. Virojanadara, M. Syvajarvi, R. Yakimova et al. , "Homogeneous large-area graphene layer growth on 6H-SiC(0001)," Physical Review B **78** (24), 245403 (2008).

[88] C. Virojanadara, R. Yakimova, J. R. Osiecki et al. , "Substrate orientation: A way towards higher quality monolayer graphene growth on 6H-SiC(0001)," Surface Science **603** (15), L87-L90 (2009).

[89] J. Jobst, D. Waldmann, F. Speck et al. , "Quantum oscillations and quantum Hall effect in epitaxial graphene," Physical Review B **81** (19), 195434 (2010).

[90] A. Tzalenchuk, S. Lara-Avila, A. Kalaboukhov et al. , "Towards a quantum resistance standard based on epitaxial graphene," Nature Nanotechnology **5** (3), 186-189 (2010).

[91] W. Pan, S. W. Howell, A. J. Ross et al. , "Observation of the integer quantum Hall effect in high quality, uniform wafer-scale epitaxial graphene films," Applied Physics Letters **97** (25), 252101 (2010).

[92] T. Filleter, K. V. Emtsev, T. Seyller et al. , "Local work function measurements of epitaxial graphene," Applied Physics Letters **13**, 133117 (2008).

[93] J. S. Moon, D. Curtis, S. Bui et al. , "Top-Gated Epitaxial Graphene FETs on Si-Face SiC Wafers With a Peak Transconductance of 600 mS/mm," IEEE Electron Device Letters **31** (4), 260-262 (2010).

[94] Damon B. Farmer Yu-Ming Lin, Keith A. Jenkins, Joseph L. Tedesco, Rachael L. Myers-Ward, Charles R. Eddy, Jr. , D. Kurt Gaskill, Yanqing Wu, Phaedon Avouris, and Christos Dimitrakopoulos, "Enhanced Performance in Epitaxial Graphene FETs with Optimized Channel Morphology," Applied Physics Letters *submitted* (2011).

[95] J. S. Moon, D. Curtis, D. Zehnder et al. , "Low-Phase-Noise Graphene FETs in Ambipolar RF Applications," IEEE Electron Device Letters **32** (3), 270-272 (2011).

[96] J. L. Tedesco, G. G. Jernigan, J. C. Culbertson et al. , "Morphology characterization of argon-mediated epitaxial graphene on C-face SiC," Applied Physics Letters **96** (22), 222103 (2010).

[97] J. K. Hite, M. E. Twigg, J. L. Tedesco et al. , "Epitaxial Graphene Nucleation on C-Face Silicon Carbide," Nano Letters **11** (3), 1190-1194 (2011).

[98] J. Borysiuk, R. Bozek, K. Grodecki et al. , "Transmission electron microscopy investigations of epitaxial graphene on C-terminated 4H-SiC," Journal of Applied Physics **108** (1), 013518 (2010).

[99] J. Borysiuk, J. Soltys, and J. Piechota, "Stacking sequence dependence of graphene layers on SiC (000$\bar{1}$)- Experimental and theoretical investigation," Journal of Applied Physics **109** (9), 093523 (2011).

[100] Y. M. Lin, C. Dimitrakopoulos, D. B. Farmer et al. , "Multicarrier transport in epitaxial multilayer graphene," Applied Physics Letters **97** (11), 112107 (2010).

[101] M. Orlita, C. Faugeras, J. Borysiuk et al. , "Magneto-optics of bilayer inclusions in multilayered epitaxial graphene on the carbon face of SiC," Physical Review B **83** (12), 125302 (2011).

第7章

利用化学气相沉积法生长石墨烯

Alfonso Reina，Jing Kong

我们在本章中将讨论利用化学气相沉积法生长石墨烯。化学气相沉积法广泛应用于涉及各种薄膜材料沉积的微电子行业,沉积是由气相前体产生,吸附在靶材表面形成一种特殊材料的浓缩相。化学气相沉积法生长石墨烯引起关注是因为其技术的可扩展性以及低成本。

7.1 引　　言

碳材料的化学气相沉积是基于碳氢化合物在不同材料表面的热分解沉积[1-3],石墨的生长就是利用了像甲烷、乙烯以及乙炔这类碳氢化合物的热分解。过渡金属广泛应用于这些过程中,这是由于过渡金属能够催化这些碳氢化合物的脱氢并可以在它们的表面产生高质量的石墨晶体[1]。碳纳米管也主要生长在过渡金属纳米颗粒上。化学气相沉积的方法可以使单层石墨烯生长在过渡金属上,这种方法从20世纪50年代就广为人知[1]。由于大部分工作都涉及过渡金属,本章将专注于以这些材料为衬底的石墨烯的生长。

在过渡金属衬底上的石墨烯生长机制大致可以分为两类。

(1) 利用碳在表面的偏析进行石墨烯生长:此处石墨烯的生长过程是从碳原子扩散到过渡金属的自由表面开始的,这些碳原子都是通过包括化学气相沉积法在内的各种方法被引入到这些金属块上的(见7.2节)。

(2) 利用碳氢化合物表面分解进行石墨烯生长:在该机制中,石墨烯直接生长在金属表面上,而且用于生长的碳原子是由碳氢化合物分解得到的(见7.3节)。

必须强调的是,早在20世纪下半叶,单层石墨碳就已经通过这些方法合成出来了。最近,石墨烯的各种应用触发了更多关于生长石墨烯的化学气相沉积法的研究。目前的研究通过使用现成可用的基质使过程变得简单,这里的基质包括通过电子束蒸发沉积或者溅射得到的金属薄膜以及多晶金属箔。并且化学气相沉积法在常压下就可以生长石墨烯,这就使生产过程进一步简化。目前还可以将石墨烯(化学气相沉积法生长)从金属上分离出来,转移到其他基质上(见7.4节)。

迄今的实验提供了一些生长机制的信息,同时也指出影响石墨烯质量的关键参数。这些参数包括基质性质,如金属种类、碳溶解度以及结构质量。化学气相沉积过程中的参数也很关键,如温度、碳氢化合物浓度、压力和冷却速率。这些参数将在7.5节中讨论。7.6节将探讨直接生长在非催化基质上的石墨烯,7.7节将讨论利用无衬底的化学气相沉积法生长石墨烯材料。

7.2 碳偏析生长石墨烯

在固相中,碳杂质偏析到金属的界面或者自由表面的现象早在20世纪60年代就被观察到,这种分离是由材料中碳杂质的过饱和引起的。假设在理想状态下,过渡金属中的碳溶解度可以表示为

$$\ln X_C = \frac{\Delta G}{kT} \tag{7.1}$$

式中:X_C 为碳浓度;T 为系统温度;k 为玻尔兹曼常数;ΔG 为纯溶剂以及稀释碳杂质溶剂的化学势差值。

根据热力学平衡定律,这个关系式定义了给定温度下第二相产生前的最大碳含量(图7.1)。碳稀释在过渡金属中,过饱和现象导致了碳偏析以及石墨相的成核。

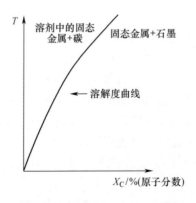

图 7.1 典型的过渡金属中碳浓度曲线图,碳浓度 X_C 遵循式(7.1)

20 世纪上半叶,净化天然石墨薄片是获得单晶石墨的一种常用方法[4]。后来人们发现在炼钢时在钢冷却过程中也会出现石墨(凝析石墨),这就可以由钢里面高浓度的碳杂质通过冷却沉淀成高度结晶的石墨现象来解释。在 20 世纪 60 年代,生产石墨晶体得到进一步发展[4-6]。这些过程依赖于含有碳杂质(溶质)的过渡金属熔化(溶剂)的形成。碳溶质通过石墨坩埚产生,因为在高温条件下石墨坩埚会熔化。冷却形成的过饱和[4]或者熔化物本身温度梯度的产生[6]导致了熔化物表面的碳偏析以及最终石墨的形成。

目前,碳偏析已被应用于制造各种衬底上的石墨,Sutter[7]利用碳在钌(Ru)中的溶解度对温度的依赖来生长单层石墨烯(SLG)以及双层石墨烯(BLG)。在特定高压条件下,石墨烯在 Ru(0001)表面外延生长。在这个过程中,碳在 Ru(0001)表面蒸发。在 1150℃条件下,碳吸附在 Ru 块上,然后把样品慢慢冷却到 850℃,以此来促进单层石墨烯(SLG)以及双层石墨烯(BLG)的形成。通过原位电镜以及低能电子衍射(LEED)可以观察到在碳偏析之后 200μm 大小的 SLG 和 BLG 生长区。值得注意的是,这些块状样品沿着 Ru 表面台阶持续生长,这就意味着每一个块状样品都是一个单晶。石墨烯从一个台阶滑移到下一个更低的台阶不断沿表面生长,这些块状样品只能沿着这个方向扩展(图 7.2)。Sutter 等同样也总结出沿着衬底表面生长的第一层石墨烯紧紧吸附在 Ru 表面,从而失去了导电性。只能在 Ru 表面生长的第二层石墨烯中观察到电导。

多晶金属薄膜也可以通过碳偏析利用常压化学气相沉积(atmospheric pressure CVD, APCVD)制造石墨烯薄膜[8-13]。使用金属薄膜(200~500nm)是占优势的,因为这些材料是现成的,同时它们的成本也低于单晶衬底。薄膜的使用也促进了石墨烯转移到非特异性衬底。

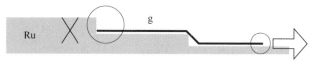

图 7.2　石墨烯在晶体状的 Ru 上的生长机制,
石墨烯沿着晶体台阶下坡方向延伸(引自文献[7])

薄膜沉积通过电子束蒸发或者借助 100nm 厚的 SiO₂ 在被氧化的 Si 衬底上溅射(图 7.3)。通常利用碳偏析机制的 CVD 法生长石墨烯涉及 3 个阶段(图 7.4)。

(1)金属薄膜的退火。这里,催化薄膜在 900~1000℃温度范围内进行退火处理,以促进其再生结晶。增加粒子尺寸有助于避免无定形碳或者多层石墨额外成核现象的产生。此外,薄膜经过退火处理后,在一些金属情况下,很可能引起一个优先选择的薄膜纹理的出现(如沿着 fcc 金属(111)晶面)。例如,沿着 Ni(111)晶面生长,这是由于镍晶格与石墨烯相匹配,这种情况是我们所期望

图 7.3　沉积在 SiO_2-Si 衬底上的金属薄膜剖视图

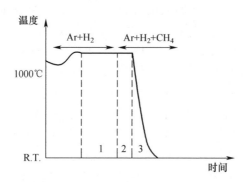

图 7.4　APCVD 生长少层石墨烯(few-layer graphene,FLG)的过程中温度随时间的变化图

1—镍薄膜的退火;2—暴露在甲烷环境中,碳原子出现在金属
表面或扩散到块状样品中形成金属-碳固溶体;3—样品冷却。

的。退火处理通常在 Ar 和 H_2 的气体混合物环境下进行。

(2)暴露在 CH_4 环境中。经过退火处理后,表面被暴露在稀释的甲烷气体中。这种碳氢化合物气体也可以加入 Ar 和 H_2 的混合物。在此进程中,温度可以和退火过程中的温度相同也可以不同。可以预测到金属表面上的 CH_4 被催化分解产生碳原子。在过渡金属作用下,CH_4 的分解已被广泛研究[14]。下面的反应式可以用来描述分解过程:

$$CH_4 \longleftrightarrow 2H_2(g) + C(s) \qquad (7.2)$$

然而,这个分解过程也可能包括一些中间过程,产生乙烯(C_2H_4)和乙炔(C_2H_2)等其他碳氢化合物[2]。

由于这个过程发生在 900~1000℃ 的环境中,我们可以预测在这个温度环境下,C 会扩散到具有高碳溶解度的金属薄膜中,如 Ni(浓度为 1%)。

(3)金属薄膜的冷却。样品的冷却促进了薄膜内部的碳偏析。表面碳偏析促成了单层石墨烯(SLG)和几层石墨烯(FLG)的生长。冷却速率通常设在 4~100℃/min[9,15]。

图 7.5 比较了退火后的纯净 Ni 薄膜,描述了 3 个进程处理后的 Ni 薄膜以及转移到 SiO_2-Si 衬底上的石墨烯薄膜。图 7.5(b)中的暗色图像表明了 FLG 以及石墨的沉积。它们的成核分布取决于初始薄膜的晶粒尺寸[16]。清晰区域包括 SLG 或 BLG,并且这些趋向于偏离 Ni 薄膜的晶界。一旦石墨烯薄膜被 Ni

孤立并且转移到 SiO_2-Si 衬底上,它们就能通过光学检测。在后面的章节中,将讨论到这个效应,讨论得出:受 Ni 晶粒尺寸的控制,这个效应可能改变石墨烯的生长形态以及光学性质。

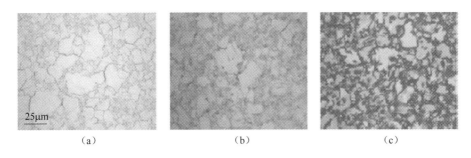

图 7.5　Ni 上的少层石墨烯。(a)退火处理过的干净 Ni 薄膜的光学图像;
(b)石墨烯生长后的 Ni 薄膜的光学图像;(c)转移到 SiO_2-Si 衬底上的少层石墨烯

在本节中,石墨烯的生长是通过碳原子从金属块的衬底偏析到金属表面的。利用 CVD 法,金属表面碳氢化合物分解,使碳原子引入到金属块上。在 7.3 节,我们将集中讨论一个不同的生长机制——石墨烯直接在金属表面上生长,不需要从金属块上分离碳杂质。

7.3　碳氢化物表面分解生长石墨烯

在 20 世纪 60 年代早期,从金属表面分离碳原子的探索与含碳气体热分解的使用同步进行[3,17-18]。起初,热分解过程是在非金属衬底上进行的,如陶瓷。Banerjee 等已经意识到:选择不同的衬底,碳的形成速率以及石墨薄膜形成的结构是不同的[17]。之后,对于碳偏析过程,镍以及其他过渡金属的使用被推广,这是由于它们的脱氢能力而不是它们的高碳溶解度。事实上,在早期实验中 Ni 衬底上生长的石墨到底是由碳氢化合物分解的碳直接形成的,还是碳溶解在金属块中然后沉淀形成的,这个问题的答案还不是很明确[2]。Presland 等最先认为前者的可能性更大,因为冷却金属箔只有几秒钟,在冷却过程中不可能形成高度结晶的石墨。在 20 世纪 70 年代,有学者意识到热解过程也会涉及溶解-沉淀机制[19-20]。当 Ni 衬底上的碳偏析时,这个机制就会发生,Derbyshire 等给出了很好的解释[19-20]。

不用溶解-沉淀,利用 CVD 法直接沉积石墨可以通过以下方法完成:①使用较低的 CVD 操作温度;②在原有的操作温度下,使用几乎不可溶解碳的金属衬底。降低温度可以抑制碳扩散到金属块中,同时也可以降低碳在使用金属中的溶解度。大部分关于利用 CVD 法生长石墨的研究都不能肯定石墨生长到底是由直接沉积引起的还是由溶解-沉积机制引起的[21-23]。这两种机制中的分化促进了更多的工作,旨在降低 CVD 过程中的温度[24]以及生长更薄的石墨薄膜[22]。

利用 CVD 法在 Ni(111)上生长 SLG 可能用到了相对较低的温度(500~600℃)、特高压条件以及碳氢化合物,如乙烯和丙烯[25-27]。Ni(111)表面覆盖单层是通过暴露在几个 Langmuir①下的碳氢化合物中获得的[25-27]。有研究表明,SLG 的生长过程是自我抑制的。这个现象可以由以下事实解释:一旦 Ni(111)表面覆盖了单层石墨,其表面催化活性可以忽略不计。操作过程中,在碳氢化合物的分压下,催化活性的降低将使其不能产生足够的碳来维持石墨的进一步生长。

随着近几年对石墨烯的兴趣的不断增加,关于利用 CVD 法生长石墨烯的研究更加具体地集中于石墨烯生长是直接沉积还是碳偏析的问题上。Loginova 等特意用低温(500~700℃)来避免在 Ru(0001)表面上碳原子在蒸发过程中扩散到衬底中[28]。相反,Sutter 等利用高温(850~1150℃)促进 SLG 以及 BLG 生长过程中的碳溶解和碳偏析[7]。这两种例子代表着利用不同温度范围选择石墨烯生长的机制。降低 CVD 过程中的温度可以使碳溶解度降低(式 7.1),因此促进了通过金属表面碳直接沉积的石墨烯生长。在 CVD 过程中原有的温度环境下,通过使用低碳溶解度的金属,我们也可以得到同样的结果。

在没有碳溶解的情况下,石墨烯生长可以使用 Cu,这是因为 Cu 在高温条件下其碳溶解度可以忽略不计[29]。在这些温度环境下,其他金属如 Ni 还有 Ru 都在其块状中显示出重要的碳扩散以及溶解度(1%),这就意味着 Cu 表面生长石墨烯也是自我抑制的,这是由于表面被石墨烯覆盖之后碳氢化合物分解能力降低。Li 等研究了在 Ni 和 Cu 表面生长石墨烯机制的不同点。结果发现,当温度升高到接近 1000℃时,Ni 表面石墨烯薄膜生长是通过金属块中碳偏析形成的,然而在 Cu 表面生长所需的碳来源于吸附在 Cu 表面上的碳原子(图 7.6)。这可以通过 CVD 过程中^{12}C 以及^{13}C 标识的甲烷的转换看出来。石墨烯碳同位素的空间分布可以通过石墨烯表面的拉曼 G 带频率分布来获得。不同同位素的 G 带频率,因为其质量的不同,也是不一样的[30]。如果石墨烯是按溶解-沉淀模式生长的,那么金属块中会出现不同碳同位素的混合且形成的石墨烯薄膜也会由随机分布的碳同位素组成。然而,如果石墨烯薄膜生长时没出现碳同位素溶解,石墨烯薄膜上碳同位素的空间分布应该也会显示这两种甲烷气体的转换。在石墨烯生长过程中,Ni 中会出现碳溶解(图 7.7),而 Cu 中不会出现(图 7.8)。

---

① Langmuir(朗谬尔)暴露量单位,1La = 10^6Torr·s。

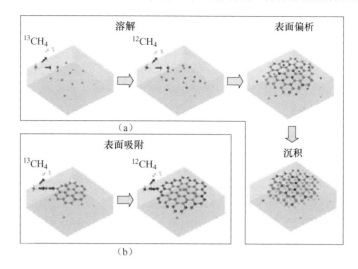

图 7.6 石墨生长机制。在 Cu 和 Ni 衬底上生长石墨的区别。
在 Cu 衬底上生长石墨是利用 CVD 法直接沉积；在 Ni 衬底上，
石墨生长是先通过金属块溶解碳,然后沉淀(引自文献[30])

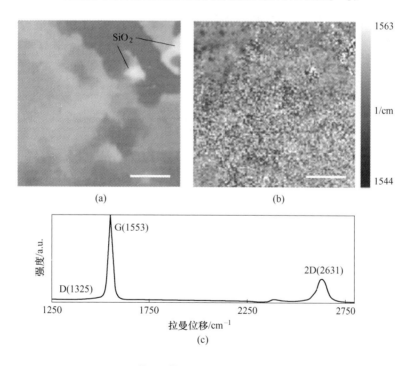

图 7.7 在 Ni 上生长的石墨烯中^{12}C 和^{13}C 的分布。(a)以 Ni 为衬底生长的石墨烯薄膜表面的
光学图像;(b)在图(a)表面区域中的 G 带频率图,G 带频率在图中区域均匀分布,这就意味着碳
同位素在石墨烯薄膜表面均匀分布;(c)图(a)区域的拉曼谱(引自文献[30]© 2009 美国化学学会)

7.4 石墨烯的转移

对于大部分应用来说,将生长完成的石墨烯进行转移是必要的,通常是从金属衬底上转移到介质上。在本节中,我们将解释这个转移过程,主要以石墨烯作为电子器件的功能材料为例。

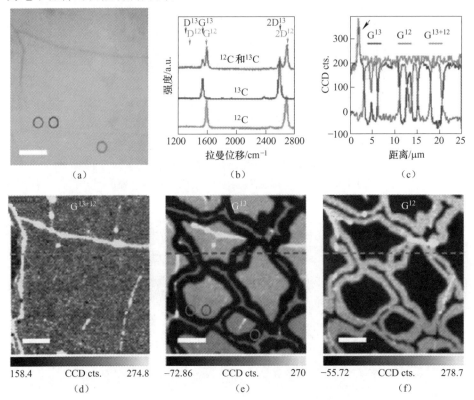

（a）　　　　　　　　（b）　　　　　　　　（c）

158.4　CCD cts.　274.8　　　−72.86　CCD cts.　270　　　−55.72　CCD cts.　278.7

（d）　　　　　　　　（e）　　　　　　　　（f）

图 7.8　在 Cu 上生长的石墨烯表面^{12}C 和^{13}C 的分布。(a)Cu 上石墨烯表面的光学图像;(b)石墨烯中^{13}C(中间曲线)、^{12}C(下曲线)以及^{12}C 和^{13}C 结合部(上曲线)的拉曼光谱;(c)根据^{13}C(G^{13} = 1500 ~ 1560cm^{-1})、^{12}C(G^{12} = 1560 ~ 1620cm^{-1})以及两种都存在情况(G^{13+12} = 1500 ~ 1620cm^{-1})得出的 G 带信号的拉曼强度在图(e)、(f)和(d)中虚线上的分布。图(a)圆圈标记的表面区域中(d)G^{13+12}、(e)G^{13}以及(f)G^{12}的综合强度图(引自文献[30] © 2009 美国化学学会)

从基质上分离生长出的石墨烯薄膜取决于金属薄膜或基质的化学刻蚀。这主要利用湿法刻蚀处理,并且具体的操作过程也有很多的变化。图 7.9 展示了一个用于覆盖 SiO$_2$/Si 的薄层金属膜的例子。在刻蚀薄膜之前,一个支撑层被用来黏附石墨烯。使用支撑层的目的是为石墨烯薄膜提供一个力学上的支撑,同时在刻蚀金属薄膜之后能够进行处理。这个支撑层要求在石墨烯薄膜转移到另外的衬底后能够被移除。通常这个支撑层为聚甲基丙烯酸甲酯(poly methyl methacrylate,PMMA),它也被用于不同衬底之间其他类似的,如碳纳米管的转移[31]。PMMA 作为电子束光刻胶光刻技术,很容易溶解于丙酮中。PMMA 支撑层通过旋涂聚合物溶液的方法覆盖在石墨烯表面。这种溶液在石墨烯表面形成一个厚度约 1.5μm 的薄膜。PMMA 薄膜样品经过烘烤蒸发出其溶液中的溶剂。这个过程有利于加固 PMMA 支撑层,增强其力学稳定性。

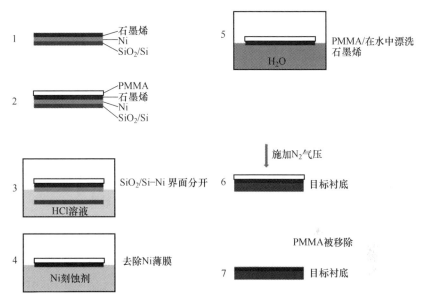

图 7.9 Ni 上生长 FLG 薄膜的分离和转移到其他衬底的步骤

支撑层沉积之后,金属薄膜在金属-SiO₂ 界面处从 SiO₂/Si 衬底上分离出来。这个过程是通过把衬底放到盐酸溶液(HCl)中。当样品悬浮在酸性-空气界面中,这个溶液会刻蚀 SiO₂ 上的金属,这样金属-石墨烯-PMMA 堆叠就从 SiO₂/Si 衬底上脱落下来。从样品被放到盐酸溶液表面开始,这个过程基本上会在 5min 之内完成。在这之后,脱落的堆叠物会被转移到水中,并漂洗所有 HCl 残渣,金属-石墨烯-PMMA 薄膜放在一种包含硝酸(HNO₃)的商业金属刻蚀剂上。这时,堆叠的金属侧直接接触刻蚀剂,从而使刻蚀率达到最大化。在刻蚀完金属薄膜之后,将石墨烯-PMMA 膜悬浮在去离子水中,并冲洗所有残渣,然后用常规镊子将薄膜放置在目标衬底上面(石墨烯侧接触表面)。要让石墨烯黏附到新表面并与其共形,需要在薄膜表面(PMMA 侧)沿垂直方向施加 N₂ 气压。在之前步骤中,遗留在石墨烯和衬底之间的水将被挤压到薄膜边缘,最终流出去并被吹干。这个过程持续 1min 后,石墨烯会黏附在目标衬底上,并固定石墨烯-PMMA 在衬底上。最后利用丙酮蒸汽或较高温度(450℃)的 Ar 和 H$_2$ 混合气体将 PMMA 薄膜移除。

石墨烯薄膜也可以通过用目标衬底替换支撑层来直接转移。这可能会使用加工处理过的聚二甲氧基硅烷(poly dimethoxy silane,PDMS)图章,并且将它们放在覆盖石墨烯的金属表面上[8]。由于 PDMS 具有黏性,PDMS、石墨烯以及金属一直黏在一起。然后这个堆积物被放到一个刻蚀剂的表面,刻蚀去除金属,使石墨烯停留在 PDMS 材料上。随后,石墨烯器件可以直接使用。还有一种选择,PDMS 作为图章可以把石墨烯安置到另一种衬底上。具有能够把石墨烯放到一个有柔韧性的衬底上的这种功能,如 PDMS 材料,可以用来测量石墨烯在弯曲以及施压的情况下的传导性。在这些衬底上石墨烯的弯曲实验显示,在 2.5mm 的弯曲半径(6.5%的拉伸应变)下电阻几乎没有改变,这在解除弯曲后是可逆的。经过 0.8mm 的弯曲半径(18.6%的拉伸应变)处理后,最初的电阻也能恢复。对 PDMS 材料进行单轴拉伸,结果显示,电阻改变了一个量级左右后,过程也是可逆的。然而,6%左右的单轴拉伸就会出现机械断裂。通过把石墨烯电极转移到已提前拉伸过的 PDMS 材料中,很有可能会增强它们的力学性能。这会使石墨烯薄膜上出现皱褶,在拉伸过程中有助于其稳固。经过这些处理后,电阻在 11%的单轴拉伸范围内稳定,且在 25%的单轴拉伸下改变一个量级。

这些电动机械性质显示,在目前测量出的透明导电材料中,石墨烯薄膜不仅是最强的,也是最易弯曲以及最易拉伸的[8]。石墨烯转移的可伸缩性允许在一些应用中使用 CVD 石墨烯。采用卷对卷工序,在透明电极应用中,转移石墨烯的可伸缩性已经通过 30 英寸石墨烯薄膜的成功转移得以证明[32]。经过低压CVD 处理可以将石墨烯生长在一个铜箔上。将导热胶和铜箔叠放一起通过两个滚轴之间,同时施加一个 0.2MPa 的低压,使热胶覆盖在石墨烯上。在这之后,将铜箔暴露在 0.1mol/L 的过硫酸铵水溶液中进行刻蚀,这个过程也可以利用滚轴实现。最后通过把目标衬底以及石墨烯/热胶薄膜放到两个滚轴之间,将石墨烯转移到目标衬底上。这是通过温和的加热(90~120℃)使导热胶从石墨烯上分离,并让石墨烯附在目标表面上。这个过程可将转移比例做到150~200mm/min,以石墨烯作为透明电极被应用到触摸屏的生产中。

这些转移过程经过改进可以适应各种应用。自由转移过程可以被应用到在 SiO$_2$/Si 衬底上制作以石墨烯为基础的大尺度 FET。图 7.10 展示了可以在以 SiO$_2$/Si 为衬底的金属薄膜上生长石墨烯以及利用金属薄膜构建电极。这个制造过程涉及在石墨烯表面旋涂光刻胶,并刻画器件结构,如连接两个电极的器件通道(石墨烯带)。未受保护的石墨烯通过氧气等离子体移除。关键的是未受保护的金属经过湿处理进行刻蚀。由于横向刻蚀,通道区域下的金属也会被刻蚀,因此生产出的石墨烯通道贴在 SiO$_2$/Si 衬底表面。在去除残留的光刻胶之后,最终形成一个包括构成石墨烯通道和两个金属电极在内的完整 FET 器件。利用 Cu/Ni 合金薄膜,这个过程得以实现[33]。这个过程使制作尺寸为 0.5mm 的通道器件的失败率小于 5%。器件也显示出不错的载流子迁移率(约 $700cm^2 \cdot V^{-1} \cdot s^{-1}$)和跨导($8\mu S/\mu m$)。

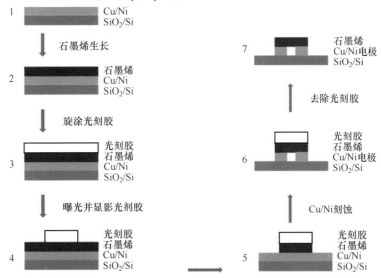

图 7.10　构建石墨烯 FET 器件的自由转移过程。首先通过旋涂在金属薄膜上的石墨烯表面覆盖光刻胶。然后,根据器件结构在光刻胶上刻画图案。接着,未被保护的石墨烯被氧气等离子体刻蚀,样品也被湿法刻蚀,这时未被保护的金属以及器件通道下的金属被刻蚀。最后,将光刻胶去除,留下两个电极和连接它们的石墨烯带(器件通道)(引自文献[33])

7.5　石墨烯薄膜质量控制

石墨烯薄膜的质量对于电子性质、电阻率以及载流子迁移率的影响是至关重要的。到目前为止,在各种类型石墨烯中剥离石墨烯具有最高的迁移率。利用 CVD 法生长出的石墨烯的性质与剥离石墨烯的性质很接近。在本节中,我们将从尺寸、缺陷态以及厚度均匀性来判断这些薄膜质量的好坏。目前的工作表明,一些参数影响着石墨烯的质量,这些参数包括衬底材料的类型、衬底的结构(多晶与单晶)以及 CVD 过程中的参数。此外,目前的工作也显示石墨烯薄膜的晶粒边界可以明显降低电子性质,这可以指导我们寻找更好的方法来生长更大尺寸的石墨烯薄膜。

7.5.1　CVD 参数

CVD 过程中有大量的参数影响着石墨烯薄膜的特性,这些参数包括温度、碳氢化合物的压力和浓度以及冷却速率。另外,使用不同的金属类型也可能影响石墨烯的生长机制。本节将讨论目前的研究成果,还需要更多的研究来阐明在不同的金属上生长石墨烯的完整机制。

7.5.1.1　CVD 参数与石墨烯尺寸

CVD 参数用来控制石墨烯的晶粒尺寸[34]。以多晶 Cu 为衬底的石墨烯生长为例,如温度、CH_4 流动速率以及分压等这些参数似乎影响着石墨烯成核团的数目。这些团在成核之后继续生长,并且最终互相融合。因此,这个起始过程中的成核团数目决定着石墨烯晶粒的平均尺寸。

图 7.11 所示为在不同条件下 Cu 表面被部分覆盖石墨烯团的扫描电镜(scanning electron microscopy,SEM)图像。图 7.11(a)和图 7.11(b)显示了在其他条件相同、温度不同(分别为 985℃ 和 1035℃)的情况下的表面。图 7.11(c)为除了更低的甲烷流量(7sccm① 和 35sccm),其他条件都和图 7.11(b)相同的

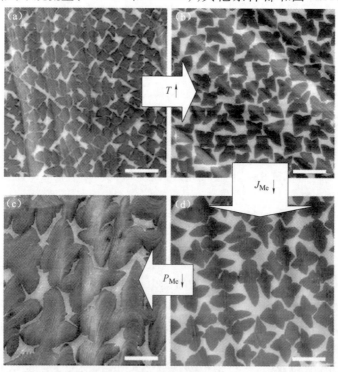

图 7.11　在不同条件下部分生长的石墨烯 SEM 图,以此说明温度 T、甲烷浓度 J_{Me} 以及甲烷分压 P_{Me} 对石墨烯晶粒尺寸的影响。$T(℃)/J_{Me}(sccm)/P_{Me}(mTorr)$:(a)985/35/460;(b)1035/35/460;(c)1035/7/460;(d)1035/7/160(引自文献[34])

---

①　sccm(standard cubic centimeter per minute)表示 0℃ 时一个大气压下每分钟立方厘米流量(cm^3/min)。

情况下的表面图。图 7.11(d)为较低的甲烷分压(160mTorr 和 460mTorr),其他条件都和图 7.11(c)相同的情况下的表面图。随着温度的提升、甲烷流量和分压的降低,石墨烯的团密度减小、尺寸变大。这 3 个参数控制着 Cu 表面的 C-种过度饱和的数目,从而改变了石墨烯成核团密度。然而,低成核密度也会导致 Cu 表面不完全覆盖。这种现象可以由以下事实解释,由于 Cu 表面的覆盖、低甲烷流量以及分压的共同影响,石墨烯连续生长需要的 C-种过度饱和也会终止。

　　基于这些观察,CVD 过程可以通过 2 个步骤调节达到最优石墨烯尺寸使石墨烯持续完整生长。第一步包括降低甲烷流量和分压,目的是为了得到一个较低的石墨烯成核团密度;第二步为增大甲烷流量和分压,以完成这些团的生长,同时完全覆盖 Cu 表面。图 7.12 给出了这个过程的原理图。给定一个温度及分压,一旦固定成核密度,就没有新的石墨烯核形成,并且有条件地从第一步到第二步的转变仅仅影响生长速率。这个过程生长的结果可以通过同位素标记甲烷的方法检测出。第一步用 ^{13}C 标记甲烷;第二步则用 ^{12}C 标记。碳同位素的分布可以通过拉曼光谱标识出来,从而定位出每一步生长的区域。图 7.13 所示为在两个不同过程中生长的石墨烯薄膜的光学图像以及 G 带和 D 带的拉曼图。这两个过程是在相同的温度下进行的。图 7.13(a)~(c)所示为第一步在 7sccm 的甲烷以及 160mTorr 压强下生长的薄膜。图 7.13(d)~(f)所示为第一步在 35sccm 的甲烷以及 460mTorr 压强下生长的石墨烯。在第二步中,这两种情况下的压强都是 2000mTorr。第一个薄膜和第二个薄膜分别得到平均面积为 142μm^2 和 332μm^2 的石墨烯。

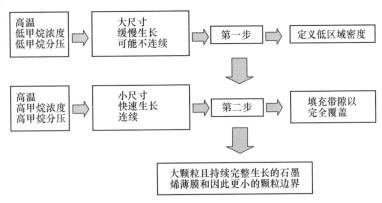

图 7.12　获得最大颗粒且持续覆盖的石墨烯薄膜的生长条件

(引自文献[34]© 2010 美国化学学会)

　　对于 FET,石墨烯晶粒尺寸的最优值可以通过载流子迁移率反映出来。图 7.14 给出了在平均颗粒尺寸为 6μm 和 20μm 的石墨烯薄膜以及剥离石墨烯测得的迁移率。对于颗粒尺寸为 6μm 的薄膜,迁移率的范围为 800 ~

$7000\mathrm{cm}^2 \cdot \mathrm{V}^{-1} \cdot \mathrm{s}^{-1}$。颗粒尺寸为 $20\mu\mathrm{m}$ 的薄膜的迁移率则在 $800 \sim 16000$ $\mathrm{cm}^2 \cdot \mathrm{V}^{-1} \cdot \mathrm{s}^{-1}$ 之间,而剥离石墨烯的迁移率为 $2500 \sim 40000\mathrm{cm}^2 \cdot \mathrm{V}^{-1} \cdot \mathrm{s}^{-1}$。

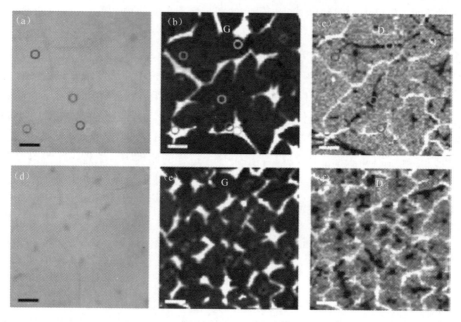

图 7.13 转移到 $\mathrm{SiO}_2/\mathrm{Si}$ 衬底上的石墨烯薄膜的光学图像以及拉曼图。这些分别为薄膜 A (a)以及 B(b)的光学图像((a),(d))、拉曼 G^{12} 图((b),(e))以及拉曼 D^{12} 图((c),(f))。 G^{12} 信号对应图 7.12 过程中的第二步,薄膜生长在这步完成。薄膜 A 生长的条件 是($T(\mathrm{^\circ C})/J_{\mathrm{Me}}(\mathrm{sccm})/P_{\mathrm{Me}}(\mathrm{mTorr})$):第一步为 1035/7/160,第二步为 1035/7/2000。对于 薄膜 B:第一步为 1035/35/460,第二步为 1035/35/2000(引自文献[34] © 2010 美国化学学会)

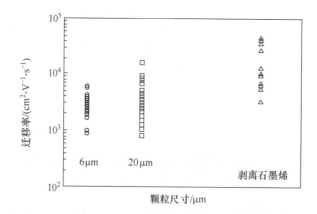

图 7.14 与剥离石墨烯相比的载流子迁移率相对于石墨烯颗粒尺寸的 函数关系图(引自文献[34] © 2010 美国化学学会)

　　优化晶粒尺寸会影响石墨烯薄膜的电阻率。由两个单晶颗粒组成的石墨烯薄片上电阻率的测量显示电阻率明显的变化与晶界有关[35]。在许多其他器件中也发现单晶中电阻与晶界间电阻的差异。

7.5.1.2　CVD 参数与厚度均匀性

　　薄膜厚度的均匀性可以根据生长机制通过不同的加工参数来改变。例如，在 Cu 上直接沉积石墨烯时，厚度均匀性的优化可以通过改变压力和烃的浓度等参数来实现。除此以外，对于采用碳的溶解和分离来生长石墨烯，厚度的均匀性只好通过薄膜的冷却速度来优化。

　　图 7.15(a)给出了一个简单的 CVD 模型的示意图。这里没有考虑碳的溶解，因此它可以只应用于碳溶解度比较低的金属上，如 Cu，或者可以应用于碳溶解度可以忽略的低温 CVD 工序中。这个 CVD 模型可以用来理解动力学参数的影响，如石墨烯薄膜的厚度均匀性中的压力和 CH_4 浓度。这个模型考虑了以下几个 CVD 工序过程：①从气相到金属表面附近区域的烃类扩散；②在金属衬底上烃类的吸收；③烃分解为活性粒子；④活性粒子的扩散以及金属衬底上石墨烯的形成；⑤H 原子之类的非活性粒子的解吸以及 H_2 分子的形成；⑥非活性粒子扩散至气相。

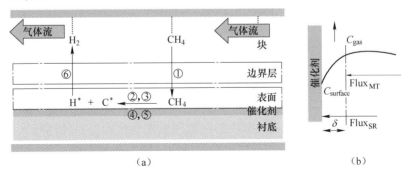

图 7.15　(a)在 Cu 等的低溶解度金属衬底上生长石墨烯的 CVD 工序的步骤；(b)在稳态条件下，质量输运流量和表面反应流量(经许可引自文献[36]© 2010 美国化学学会)

　　这些过程可以分为两类：一类是在表面附近发生的(②、③、④)；另一类是由在表面上流出的气体形成的边界层发生的(①、⑥)。因此，可以用两个通量模拟这个工序：第一个对应于通过边界层的粒子扩散(质量输运)；第二个对应于在表面的碳粒子的消耗(表面反应)。这些通量为

$$F_{\text{transport}} = h_g(C_g - C_s) \tag{7.3}$$

$$F_{\text{reaction}} = K_s C_s \tag{7.4}$$

式中：h_g 为质量输运系数；C_g 和 C_s 分别在气相和金属表面的烃浓度；K_s 为表面反应常数。

假设这两个通量都符合一级动力学。同时在稳态时,它们应该相等:

$$F_{reaction} = F_{transport} = \frac{K_s h_g}{K_s + h_g} C_s \qquad (7.5)$$

这就有了活性粒子总通量,所以石墨烯薄膜的生长可以被表面反应常数($K_s \gg h_g$)、质量输运常数($K_s \ll h_g$)或者同时由它们两个($K_s \approx h_g$)限制。在高温和外界气压下,通过边界层的质量输运被限速了($K_s \gg h_g$);在低温/超高真空下,表面反应被限速了($K_s \ll h_g$)。在高温(900℃)和空气环境下,生长被质量输运限制了,因为在这些温度下,分解速度会随着温度呈指数增长而变得更快。同时因为原子碰撞,粒子的扩散也会更慢,即

$$h_g = \frac{D_g}{\delta}, \quad D_g \propto \frac{1}{P} \qquad (7.6)$$

式中:δ 为边界层厚度;D_g 为气体粒子扩散率;P 为总压力。

在质量输运机制下工作时,粒子的供给受 CVD 室中气体流局部变动的影响。因此,样品中预期会出现厚度不均匀[36]。为了减小样品厚度均匀性的流体效应,最好在受表面反应常数限制的情况下工作。这可以通过减小工作压力使得 $K_s \ll h_g$ 来实现。这些趋势和在常压和低压下观察到的厚度均匀性一致[36]。结果表明,低压条件更有利于得到均匀的 SLG[36]。常压条件表明,铜上的石墨烯生长并不会自我限制[36]。多层石墨烯团可以在多种条件下生长。这样的团是最小化的,同时在常压下,通过大幅减小 CH$_4$ 浓度至 1×10^{-4} 可以获得均匀的 SLG。

对通过分离机制生长石墨烯来说,CVD 工序中的冷却速率可以用来改善FLG 薄膜的厚度均匀性[9,15]。在冷却速率小于25℃/min 时得到的薄膜形态和在较快的冷却速率(>100℃/min)中得到的薄膜形态有很大的不同。较低冷却速率的最重要的影响是 SLG 和 BLG 的覆盖区域得到改善。当使用较大的冷却速率时(>100℃/min),薄膜大多数是由超过两层的石墨烯层组成的,如图 7.16(a)、(b)所示。拥有超过两层石墨烯的多层石墨烯在多晶 Ni 薄膜的晶界周围生长。主要由 SLG 和 BLG(图 7.16(c)、(d))构成的石墨烯薄膜是在低冷却速率(<25℃/min)下得到的。可以看到,并不是多晶 Ni 中所有的晶界上都显示多层成核的现象,这导致 SLG 和 BLG 覆盖的面积比率变大。

SLG 和 BLG 覆盖的区域(θ_{1-2LG})取决于小于 25℃/min 的冷却速率。图 7.17 显示了在分离过程中减小冷却速率至小于25℃/min 时,SLG/BLG 的面积比进一步增大的情况(亮的背景)。随着冷却速率的减小,少于两层的面积比增大了,同时它可以从 0.6 调整到 0.87,如图 7.18(a)所示。此外,冷却速率越低,多层石墨烯的成核位置就越少,如图 7.18(b)所示。SLG 和 BLG 覆盖的区域都被统一绘制,因为正是这个总面积比随着冷却速率发生明显的改变。预计 SLG 的面积比会保持在一个接近 0.1~0.15 的常数。在两种 Ni 晶粒尺寸上,冷却速率为 4℃/min 时,石墨烯薄膜在转移到 SiO$_2$/Si 之前和之后的光学图像分

别如图 7.18(e)~(h)所示。

1~2层石墨烯密度低(薄膜A)

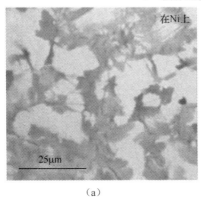 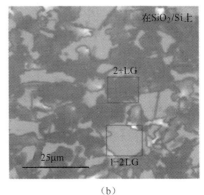

（a）　　　　　　　　　　　（b）

1~2层石墨烯密度高(薄膜B)

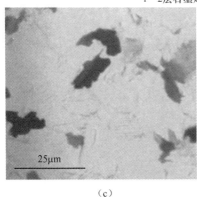 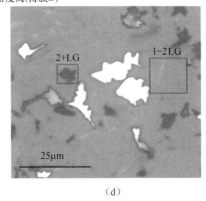

（c）　　　　　　　　　　　（d）

图 7.16　冷却速率的影响。在高冷却速率(大于 100℃/min)((a),(b))、低冷却速率(< 25℃/min)((c),(d))以及在转移到 SiO_2/Si 之前((a),(c))和之后((b),(d))的 FLG 薄膜生长的光学图像。在高冷却速率下,拥有两层以上的多层石墨烯在 Ni 薄膜的晶界附近形成。在低冷却速率下,多层石墨烯沉淀在横跨 Ni 薄膜随机分布的独立团块上。在这些团块之间的区域是由 SLG 或者 BLG 形成的(经许可引自文献[15]© 2009 Springer)

　　冷却速率也可以决定一个石墨烯薄膜是否会形成[9],同时会影响石墨烯薄膜的结构[9](图 7.19)。在冷却速率小到 0.1℃/min 时,用拉曼光谱已经不能在 Ni 表面检测到任何石墨烯了,这表明此时碳偏析已经不足以形成一个石墨烯薄膜了。即使形成了薄膜,说明它还没有厚到可以被拉曼光谱探测到。据报道,在过渡金属上的单层石墨烯是可能出现拉曼信号抑制的。在约 10℃/min 的中等冷却速率下,可以观察到 G 和 G′ 的能带(没有与缺陷有关的 D 带)。TEM 分析给出了一个 3~4 层的石墨烯薄膜。在更高的冷却速率下(直到 20℃/min),就会出现一个 D 带,这说明存在更高密度的缺陷。在冷却速率很高的情况下,在

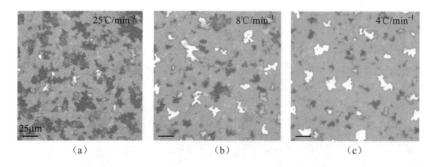

图 7.17 在 3 种冷却速率下生长并转移到 SiO_2/Si 上的 FLG 薄膜。(a)~(b)分别为冷却速率依次减小的图像。多层石墨烯的密度随着冷却速率的减小而减少。同时，冷却速率的减小增大了 SLG 和 BLG 的区域(经许可引自文献[15]© 2009 Springer)

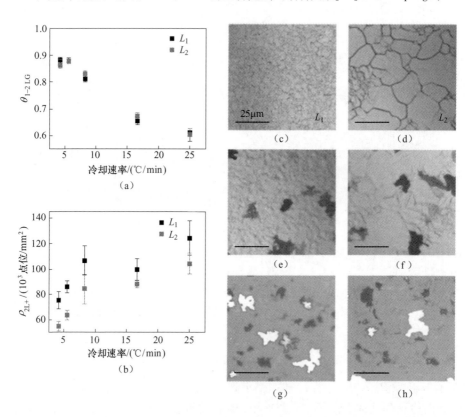

图 7.18 SLG 和 BLG 区域所占的面积比例。(a)由 SLG 或 BLG 占据的区域的面积比例与冷却速率的函数关系；(b)多层石墨烯(3 层或更多)的密度和冷却速率的函数关系((a)和(b)包含了两种 Ni 晶粒尺寸的数据(L_1 和 L_2 分别为黑色和灰色))；(c),(d)分别为 L_1 和 L_2 晶粒尺寸的原始 Ni 薄膜的光学图像；(e),(f)在 CVD 工序后上述晶粒尺寸的 Ni 薄膜的光学图像；(g),(h)采用 L_1 和 L_2 两种 Ni 晶粒尺寸生长的转移到 SiO_2/Si 上的 FLG(经许可引自文献[15]© 2009 Springer)

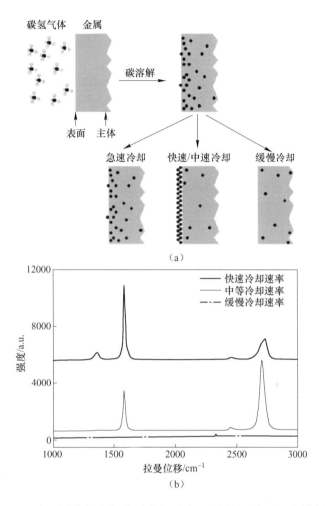

图 7.19 （a）在不同冷却速率下,碳偏析形成石墨烯的示意图。在低冷却速率
（0.1℃/min）下,没有石墨烯薄膜形成,因为碳物质扩散到了金属薄膜中。在高
和中等冷却速率（10~20℃/min）下才能出现石墨烯生长。（b）3 种不同冷却速
率机制的金属表面的拉曼光谱,确认了在低冷却速率下没有发现石墨烯谱。对
于中等冷却速率,石墨烯薄膜的缺陷密度比高冷却速率情况下的更低（经许可引
自文献[9]© 2008 美国物理联合学会）

达到较低温度之前,可能会使得碳原子没有足够的时间来形成一个比较好的石
墨结构,因此会引起一个较高密度的缺陷。

7.5.1.3 CVD 生长均匀双层石墨烯

大多数对于石墨烯 CVD 的研究都集中在生长大面积 SLG。然而,SLG 石墨
烯是半金属,缺少固有的带隙,这会限制它在应用方面的可能性。目前,已经开

发了好几种方法在单层石墨烯中引入带隙,其中包括制作纳米级宽度的石墨烯带[37-38]或使用特殊衬底[39]。同时,可以在双层石墨烯上加一个垂直电场,使双层石墨烯形成一个大小约 250meV 的带隙[40]。

已经有在铜箔上约 2 英寸×2 英寸的区域上使用 CVD 法制备均匀 BLG 的报道[41]。这个工序和制备均匀 SLG 的工序很相似。同时,在允许 BLG 石墨烯生长的 CVD 条件下有一些关键变化,其中包括氢气的消耗、高真空以及与 SLG 生长相比更小的冷却速率。在铜箔上 BLG 的最佳生长条件包括 0.5Torr 的压力、70sccm 的甲烷流速,以及在 1000℃、18℃/min 的冷却速率条件下保持 15min。在此工序后可以通过下面的测量来判断是否存在均匀 BLG:AFM 高度测量、电子衍射、拉曼光谱和输运测量。在铜箔上生长的双分子层有一个重要的性质——上下层是以 AB 方式堆叠的,这使得其在电场下可以生成一个带隙。这可以用两个独立栅极构成的 BLG 场效应晶体管来解释。这两个栅极(顶部和底部)的独立运行允许对晶体管的带隙和载流子密度进行独立调控[40-41]。

尽管最近才出现均匀 BLG 石墨烯生长的研究,结果已经表明,在 CVD 过程中最重要的参数是冷却速率的降低[41]。把甲烷流速加倍除了会对 SLG 石墨烯的生长增加缺陷密度之外没有其他明显的影响。到目前为止,结果显示增加燃烧室压力会增加三层石墨烯含量。最均匀的 BLG 样品(通过拉曼光谱估计有 99% 的覆盖率)是在冷却速率降低到 18℃/min 时制备的。我们期待在近期会有有关铜和其他金属上的 BLG 生长机制的更详尽的研究。

7.5.2　金属衬底的结晶度

7.5.2.1　多晶衬底

衬底的多晶性似乎会影响生长的石墨烯薄膜的厚度均匀性。在 Ni 中,体内溶解的碳会限制形成石墨烯薄膜碳原子的数量。额外的碳物质往往会形成多层石墨烯岛,而多层石墨烯似乎会在多晶金属衬底的晶界上形成。

图 7.20 给出了不同晶粒尺寸的 Ni 薄膜的 SEM 图像。Ni 薄膜的厚度对晶粒尺寸有很大的影响。图 7.21 给出了在与图 7.20 中相同 Ni 薄膜上获得的石墨烯薄膜。多层石墨烯的分布(黑色区域)和图 7.20 中的边界很相似。当用薄膜透明度测量时,衬底的厚度似乎也对石墨烯的厚度有影响(图 7.22)。这可能是因为在晶界处有大量的石墨烯层成核。

令人惊讶的是,有一些金属薄膜,如 Ru 和 Cu,它们的多晶性似乎不会影响石墨烯晶粒的取向。此外,用 Ru 和 Cu 多晶薄膜和箔可以获得更好的厚度均匀性[12,42],其中用铜箔得到的 SLF 覆盖率可达 95%[42]。在 SiO$_2$/Si 衬底上沉积的多晶 Ru 薄膜上,正如在两颗 Ru 晶粒上发现石墨烯的摩尔纹图形类似[12],石墨烯在 Ru 晶粒上连续生长。图 7.23 给出了在两种 Ru 晶粒情况下摩尔纹的对

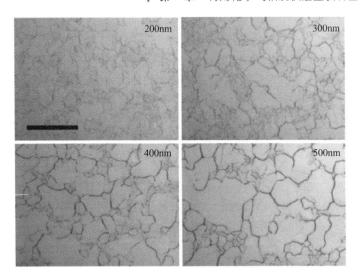

图 7.20 1000℃时,在 H₂ 和 Ar 中退火 20min 后 Ni 薄膜的光学图像

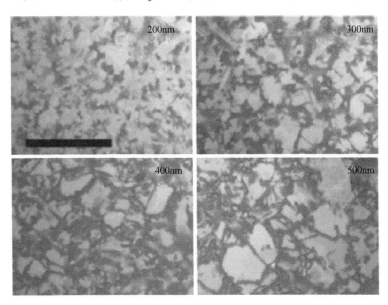

图 7.21 Ni 薄膜厚度的影响。在不同厚度的 Ni 薄膜上生长并转移到 SiO₂
衬底上的 FLG 薄膜(比例尺:25μm)

比。薄膜中的所有晶粒都是(0001)形貌,但这些晶粒在平面内的旋转角不同。
对在其中两个 Ru 晶粒上的某个石墨烯片,一般对应于每个 Ru 晶粒都会有不同
的波纹。在一个固定的石墨烯域取向下,利用下层的 Ru 的面内旋转角很可能
可以重现图案角 θ 的改变与图案晶胞 b 相对标定的改变之间的关系(图 7.23)。
在没有边界缺陷的情况下,可以观察到几平方微米的石墨烯波纹图案,尽管 Ru

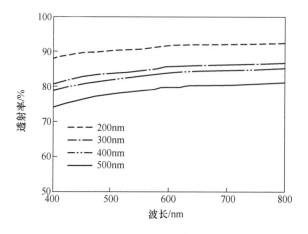

图 7.22 FLG 薄膜在可见光区域内的透明度

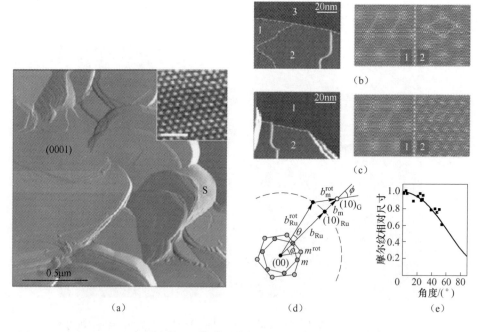

图 7.23 (a)SiO₂ 上生长的多晶 Ru 薄膜形貌的 STM 图像($V = +0.4V, I = 0.2nA$)。插图显示高倍放大的石墨烯/Ru 摩尔纹图案(比例尺:10nm)。(b),(c)不同 Ru 晶粒以及它们边界的摩尔纹图案的 STM 图。(d)固定石墨烯旋转角,通过 Ru 格子的旋转得到的摩尔纹图案的倒易表示。(e)固定石墨烯旋转角,摩尔纹的相对尺寸与 Ru 格子旋转角的关系。右边图给出了由于晶粒不同的面内取向导致的 Ru 格子的面内旋转角,从而引起波纹突变的模型。假设连续的石墨烯晶片连接了不同取向的相邻 Ru 晶粒,曲线代表了摩尔纹取向和尺寸之间的理论关系(经许可引自文献[12])

晶粒尺寸在 0.5~0.6μm 左右。晶界上石墨烯的持续生长也是很有意义的,因为它们拥有比多晶金属薄膜更大的可能性来生长石墨烯单晶区域。因此,在不使用单晶衬底的情况下,很有可能可以获得更高质量的石墨烯薄膜。使用多晶薄膜有两个好处,一个是方便制造,另一个则是消耗相对更低。

7.5.2.2 单晶金属衬底

单晶衬底提供了避免多层石墨烯成核的可能。此外,它也可能改善在石墨烯薄膜中的单晶粒尺寸。众所周知,石墨烯可以在体材料单晶金属上生长[1]。石墨烯通常在诸如 Ru 的六角结构金属的(0001)表面上生长或诸如 Ni 和 Cu 的面心立方结构金属的(111)表面上生长[7,42]。同样也可以使用薄膜单晶金属。这样的薄膜很有优势,因为它们比刻蚀晶体更快、更简单而且更便宜。石墨烯可能在如下单晶金属薄膜上生长:Ru[13]、Ni[43] 和 Cu[44]。这些薄膜通常在衬底上喷溅和外延生长,并使表面取向与需要的金属薄膜取向相同。支撑的衬底也需要有与金属相似的晶格常数。对于 Ru(0001) 和 Cu(111) 薄膜,Al_2O_3(0001)可以用来做衬底。对于 Ni(111),MgO(111)可以做衬底。在 Ru 单晶薄膜上,可以找到尺寸达几平方微米的、没有缺陷和晶粒间界的、有相同摩尔纹图案的石墨烯区域[13]。LEED 显示单晶 Ni 薄膜可以外延生长至少 $1mm^2$ 的石墨烯单晶 (图 7.24)[43]。石墨烯生长也可能在蓝宝石(0001)面上的 Cu 薄膜上实现[44]。然而,在体单晶 Cu 上的石墨烯结构属性有更详细的报道[45],其中发现了多个石墨烯成核岛(图 7.25)。尽管是在 Cu 的单晶表面,这些岛内存在两个主要的波纹图案,这可以用石墨烯和 Cu 之间的低能相互作用来解释[45]。这两个波纹图案对应于两个不同的石墨烯晶体方向,当这些岛生长并使相邻晶粒接触时,会出现多个晶界(图 7.25)。

7.5.2.3 Ni(111)面生长

Blakely 等曾研究了在 Ni(111)表面上碳的分离[46]。该研究的主要目的是理解在金属中杂质的分离,因为这种分离可以帮助稳定金属结构。相反,该研究表明,SLG 可以在 Ni(111)表面上生长。研究中,在较高的温度下通过石墨块接触样本的 Ni(111)表面来把碳引入 Ni 衬底。达到平衡以后,就可以知道金属中碳的浓度。此后,Ni(111)衬底会在高真空中加热。在样品的冷却期间,他们发现 Ni 表面有碳分离并且只形成了一个单层石墨。体内碳的浓度为 1% 时,在不同的温度范围,Ni(111)表面的分离碳原子会形成 3 个不同的稳定相。这 3 个相包括(图 7.26):①由表面稀释碳构成的高温相($T > T_s$);②中间相($T_p < T < T_s$),是在 Ni(111)表面上由分离碳原子形成的一个单层石墨;③石墨淀析时出现的低温相($T < T_p$)。这些发现是有关分离相之间明显转变的首次报道[45]。中间相存在于石墨淀析前的 100K 范围内。Blakely 等在平衡分离和淀析间做了

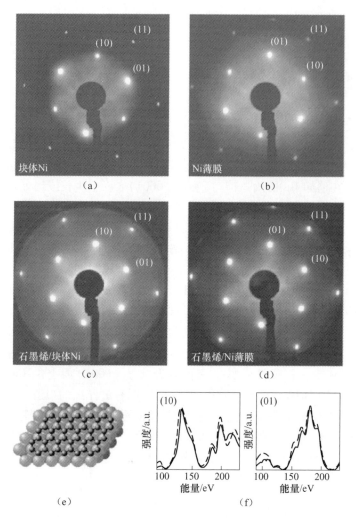

图 7.24　不同表面的 LEED 图案。(a)纯净块体 Ni(111)晶体,(b)MgO(111)上的纯净 Ni(111)薄膜,(c)Ni(111)体晶体上合成的石墨烯,(d)MgO(111)上的 Ni(111)薄膜上合成的石墨烯。测量时的入射电子能量为 185eV,电子束尺寸为 1mm^2。由于 Ni 和石墨烯之间存在 1.2% 的晶格错配,(c)和(d)中的 LEED 图案没出现摩尔纹。(e)从 LEED 图案推算出的 Ni(111)上的石墨烯原子排列。(f)从 Ni(111)薄膜(实线)和块体 Ni(111)晶体(虚线)得到(10)和(01)处的强度-能量曲线。在(01)处强度为最小值的电子能量处,(10)处有很高的强度,反之亦然。这很明确地指出没有形成边界(经许可引自文献[43])

区分。前者指的是热平衡时在组分同质期间,表面的杂质累积,也就是系统在相图中的单相场(金属+稀释杂质)。此描述归于第一转变 T_s。平衡淀析对应于由于平衡相分离而产生的异质,这归于第二转变 T_p,可以认为是从饱和过渡金属中出现的石墨沉淀。介于缓慢分离碳原子(态 A)和石墨淀析(态 C)之间的中间相,是由相对于石墨淀析能量(0.06eV)较高的在 Ni(111)表面形成单层碳原子的键能引起的。这个较高的键能同样可以解释为什么在高于淀析温度(100K)时会有单层形成。

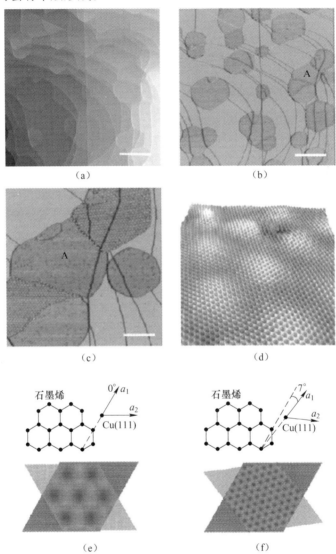

图 7. 25　(a)部分覆盖 Cu(111)衬底的石墨烯的 STM 形貌 (比例尺:200nm)。(b)图(a)中区域的微分电导 dI/dV 图像($U=-200$mV),这里石墨烯颗粒和 Cu(111)衬底的对比增强了。虚线标出了石墨烯颗粒的边界。这个石墨烯颗粒和下层的 Cu(111)面一起产生摩尔纹图案。(c)图(b)中 A 处石墨烯颗粒的高倍放大 dI/dV 图像(比例尺:60nm)。(d)原子级分辨率的石墨烯 STM 图像,给出了与石墨烯晶格对应的摩尔纹和蜂巢结构。(e)和(f)给出了与 Cu(111)晶格相关的两个石墨烯取向(经许可引自文献[45])

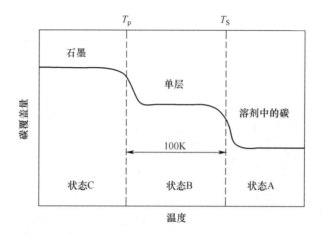

图 7.26 在 Ni(111)-C 系统上的表面分离相的示意图

(纵轴表示表面分离的碳覆盖量,横轴表示温度)

我们可以通过解在 T_s 温度时溶液中碳原子化学势与单层化学势相等的方程来估计分离的热量:

$$\mu_{\mathrm{sol}}(T_s) = \overline{G}(T_s) + kT_s\ln\chi = \mu_{\mathrm{mono}} \qquad (7.7)$$

以及在温度 T_p 时与石墨的化学势相等的方程:

$$\mu_{\mathrm{sol}}(T_p) = \overline{G}(T_p) + kT_p\ln\chi = \mu_{\mathrm{graphite}} \qquad (7.8)$$

式中:$\overline{G}$ 为溶液中部分原子自由能;χ 为体材料中被碳原子占据的可用间隙位置比例。

同时把石墨的化学势作为参考点并设为 0。溶液的自由能可以用它的焓与熵展开[47]:

$$\overline{G}(T) = \overline{H}_{\mathrm{sol}} + T\overline{S}_{\mathrm{sol}} = 0.49\mathrm{eV} + 0.2kT \qquad (7.9)$$

结合式(7.9)和式(7.8),可以得到碳的溶解度:

$$\ln\chi = -0.2 - \frac{0.49}{kT_p} \qquad (7.10)$$

用式(7.7)和式(7.9)可以得到 T_s 和碳浓度之间的关系:

$$\ln\chi = \frac{(\overline{H}_{\mathrm{mono}} - \overline{H}_{\mathrm{sol}})}{kT_s} - \frac{(\overline{S}_{\mathrm{mono}} - \overline{S}_{\mathrm{sol}})}{k} = \frac{\Delta\overline{H}_{\mathrm{seg}}}{kT_s} - \frac{\Delta\overline{S}_{\mathrm{seg}}}{k} \qquad (7.11)$$

式中:$\overline{H}_{\mathrm{seg}}$ 和 $\overline{S}_{\mathrm{seg}}$ 分别为分离的焓与熵。

通过拟合 T_s 的实验值,Blakely 等得到了 $\Delta\overline{H}_{\mathrm{seg}}$ 的值 0.55eV。在 Ni(111) 表面每个单层碳原子的键能是 0.55eV;对于石墨相,键能是 0.49eV。图 7.27 给出

了描述这个发现的能量图。在热力学平衡时,独立于石墨(多层)相发现的单层石墨烯提供了在 Ni(111)上用碳分离生长均匀 SLG 石墨烯的可能性。然而,这可能需要使用诸如快速冷却法之类的方法来排除多层相的成核现象。

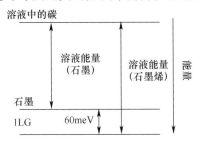

图 7.27 在 Ni(111)中单个碳原子的能量图。此图给出了碳分离在 Ni(111)表面形成单层石墨烯和石墨相的结合能

7.5.3 生长参数对石墨烯的影响

有大量的参数会影响用 CVD 法生长石墨烯的质量。其中,包括使用金属的类型、金属的结构以及 CVD 工序参数。CVD 工序中的关键参数可能取决于石墨烯生长的机制,因而取决于使用的金属类型以及它在工作温度时的碳溶解度。例如,对于直接表面沉积机制,如烃的浓度以及压力,可能会比冷却速率更有影响(对于 C 的溶解-分离机制反之亦然)。表 7.1 给出了关键工序参数以及它们对石墨烯质量影响的概括。对生长机制更好的理解能改善石墨烯的质量,并对石墨烯薄膜生长的类型有更强的控制。

表 7.1 工序参数和它们对石墨烯质量的影响

参数	颗粒尺寸	厚度均匀性	缺陷密度
温度	尺寸随温度的升高而增大[34,38]		温度升高缺陷密度减小[49]
烃压	尺寸随压力的增大而减小[34]	均匀性随压力降低[35]	压力增大缺陷密度增大[35]
烃流速	尺寸随流速的增加而减小[34]	均匀性随流速降低[35]	流速增大缺陷密度增大[35]
冷却速率	—	较低的冷却速率可以改善厚度均匀性[15]	冷却速率减小缺陷密度减小[9]
金属的碳溶解度	—	较低的碳溶解度可以改善厚度均匀性[42]	—
金属的结晶度	石墨烯晶粒可以在晶粒间界持续生长[12]。衬底结晶度的作用未知	用单晶衬底会改善厚度均匀性[43]	

参数	颗粒尺寸	厚度均匀性	缺陷密度
金属的类型	Ru 和 Cu 获得了最大的石墨烯颗粒（分别为 100～200μm 和约 400μm）[7,42]	在大部分 CVD 条件下，Ru 和 Cu 比其他金属能获得更好的厚度均匀性[12-13,42]	—

7.6　无催化和低温石墨烯生长

在金属衬底上 CVD 的石墨烯需要在生长后进行转移，而且通常需要在一个与硅技术不兼容的温度下进行。不用催化剂的石墨烯直接生长对制造石墨烯器件是非常有利的。低温石墨烯生长则允许石墨烯在不能经受 900～1000℃高温的表面进行沉积。

石墨烯可以在很多种衬底上直接生长，如绝缘体、半导体和金属，而且不需要催化剂衬底[50-53]。使用等离子增强 CVD(plasmon-enhanced CVD，PECVD)，用甲烷作为前体，可以在 550℃这样的低温下生长纳米石墨烯薄膜[50]。等离子体会产生自由基，如 CH_x、C_2H_y 以及 C_3H_z，它们在石墨烯岛形成的时候会起到非常重要的作用。这些岛的横向尺寸约为 10nm。若曝光时间较短，表面会形成孤立的石墨烯区域；然而，进行更长的等离子体曝光，石墨烯岛会覆盖整个表面，直到形成一个连续的石墨烯薄膜[50]。石墨烯可以不需要等离子增强而在 MgO 衬底上直接生长[51]。石墨烯生长需要的温度可以通过使用的烃前体来改变。环己烷需要的温度是 875℃，而使用 C_2H_2 生长石墨烯时所需要的温度则只有 325℃[51]。

使用微波辅助的等离子体和射频辅助的等离子体的无催化剂工序所生产的石墨烯薄膜是由花瓣状的石墨烯片组成的，并且垂直站立在表面上[52-53]。这些薄膜可以在多种衬底中制备，如 Si、W、Mo、Zr、Ti、Hf、Nb、Ta、Cr、SiO_2、Al_2O_3 以及不锈钢[53]，它们可以应用于生物传感电极和场发射器等。把这些薄膜用作场发射器是诱人的，因为它们的开启电压较低(4.7V/μm)，同时和自由站立纳米管的末梢相比，自由站立的石墨烯片的边缘可能更加稳定。

7.7　无衬底气相方法

到目前为止，CVD 法都需要在一个衬底上进行石墨烯平面沉积。然而还有其他不需要衬底的 CVD 法，这种方法的最终产物是一个石墨烯片的混合物，可以加工获得石墨烯片悬浮液。这些形式的石墨烯可以用于需要室温沉积的应用。沉积过程包括石墨烯液体悬浮物的喷射或者浇注。

这里有一个不用衬底的生产过程例子,其使用了大气微波(2.45GHz)Ar 等离子体,如图 7.28(a)所示。反应器中有一个用来流出 Ar 的石英管(内直径 21mm)。还有一个更小的氧化铝管(内直径 3mm)和石英管同轴放置,它是用来把 Ar 和乙醇液滴组成的气溶胶直接传递给等离子体内部的。当它们在等离子体内部的时候,这些液滴会快速蒸发并分离形成固体物质。通过等离子体室以后,这些产物会冷却下来并且随着尼龙薄膜过滤器顺流收集。对于碳块在乙醇中的注入速率是 164mg/min 的情况,过滤器中材料收集的速率约为 2mg/min。这些从过滤器上收集到的石墨烯片在甲醇中被超声处理 5min。这些薄片形成了均匀的黑色悬浮物(图 7.28(b))。图 7.28(c)展示了在微栅碳膜上沉积一滴甲醇悬浮液后材料的 TEM 图像。

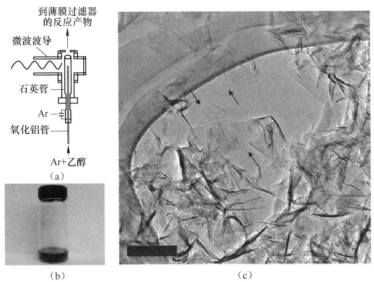

图 7.28 (a)用于在气相中生产石墨烯的等离子体辅助设备;(b)产出材料的
TEM 图像;(c)甲醇中的分散石墨烯片(经许可引自文献[54])

第二个例子是在 Mg_2O 上,用 Co 粒子的催化剂对烃进行分解构成的[55]。在此方法中,催化剂是将 MgO(5g)粉末浸入 100mL 溶有六水硝酸钴($Co(NO_3)_2$6H2O,98%,0.36g)的甲醇中,然后超声处理 1h 得到的。在干燥后,这些固体在 130℃下加热 12h,然后磨成精细的粉末。这些粉末随后放入一个陶瓷船中的 CVD 反应器内,然后在 1000℃下被 CH_4 与 Ar 混合的气体吹 30min。接着在 HCl 溶液中除去支撑物与催化剂,最后用水漂洗产物,之后在 70℃下晾干。对于此方法,可以从 500mg 的 Co/MgO 催化剂中得到 50mg 的 FLG 材料。最终材料的高分辨率透射电镜(high resolution TEM,HRTEM)图像表明,大多数的石墨烯片会被连到一起并形成一张大的皱纹纸。

这些无催化剂的气相方法是另一种追求大尺寸、低成本合成石墨材料的途径。尤其是在石墨烯需要以非平面方式混入材料时,如高分子合成材料,这些方法非常合适。

7.8 结 语

用CVD工序在过渡金属(如Ru、Cu和Ni)上生长大面积石墨烯薄膜是可能的。有两种可能机制可以在这些金属上生长石墨烯薄膜。其中一个是在金属衬底体中溶解碳,石墨烯的生长是由金属衬底的冷却和超饱和开始的;另一个是在金属衬底上石墨烯的直接沉积。这里,在金属表面由有催化作用的烃分解得到碳,在石墨烯生长开始后碳只会沿表面散开。

转移工序允许石墨烯器件在其他衬底,如SiO_2、PDMS和PET上制造。使用这些转移工序的应用包括石墨烯场效应管和使用石墨烯作为透明电极的触摸屏。影响石墨烯性质的关键参数取决于生长机制的类型以及生长条件。

参 考 文 献

[1] J. Wintterlin and M. L. Bocquet. Graphene on metal surfaces. Surface Science, 603 (10-12):1841-1852,2009.

[2] A. E. B. Presland and P. L. Walker. Growth of single-crystal graphite by pyrolysis of acetylene over metals. Carbon,7(1):1-4,1969.

[3] Alexander E. Karu and Michael Beer. Pyrolytic formation of highly crystalline graphite films. Journal of Applied Physics,37(5):2179-2181,1966.

[4] P. E. I. Ching Li. Preparation of single-crystal graphite from melts. Nature,192 (4805),864-865,1961.

[5] I. Minko and I. Einbinder. Dendritic growth of graphite from melts. Nature,194 (4830),765-766,1962.

[6] S. B. Austerman,S. M. Myron,and J. W. Wagner. Growth of characterization of graphite single crystals. Carbon, 5(6),1967.

[7] Peter W. Sutter,Jan-Ingo Flege,and Eli A. Sutter. Epitaxial Graphene on Ruthenium. Nat Mater,7(5):406-411,2008

[8] Keun Soo Kim,Yue Zhao,Houk Jang,Sang Yoon Lee,Jong Min Kim,KS Kim,Jong Ahn,Philip Kim,Jae Choi,Byung Hee Hong. Large-scale pattern growth of graphene films for stretchable transparent electrodes. Nature,457(7230):706-710,2009.

[9] Qingkai Yu,Jie Lian,Sujitra Siriponglert,Hao Li,Yong P. Chen,and Shin-Shem Pei. Graphene segregated on Ni surfaces and transferred to insulators. Applied Physics Letters,93(11):113103-3,2008.

[10] L. G. De Arco,Zhang Yi,A. Kumar,and Zhou Chongwu. Synthesis,transfer,and devices of single- and few-layer graphene by chemical vapor deposition. Nanotechnology, IEEE Transactions on 8(2):135-138,2009.

[11] Alfonso Reina,Xiaoting Jia,John Ho,Daniel Nezich,Hyungbin Son,Vladimir Bulovic,Mildred S. Dresselhaus,and Jing Kong. Large area,few-layer graphene films on arbitrary substrates by chemical vapor deposition. Nano Letters,9(1):30-35,2009.

[12] E. Sutter, P. Albrecht, and P. Sutter. Graphene growth on polycrystalline Ru thin films. Applied Physics Letters, 95(13):133109, 2009.

[13] P. W. Sutter, P. M. Albrecht, and E. A. Sutter. Graphene growth on epitaxial Ru thin films on sapphire. Applied Physics Letters, 97(21):213101, 2010.

[14] S. D. Robertson. Carbon Formation from Methane Pyrolysis over some Transition Metal surfaces-II. Manner of carbon and graphite formation. Carbon, 10(2):221-229, 1972.

[15] Alfonso Reina, Stefan Thiele, Xiaoting Jia, Sreekar Bhaviripudi, Mildred Dressel-haus, Juergen Schaefer, and Jing Kong. Growth of large-area single- and bi-layer graphene by controlled carbon precipitation on polycrystalline Ni surfaces. Nano Research, 2(6):509-516, 2009.

[16] Stefan Thiele, Alfonso Reina, Paul Healey, Jakub Kedzierski, Peter Wyatt, Pei-Lan Hsu, Craig Keast, Juergen Schaefer, and Jing Kong. Engineering polycrystalline Ni films to improve thickness uniformity of the chemical-vapor-deposition-grown graphene films. Nanotechnology, 21(1):015601, 2009.

[17] B. C. Banerjee, T. J. Hirt, and P. L. Walker. Pyrolytic carbon formation from carbon suboxide. Nature, 192(4801):450-451, 1961.

[18] A. R. Ubbelohde, D. A. Young, and A. W. Moore. Annealing of pyrolytic graphite under pressure. Nature, 198(4886):1192-1193, 1963.

[19] F. J. Derbyshire, A. E. B. Presland, and D. L. Trimm. The formation of graphite films by precipitation of carbon from nickel foils. Carbon, 10(1):114, 1972.

[20] F. J. Derbyshire, A. E. B. Presland, and D. L. Trimm. Graphite formation by the dissolution-precipitation of carbon in cobalt, nickel and iron. Carbon, 13(2):111-113, 1975.

[21] Masako Yudasaka, Rie Kikuchi, Takeo Matsui, Yoshimasa Ohki, Mark Baxen-dale, Susumu Yoshimura, and Etsuro Ota. Graphite formation on Ni film by chemical vapor deposition. Thin Solid Films, 280(1-2):117-123, 1996.

[22] Yudasaka Masako, Kikuchi Rie, Ohki Yoshimasa, and Yoshimura Susumu. Graphite growth influenced by crystallographic faces of Ni films. Journal of Vacuum Science and Technology A: Vacuum, Surfaces, and Films, 16(4):2463-2465, 1998.

[23] A. N. Obraztsov, E. A. Obraztsova, A. V. Tyurnina, and A. A. Zolotukhin. Chemical vapor deposition of thin graphite films of nanometer thickness. Carbon, 45(10):2017-2021, 2007.

[24] M. Yudasaka, R. Kikuchi, T. Matsui, H. Kamo, Y. Ohki, S. Yoshimura, and E. Ota. Graphite thin film formation by chemical vapor deposition. Applied Physics Letters, 64(7):842-844, 1994.

[25] A. Nagashima, N. Tejima, and C. Oshima. Electronic states of the pristine and alkali-metal-intercalated monolayer graphite/Ni(111) systems. Physical Review B, 50(23):17487, 1994.

[26] Y. Gamo, A. Nagashima, M. Wakabayashi, M. Terai, and C. Oshima. Atomic structure of monolayer graphite formed on Ni(111). Surface Science, 374(1-3):61-64, 1997.

[27] D. Farias, A. M. Shikin, K. H. Rieder, and S. Dedkov Yu. Synthesis of a weakly bonded graphite monolayer on Ni(111) by intercalation of silver. Journal of Physics: Condensed Matter, (43):8453, 1999.

[28] Elena Loginova, Norman C. Bartelt, Peter J. Feibelman, and Kevin F. McCarty. Evidence for graphene growth by c cluster attachment. New Journal of Physics, 10(9):093026, 2008.

[29] Xuesong Li, Weiwei Cai, Jinho An, Seyoung Kom, Junghyo Na, Dongxing Yang, Richard Piner, Aruna Velamakanni, Inhwa Jung, Emanuel Tutuc, Sanjay K. Banerjee, Luigi Colombo, and Rodney S. Ruoff. Large-Area synthesis of high-quality and uniform graphene films on Copper foils. Science, 324(5932):1313-1314, 2009.

[30] Xuesong Li, Weiwei Cai, Luigi Colombo, and Rodney S. Ruoff. Evolution of graphene growth on Ni and Cu

by carbon isotope labeling. Nano Letters,9(12):4268-4272,2009.

[31] Liying Jiao,Ben Fan,Xiaojun Xian,Zhongyun Wu,Jin Zhang,and Zhongfan Liu. Creation of nanostructures with poly(methyl methacrylate)-mediated nan-otransfer printing. Journal of the American Chemical Society, 130(38):12612-12613,2008.

[32] Sukang Bae,Hyeongkeun Kim,Youngbin Lee,Xiangfan Xu,Jae-Sung Park,Yi Zheng,Jayakumar Balakrishnan, Tian Lei,Hye Ri Kim,Young Il Song,Young-Jin Kim,Kwang S. Kim,Barbaros Ozyilmaz,Jong-Hyun Ahn, Byung Hee Hong, and Sumio Iijima. Roll-to-roll production of 30-inch graphene films for transparent electrodes. Nat Nano,5(8):574-578,2010.

[33] Mark P. Levendorf,Carlos S. Ruiz-Vargas,Shivank Garg,and Jiwoong Park. Transfer-free batch fabrication of single layer graphene transistors. Nano Letters,9(12):4479-4483,2009.

[34] Xuesong Li,Carl W. Magnuson,Archana Venugopal,Jinho An,Ji Won Suk,Boyang Han,Mark Borysiak, Weiwei Cai,Aruna Velamakanni,Yanwu Zhu,Lianfeng Fu,Eric M. Vogel,Edgar Voelkl,Luigi Colombo, and Rodney S. Ruo . Graphene films with large domain size by a two-step chemical vapor deposition process. Nano Letters,10(11):4328-4334,2010.

[35] Qingkai Yu,Luis A. Jauregui,Wei Wu,Robert Colby,Jifa Tian,Zhihua Su,Helin Cao,Zhihong Liu,Deepak Pandey,Dongguang Wei,Ting Fung Chung,Peng Peng,Nathan P. Guisinger,Eric A. Stach,Jiming Bao, Shin-Shem Pei & Yong P. Chen. Control and characterization of individual grains and grain boundaries in graphene grown by chemical vapour deposition. Nature Materials,10:443-449,2011.

[36] Sreekar Bhaviripudi,Xiaoting Jia,Mildred S. Dresselhaus,and Jing Kong. Role of kinetic factors in chemical vapor deposition synthesis of uniform large area graphene using copper catalyst. Nano Letters,10(10):4128-4133,2010.

[37] Melinda Y. Han,Barbaros Ozyilmaz,Yuanbo Zhang,and Philip Kim. Energy band-gap engineering of graphene nanoribbons. Physical Review Letters,98(20):206805,2007.

[38] Yu-Ming Lin,Vasili Perebeinos,Zhihong Chen,and Phaedon Avouris. Electrical observation of subband formation in graphene nanoribbons. Physical Review B,78(16):161409,2008.

[39] S. Y. Zhou, G. H. Gweon, A. V. Fedorov, P. N. First, W. A. de Heer, D. H. Lee, F. Guinea, A. H. Castro Neto,and A. Lanzara. Substrate-induced bandgap opening in epitaxial graphene. Nat Mater,6(10):770-775,2007.

[40] Yuanbo Zhang,Tsung-Ta Tang,Caglar Girit,Zhao Hao,Michael C. Martin,Alex Zettl,Michael F. Crommie, Y. Ron Shen,and Feng Wang. Direct observation of a widely tunable bandgap in bilayer graphene. Nature, 459(7248):820-823,2009.

[41] Seunghyun Lee, Kyunghoon Lee,and Zhaohui Zhong. Wafer scale homogeneous bilayer graphene films by chemical vapor deposition. Nano Letters,10(11):4702-4707,2010.

[42] Xuesong Li,Weiwei Cai,Jinho An,Seyoung Kim,Junghyo Nah,Dongxing Yang,Richard Piner,Aruna Velamakanni,Inhwa Jung,Emanuel Tutuc,Sanjay K. Banerjee,Luigi Colombo,and Rodney S. Ruo. Large-area synthesis of high-quality and uniform graphene films on copper foils. Science, 324(5932):1312-1314,2009.

[43] Takayuki Iwasaki,Hye Jin Park,Mitsuharu Konuma,Dong Su Lee,Jurgen H. Smet,and Ulrich Starke. Long-range ordered single-crystal graphene on high-quality heteroepitaxial Ni thin films grown on MgO(111). Nano Letters,11(1):79-84,2011.

[44] Kongara M. Reddy,Andrew D. Gledhill,Chun-Hu Chen,Julie M. Drexler,and Nitin P. Padture. High quality, transferable graphene grown on single crystal Cu(111) thin films on basal-plane sapphire. Applied Physics Letters,98:113117,2011.

[45] Li Gao, Je rey R. Guest, and Nathan P. Guisinger. Epitaxial graphene on Cu(111). Nano Letters, 10(9)：3512-3516, 2010.

[46] M. Eizenberg and J. M. Blakely. Carbon monolayer phase condensation on Ni(111). Surface Science, 82：228-236, 1979.

[47] W. W. Dunn, R. B. McLellan, and W. A. Oates. Segregation isosteres for carbon at the (100) surface of nickel. Trans. AIME, 242：2129, 1968.

[48] Archana Venugopal-Eric M. Vogel Rodney S. Ruo Luigi Colombo Xuesong Li, Carl W. Magnuson. Large domain graphene. arXiv：1010. 3903v1, 2010.

[49] Chae Seung Jin, Gne Fethullah, scedil, Kim Ki Kang, Kim Eun Sung, Han Gang Hee, Kim Soo Min, Shin Hyeon-Jin, Yoon Seon-Mi, Choi Jae-Young, Park Min Ho, Yang Cheol Woong, Pribat Didier, and Lee Young Hee. Synthesis of large-area graphene layers on poly-Nickel substrate by chemical vapor deposition：Wrinkle formation. Advanced Materials, 21(22)：2328-2333, 2009.

[50] Lianchang Zhang, Zhiwen Shi, Yi Wang, Rong Yang, Dongxia Shi, and Guangyu Zhang. Catalyst-free growth of nanographene films on various substrates. Nano Research, 4(3)：315-321, 2011.

[51] Mark H. Rummeli, Alicja Bachmatiuk, Andrew Scott, Felix Borrnert, Jamie H. Warner, Volker Ho man, Jarrn-Horng Lin, Gianaurelio Cuniberti, and Bernd Buchner. Direct low-temperature nanographene CVD synthesis over a dielectric insulator. ACS Nano, 4(7)：4206-4210, 2010.

[52] Nai Gui Shang, Pagona Papakonstantinou, Martin McMullan, Ming Chu, Artemis Stamboulis, Alessandro Potenza, Sarnjeet S. Dhesi, and Helder Marchetto. Catalyst-free efficient growth, orientation and biosensing properties of multilayer graphene nano flake films with sharp edge planes. Advanced Functional Materials, 18(21)：3506-3514, 2008.

[53] J. J. Wang, M. Y. Zhu, R. A. Outlaw, X. Zhao, D. M. Manos, B. C. Holloway, and V. P. Mammana. Free-standing subnanometer graphite sheets. Applied Physics Letters, 85(7)：1265-1267, 2004.

[54] Albert Dato, Velimir Radmilovic, Zonghoon Lee, Jonathan Phillips, and Michael Frenklach. Substrate-free gas-phase synthesis of graphene sheets. Nano Letters, 8(7)：2012-2016, 2008.

[55] Xianbao Wang, Haijun You, Fangming Liu, Mingjian Li, Li Wan, Shaoqing Li, Qin Li, Yang Xu, Rong Tian, Ziyong Yu, Dong Xiang, and Jing Cheng. Large-scale synthesis of few-layered graphene using CVD. Chemical Vapor Deposition, 15(1-3)：53-56, 2009.

第8章

制备石墨烯氧化物及相关材料的化学方法

Alexander Sinitskii, James M. Tour

最近广受关注的石墨层胶带剥离法是一种新型物理方法,而化学剥离石墨层的方法已有数十年的历史[1-8]。本章将首先从历史的角度介绍化学剥离法,然后仔细讨论以下几部分:化学转换石墨烯(chemically converted graphene, CCG)和石墨烯氧化物(graphene oxide, GO)的形貌;分析 GO 结构的模型和辅助实验;CCG 和 GO 的电学特性;CCG 的合成及官能化;从碳纳米管(CNT)获得石墨烯纳米带。

8.1 引 言

第一次剥离石墨化学方法的记载可追溯到 1859 年,当时 B. C. Brodie 用氯酸钾($KClO_3$)和发烟硝酸(HNO_3)处理了天然的石墨片[9]。这个反应一般是在 60℃下持续 3~4 天,用水洗去生成物中的酸和盐,然后多次重复整个过程,直至不再发生化学反应。Brodie 设法分离出"极薄且非常透明"的晶体。至于所得材料的化学成分,Brodie 发现了碳、氧和氢。这也解释了为什么其总质量比反应前的石墨片更重。数十年里,这种在中性和碱性介质中会分散而在酸性介质中不会分散的材料称为"graphic acid"(Brodie 命名)或"graphitic acid",现在一般称为"graphite oxide 石墨氧化物"。石墨氧化物(GO)保留了其原始材料石墨的层状结构,但是每层都被重度氧化了,带有很多含氧基团。后来证实,通过柔和的声波降解或搅拌,这种层状物可以很容易地溶解在水或其他极性溶剂中,形成石墨烯氧化物(GO)溶液,其中的主要成分是单层或少层堆垛片状物。

石墨/石墨烯氧化物具有很强的氧化性,能被肼[10]、羟胺[11]、硼氢化钠[12]、氢化钠[13]等还原剂还原。其他还原方法还包括在真空或还原气体(Ar/H_2)[14]中高温退火、室温下闪光灯加热[15]或溶剂加热[16]。最近有研究表明,在特定条件下细菌也可以还原 GO[17]。这些还原方法可以去除石墨/石墨烯氧化物中大多数的含氧官能基团,相应的产物通常称为"化学转换石墨烯"。

后来研究人员尝试改进 Brodie 的方法或发展其他氧化石墨的方法。在 19世纪 90 年代末,Staudenmaier 改进了 Brodie 的方法,除了氯酸钾和硝酸之外,他还用了硫酸,并且将氯酸钾多次加入反应物中,而不是一次添加[18]。Hummers 和 Offeman 则在 1958 年提出了另一种制备石墨氧化物的方法[19]。他们指出 Brodie 和 Staudenmaier 的方法耗时且危险,因为反应时间需要几天,而且反应过程中会产生有毒且易爆的二氧化氯。他们建议用浓硫酸、硝酸钠($NaNO_3$)和高锰酸钾($KMnO_4$)的混合溶液处理石墨的方法来合成石墨氧化物。这个反应快很多,只需几小时就完成了,且不会产生易爆的气体(虽然氧化氮有毒)。因此,采用这三种方法(Brodie、Staudenmaier 或 Hummers 方法)中的任何一种我们都必须非常小心。它们仍然是目前制备石墨和石墨烯氧化物的常规方法(虽然有所改进)。

8.2 CCG 和 GO 的形貌

最早人们是通过光学显微镜观察到石墨/石墨烯氧化物的碎片[9]。然而,随着显微镜技术的发展,人们才清晰地知道石墨烯氧化物和 CCG 的碎片是极其薄的,差不多一个原子层厚度。第一张 TEM 照片是由 Boehm 等在 1962 年拍摄的[20]。他利用 Hummer 方法制备出石墨氧化物,并对其还原产物(CCG)进行了分析(图 8.1)。相对于衬底(聚合物薄膜),有些碎片薄到几乎看不到。通过数据处理,Boehm 等发现最薄处的平均厚度约为 4.6Å,说明这部分是单层的。

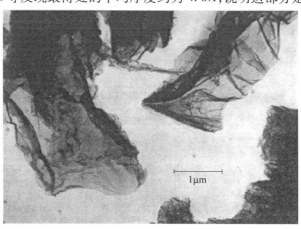

1μm

图 8.1 采用 Hummer 方法得到 GO,再用肼还原法获得 CCG 薄片的 TEM 照片(引自文献[20])

单层和几层厚的石墨烯氧化物碎片除了可以通过 TEM 观测到,通过扫描电子显微镜(SEM)和原子力显微镜(AFM)等其他技术也能够观测到。图 8.2(a) 所示为 Si/SiO$_2$ 衬底上的一片大 GO 碎片。虽然通过这样的图片无法判断 GO 片的厚度,但是通过 SEM 照片的对比度可以很好地判断它是薄的还是厚的。如图 8.2(a)所示,由于碎片的折叠、双叠和三叠区域的区别是显而易见的,在比较不同薄片的厚度时,亮度的对比度是很有用的。图 8.2(b)所示为 Si/SiO$_2$ 衬底上的许多 GO 片,很明显有些碎片比其他的要厚。AFM 是可以用于精确测量 GO 薄片的厚度并确定原子层是否完全分离的表征技术,且单层 GO 片的厚度估计在 0.6~1.1nm 之间[22-26]。图 8.2(c)所示为 Si/SiO$_2$ 衬底上单层 GO 片的典型 AFM 照片,其厚度约为 1nm(图 8.2d)。

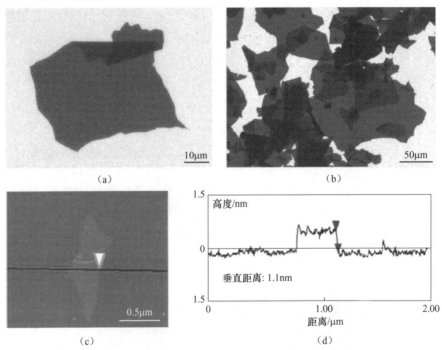

图 8.2 Si/SiO$_2$ 衬底上的石墨烯氧化物薄片的((a),(b)) SEM 图像和(c) AFM 图像,
(d)显示图(c)中沿线截面的高度(引自文献[21])

衬底上 GO 薄片出现纳米褶皱往往是由于衬底表面的粗糙[27]。置于原子级别平坦的衬底上,GO 薄片可以非常平整。这时其本身的起伏和各种基团引起的褶皱能被石墨烯与衬底界面间的范德瓦尔斯作用大幅抑制。为了展示这个效应,可以将 GO 薄片沉积在不同粗糙度的衬底上[27]:"粗糙"的 Si/SiO$_2$(化学刻蚀衬底,均方根粗糙度约为 0.5nm)、较平滑的 Si/SiO$_2$(均方根粗糙度约为 0.3nm)和刚切开的云母。薄片的厚度约为 1nm,为单层薄膜。AFM 照片清楚地

表明,GO 片的褶皱与衬底的粗糙度有跟强的关联。在粗糙的 Si/SiO₂ 上 GO 片
的均方根粗糙度约为 0.38nm,在较平滑的 Si/SiO₂ 上 GO 片的均方根粗糙度约
为 0.3nm,在云母上 GO 片的均方根粗糙度则仅为 0.07nm 左右。这表明,相较
于其他原因,衬底的粗糙度是石墨烯材料褶皱的关键因素。

石墨氧化物是由 GO 片堆叠而成的层状结构。这些薄膜层因为被含氧基团
高密度修饰而具有很强的亲水性,层间很容易嵌入水分子[28]。因此,GO 片之
间的距离随着湿度的增加可以从 6Å 递增到 12Å[28]。

8.2.1　GO 的结构

尽管 GO 被深入研究已经超过一个世纪,但其精确的结构迄今还不甚清楚。
GO 的复杂性及其成分和性质对初始材料、制备技术和实验条件的敏感使得分
析其结构非常困难。此外,最近 TEM 技术的进步才使得直接观察 GO 结构成为
可能[29-30],而早期的结论都是通过间接分析得到的。

目前最为熟知的是 Lerf 和 Klinowski 基于固体 ^{13}C 核磁共振(nuclear
magnetic resonance,NMR)光谱结果提出的模型[31-33]。在这个模型中 GO 的结
构是不规则的,它有不同的含氧官能团:连接在衬底平面的羟基和环氧树脂以及
连接在 GO 边缘的羧基或羰基(图 8.3)。其他 GO 模型可在已发表的综述里
找到[34]。

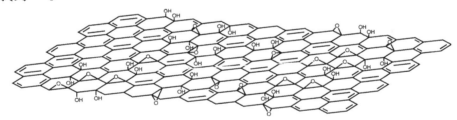

图 8.3　石墨氧化物的化学结构。为清楚起见,忽略了次要的功能团,
如边缘的羧基和羰基(引自文献[32]© Elsevier)

可以说,识别 GO 结构最直接的方法就是用高分辨率的 TEM,且这些实验结
果很好地支持了 Lerf 和 Klinowski 提出的 GO 结构模型。图 8.4 分别展示了
Erickson 等[30]提出的石墨烯、GO 和 CCG 悬浮单层薄片的高分辨率 TEM 图像,
显示了石墨烯和用 Hummers 方法[19]制备的 GO,以及用肼蒸汽还原 GO,在流动
的氮气中缓慢加热到 550℃得到的 CCG 之间的结构差异。

与近乎没有缺陷的长程有序石墨烯薄片相反(图 8.4(a)),GO 的结构非常
不均匀(图 8.4(b))。GO 薄片主要存在三种典型区域:孔、石墨区和高度氧化
的无序区,相应的面积百分比分别为 2%、16% 和 82%。孔的面积一般小于
5nm²,能通过 TEM 看到[29-30];它们是在过度氧化和薄片剥落过程中通过释放

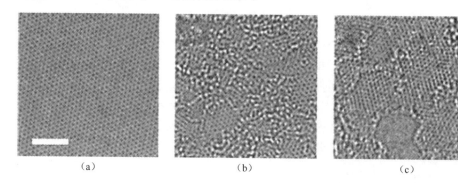

图 8.4　(a)石墨烯、(b) GO、(c) CCG 悬浮单层材料的像差校正过的 TEM 照片

(比例尺为 2nm;所有图片的放大率相同(引自文献[30]))

CO 和 CO_2 形成的[35]。出现石墨区(通常 $1\sim 6nm^2$)说明初始石墨材料没有被完全氧化。衬底平面的无序氧化区则形成一个遍布 GO 薄片的连续网络。与 GO 相比,单层 CCG(图 8.4(c))中的孔更多(约 5%的面积),这是由于退火过程中形成了 CO 和 CO_2[36]。石墨区显著增加,达到约 70%的面积,说明了氧官能化的减少大量恢复了在氧化过程中失去的原始碳 sp^2 键连接,尽管可能由于还原和退火后继续存在氮和氧官能化,但是无序区域仍然广泛存在[14,22,37]。

这些 TEM 观察结果与 Boukhvalov 和 Katsnelson 的理论模拟结果很相符[38]。基于密度泛函计算,GO 的不完全修饰(75%)比完全修饰(100%)在能量上更稳定。另外,尽管从 75%还原到 6.25%(C∶O = 16∶1)覆盖率比较容易实现,GO 完全还原至石墨烯是很难实现的。TEM 的数据(图 8.4)确认了 GO 的不完全氧化和 CCG 上的不完全还原。

Erickson 等总结了如下 GO 结构的透镜结果及推论[30]:①一般氧化 GO 包含的石墨区尺寸可达 $8nm^2$;②氧化区在 TEM 图像中表现为无序氧化且极少 sp^2 成键的无定形结构,并形成一个满布 GO 薄片的连续网络;③GO 薄片存在很多的孔,其面积通常小于 $5nm^2$;④TEM 数据和模拟表明羟基和1,2-环氧树脂是主要的官能团,羰基可能分布于孔的边缘;⑤石墨区中心处碳原子间的 sp^2 键基本无伸缩;⑥没有在 GO 薄片中观察到线状的石墨区和氧化区或其他超级结构。

综上所述,TEM 实验[29-30]基本上支持了 Lerf 和 Klinowski 提出的 GO 模型[31],或者说自然情况下 GO 薄片是无定形的,拥有密集的氧化区,羟基和1,2-环氧树脂是主要的官能团,而羰基则位于其边缘上[31-32,35,30-41]。但是,石墨区和氧化区的面积比 Lerf 等提出的更大,且这个结构模型没有考虑 GO 片中存在的大量孔洞。

GO 的高度氧化在 XPS 中能被清晰地看到。GO 的典型 C 1s XPS 光谱(图 8.5(a))有 4 个组成成分,分别对应于不同官能团中的碳原子:芳香环 C—C 键中的碳原子、C—O 键中的碳原子、C =O 键中的碳原子和羧酸碳(O—C =

O)$^{[22,42]}$。CCG 的 C 1s XPS 光谱(图 8.5(b))显示了相似的含氧官能团,但是它们的谱峰强度比 GO 要弱很多,显示在还原过程中有相当大的脱氧。值得注意的是,用肼还原 GO 得到的 CCG 中存在相当多的氮,如在 XPS 谱线中在 285.9eV 处所示的另一个与氮相连的碳成分(对应被氮束缚的碳)$^{[22,42]}$。

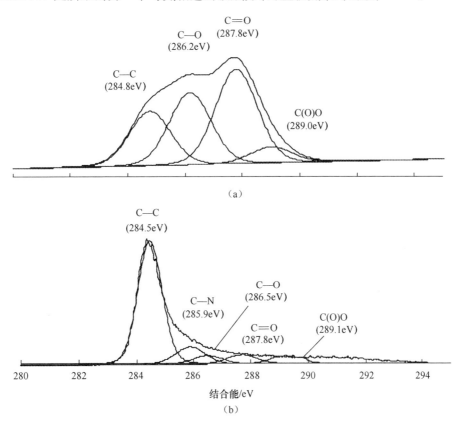

图 8.5　(a) GO 和 (b) CCG 的 C1s XPS 光谱 (引自文献[22]© 2007 Elsevier)

8.3　GO 和 CCG 的电学性质

由于 GO 的氧化程度很高,所以它并不导电。GO 还原能移除大多数的官能团,增加石墨区面积,因此能部分恢复材料的导电性。根据 Boukhvalov 和 Katsnelson 的理论研究,如果官能团覆盖范围没有超过 25%,GO 薄片就可以成为导体,否则将是绝缘体$^{[38]}$。

图 8.6 展示了基于肼还原 GO 得到 CCG 的一个典型电子器件的电学性质$^{[21]}$。所有薄片显示出定性上相同的电学性质;它们在空气中为 p 型半导体,

但在真空中,当移除在石墨烯中会引起掺杂效应的大气吸附物后,会出现双极型电场效应[43]。这个过程是完全可逆的,当再次将 CCG 薄片暴露在空气中,它们又表现为 p 型半导体[44-46]。据报道,肼还原得到的 CCG 薄片的电导率在 0.05~2S/cm 的范围内[24]。

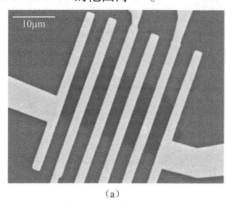

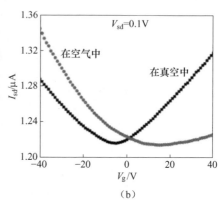

(a)   (b)

图 8.6　(a)基于肼还原 GO 得到 CCG 薄片多端电子器件的 SEM 图像;
(b)该多层 CCG 薄片电子器件在空气和真空中的源漏电流-栅极
电压(I_{sd}-V_g)特性曲线(引自文献[21] © 2010 美国化学学会)

图 8.7(a)展示了 CCG 薄片典型的电阻与温度关系[24]。还原得到的 CCG 展现出半导体性质,所以它的电阻随温度的下降而增加;当温度从 298K 降至 4K 时,其电阻值将上升三个数量级以上。这跟行为几乎与温度无关的机械剥离石墨烯不同[47-49]。这些随温度变化的 CCG 数据在 $\ln(I/A)$ 对 $T^{-1/3}$ 的坐标系中呈线性关系,表明相应的电输运机制可能是变程跳跃(variable range hopping,VRH)[24,50-51]。VRH 机制一般遵循这样的温度依赖关系: $I = I_0 \cdot \exp[(T_0/T)^{1/n}]$,其中 $n-1$ 是系统的维数[52]。$T^{-1/3}$ 关系反映的二维特性与 CCG 薄片的二维特征一致。这一行为与在室温条件下 STM 看到的结果相关[24]。由于晶格无序高亮区的出现,GO 薄片的 STM 图像与完美石墨烯[53]的很不一样。很可能这些区域对应于 GO 薄片中的含氧官能团区域,这在先前讨论的 TEM 图像中也观察到了。在 CCG 的这种"零散"结构中,石墨岛被高氧化区和孔洞隔开,因而形成了 VRH 输运机制,跃迁发生在完整的石墨烯区域之间。

有意思的是,GO/CCG 薄片与 Si/SiO₂ 衬底有很强的相互作用。在上述研究中[24],选取部分折叠的薄片来制作器件以便同时存在单层和双层接触,如图 8.7(c)所示。这时双层区域的电导率总是超过单层区域电导率 2 倍以上,表明第二层的导电性优于第一层。对不同层数 CCG 薄片的统计分析表明,三层到七层薄片的电导率并不增加。这意味着与 Si/SiO₂ 衬底的相互作用只抑制了最下层的电导率。SiO_2 衬底对机械剥离[5-8]的石墨烯的影响也类似。所以使用原子级光滑的高度结晶衬底,如六角氮化硼[54]或悬浮石墨烯,[55-56]将大幅提升电载流子的迁移率。

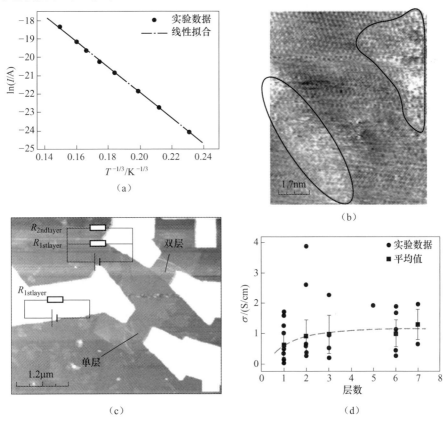

图 8.7　CCG 的电子特性。(a) CCG 电导与温度关系,在 $\ln(I/A)$-$T^{-1/3}$ 坐标中呈线性关系($V_{bias}=0.2V$);(b) HOPG 衬底上单层 GO 的 STM 图像,轮廓线圈出了氧化区;(c) 折叠 CCG 薄片的 AFM 图像,电接触连接单层和双层区,插图为数据分析用的电路图;(d) CCG 薄片的平均电导率(在室温下测量)和层数的统计关系,灰虚线为走势线(引自文献[24]© 2010 美国化学学会)

8.3.1　GO 分散体

由于存在许多官能团,GO 片具有亲水性。所以声波降解法可被用于在水和有机溶剂中获得稳定的 GO 胶状悬浮液[22,57-58]。例如,GO 可以在水中扩散从而得到棕色悬浮液。但是,声波降解法有一个不好的地方就是它会损坏 GO 薄片。通常,在稳定悬浮液中 GO 薄片的典型尺寸是几百纳米[22]。如果在合成过程中进行缓慢的机械搅拌,可以获得高达几百微米(横向尺寸)的 GO 薄片(图8.2(a),(b)),尽管大尺寸薄片的溶液并不稳定。

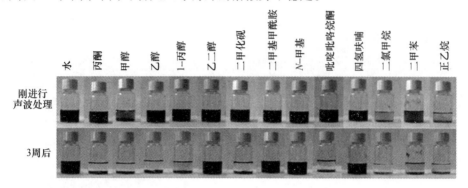

图 8.8　GO 在不同溶剂中分散 1h(上图)和 3 周(下图)后的实时照片。
二甲苯样品的颜色来自于溶剂本身(引自文献[58] © 2008 美国化学学会)

　　人们已经在研究寻找形成稳定 GO 分散体溶剂。因为 GO 薄片富含极性的含氧官能团,因此极性的溶剂是一个必要条件。相应地,GO 薄片的官能化程度是能否形成稳定分散体的另一个重要因素。Paredes 等进行了一场实验,他们利用超声波将 GO 以相同的标示浓度(0.5mg/mL)分散在水和 13 种不同有机溶剂中[58]。几周以后,他们在水和几种有机溶剂中观察到了 GO 薄片的稳定分散体,包括 N,N-二甲基甲酰胺(N,N-dimethyformamide,DMF)、N-甲基 1,2-吡咯烷酮(N-methyl-2-pyrrolidone,NMP)、四氢呋喃(tetrahydrofuran,THF)和乙二醇(图 8.8)。从 AFM 数据中可以看到,在这些溶剂中所有 GO 薄片都被剥成了一个单层薄片,尺寸从几百纳米到几微米。

　　不同的稳定剂也可以使 GO 薄片在不同的溶剂中形成稳定的分散体。例如,1-芘丁酸,可溶于水的芘衍生物,对于制备稳定的水分散体是很有效的。因为 π 电子的交叠使石墨基平面对芘形成很强的亲和力[59]。

8.3.2　形成 GO 和可溶石墨烯的改进方法

　　为了获得更好的性能,人们在改善 GO 的制备方法(Brodie 方法、Staudenmaier 方法、Hummers 方法)上做了很多的尝试。目前,Hummers 方法($KMnO_4$、$NaNO_3$、H_2SO_4)是最常用的制备 GO 薄片的方法。Luo 等报道用 Hummers 方法将微波热剥落的石墨合成缺陷很少的大尺寸的 GO 薄片[60]。Marcano 等展示在 Hummers 的最初方法中不用 $NaNO_3$,而是增加 $KMnO_4$ 的用量,并在 H_2SO_4:H_3PO_4 为 9:1 的混合体中反应来提高氧化过程的效率[21]。第二种酸(如 H_3PO_4)在氧化过程中的作用将在后面讨论。与 Hummers 方法(HGO)或添加 $KMnO_4$ 的 Hummers 方法(HGO+,改善的 Hummers 方法)相比,这种改进的方法(IGO)可以产生更大数量的亲水性氧化石墨烯材料,如图 8.9

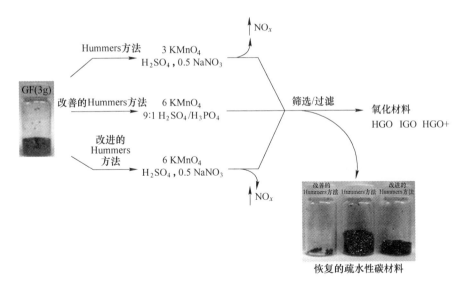

图 8.9　通过氧化石墨薄片(GF)获得 GO 的方法[21]。在提纯 IGO、HGO 和
HGO+的过程中恢复欠氧化疏水性碳材料。产生的欠氧化材料非常少表明
IGO 方法提高了效率(引自文献[21] © 2010 美国化学学会)

所示。尽管 IGO 比 HGO 的氧化程度更高,IGO 仍可以通过肼还原成导电的
CCG。与 Hummers 方法不同,改进后的方法不产生有毒气体,并且温度很容易
控制。改进的 GO 合成方法[21]对 GO 和 CCG 的大规模生产具有重要意义。

　　制备可溶性石墨烯的传统方法需要强氧化条件,这会破坏材料的 sp^2 网状
结构并降低其导电性。所以人们尝试了很多办法将石墨分散到各种无氧化作用
的溶剂中。例如,有报道将石墨烯分散到一些极性溶剂中,如 DMF[61] 和
NMP[62],尽管这样得到的浓度很低(约 0.01mg/mL)。Hamilton 等演示在非极
性溶剂邻二氯苯(ortho-dichlorobenzene, ODCB)中用几种石墨材料制备出浓度
为 0.02~0.03mg/mL 的均匀石墨烯薄片分散体的方法[63]。可能由于其高效的
π—π 相互作用,ODCB 以前是一种常见的富勒烯和单壁碳纳米管(single-wall
carbon nanotube, SWCNT)反应溶剂[64]。TEM 研究(图 8.10(a))表明,该分散
体中的石墨烯薄片层数较少,一般少于 5 层。这个方法的优势在于它的高产、简
单且无须强氧化条件。这种 ODCB 的分散体同样用于共价官能化石墨烯(图
8.10(b))。过氧化苯甲酰的热分解通常用来引发对 ODCB 分散体中的石墨烯
进行碘代烷烃的自由基加成。或者 OCDB 分散体中的石墨烯可能会很容易地被
芳基叠氮热分解过程中产生的氮烯官能化(图 8.10(b))。

　　各种极性溶剂,如碱性水溶液、DMF 和 DMSO 的石墨烯薄片分散体可以通
过使用 7,7,8,8-四氰二甲基苯醌(TCNQ)阴离子作为稳定剂,用热膨胀石
墨(thermally expanded graphite, TEG)制得[65]。TCNQ 表现出与芳香系统的强

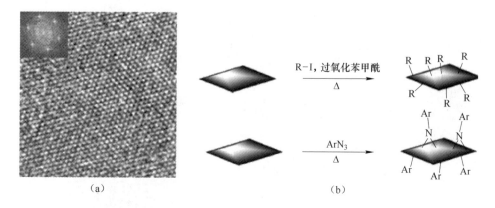

图 8.10　分散在 ODCB 中的石墨烯,(a)单层石墨烯的 TEM 图;(b) 制备官能化石墨烯可能反应的示意图,R＝十二烷基,Ar＝苯基(引自文献[63] © 2009 美国化学学会)

π—π堆叠相互作用,所以吸附在石墨烯表面的 TCNQ 阴离子使石墨烯片之间有效地相互排斥,因而形成均匀的悬浮液。

获得无氧化石墨烯片的另一个有前景的溶剂是氯磺酸(HSO$_3$Cl),它也曾被发现是获得 SWCNT 的良好溶剂[66]。Behabtu 等展示石墨可以在氯磺酸中自发地剥落为单层石墨烯,并且可以高达 2mg/mL 的各向同性浓度溶解[67]。这个过程不需要用会降低石墨烯性能或减小薄片大小的共价官能化、表面活性剂稳定或者声波降解等方法。另外,在氯磺酸中形成的石墨烯各向同性溶液,其浓度要比在有机溶剂或有表面活性剂的水中通过超声波粉碎方法[61-62]得到的溶液大10~100 倍。用这些分散体制造的透明导电膜,在透明度约 80% 时,膜电阻为1000Ω/□。

人们发现,酸的强度会影响分散的质量,因此,如果用浓度为 98% 的硫酸稀释氯磺酸,石墨的溶解度就会下降。有趣的是,对于同样的酸溶液,石墨烯的溶解度要比 SWCNT 低;SWCNT 不仅溶于氯磺酸,也能溶于较弱的超强酸,如102% 的硫酸。石墨在 HSO$_3$Cl 中的单层剥落现象已经得到 TEM 和 AFM 的确认,并且发现 70% 的分散石墨烯薄片都是单层的。平均薄片尺寸与石墨源关系很大,如微晶石墨和柔性石墨（柔韧石墨片）生成的薄片的平均尺寸分别为300nm 和 900nm。

冷冻透射电镜(Cryo-TEM)实验表明,石墨烯薄片在氯磺酸中是近乎平坦的,所以它们表现出类似片晶的行为[67]。众所周知,随着浓度的提高,各向异性刚体分子会经历一个各向同性/液晶的转变[69]。因此,在较好的溶剂,如HSO$_3$Cl 中,高浓度的石墨烯分散体会出现各向同性/液晶相的分离。在高浓度的石墨烯硫黄酸溶液中(约 20~30mg/mL),Behabtu 等观察到了液晶相的自发形成[67]。在交叉偏光镜下,这种分散体表现出液晶双折射的典型特征。尽管碟状的片晶(称为碟形晶)具有多种不同的液晶相(向列的、手性的、柱状的),但对于多分散的非官能化系统,如石墨烯/超酸[67],向列相是唯一可能的相。此外,Behabtu 等观察到了与典型的碟形向列结构非常相似的液晶条纹组织[70]。这种液晶相对于加工整洁的宏观石墨品,如石墨纤维和薄膜,有很大的作用。

　　一些合成无氧化石墨烯的方法使用石墨层间化合物(graphite intercalation compounds,GIC)作为前驱体。GIC 已经被研究了几十年[71-72],它们一直被用作剥落厚度为 2~10nm 石墨纳米片的前驱体[73]。为了用石墨制作单层的石墨烯片,一些小组提出了两步法。先将石墨经过酸温处理使其膨胀形成 TEG,然后在夹层中插入不同的嵌入剂来进一步扩大夹层的间距。Li 等使用这种方法,将氢氧化四丁基铵(terabutylammonium hydroxide,TBA)插入含发烟硫酸的 TEG 夹层中,然后在表面活性剂的 DMF 溶液中进行超声粉碎处理来形成均匀的悬浮液[74]。在从悬浮液的上清液中移除大片的未剥落的 TEG 片后,剩余液体包含了约 90% 的单层石墨烯片。插入 TBA 以扩展 TEG 层间距是重要的一步,它促进了在表面活性剂溶液中的单层石墨片的剥落。在没有 TBA 处理环节的对照实验中,单层石墨烯片的产量非常低。Lee 等提出了另一个以 GIC 为前驱体得到石墨烯的方法[75]。他们首先在 600~700℃ 的温度下对 $C_2F \cdot n ClF_3$(一种氟化的包含无机易挥发嵌入剂 ClF_3 的 GIC)进行热分解,然后把其产物分散到浓度为 0.1% 的十二烷基苯磺酸钠(sodium dodecylbenzene sulfonate,SDBS)的水溶液中。如果将热冲击氟化 GIC 所得的产物用浓硝酸和浓硫酸的混合物进行处理,所得的产物会和 GO 很像,也就是说,它不需要任何表面活性剂就能在极性溶液,如水或乙醇中形成稳定的分散体[76]。石墨烯也可以通过含钾 GIC($K(THF)_x C_{24}$,其中 THF 是四氢呋喃,$x=1~3$)在 NMP[77] 的自发剥落而形成,或者在同时插入 $FeCl_3$ 和硝基甲烷的 GIC 中通过微波引发硝基甲烷的快速分解而获得[78]。

8.4　官能化的石墨烯和 GO

　　人们已经开展了一些研究来获得官能化石墨烯和 GO 的溶液,图 8.11 展示了三个相关例子。在 Lomeda 等的实验中,他们用芳基重氮盐对包裹了表面活性剂的 CCG 进行处理使其官能化[79],如图 8.11(a)所示。单独的可溶性官能化石墨烯片也可以通过机械辅助剥落,并在离子溶液(IL)中用芳基重氮盐及碳酸钾对热膨胀石墨氧化物(TEGO)进行研磨,从而通过官能化的方法来制备[80],如图 8.11(b)所示。初始的 TEGO(少于十层的石墨烯)可以通过在 H_2/Ar 气氛中将 GO(由 Staudenmaier 方法合成)迅速地加热到 1000℃ 以上以去除大部分的氧来获得。实验[80] 中用到的 IL 是 1-辛基-3-甲基咪唑四氟硼酸盐(OMIBF$_4$)。通过使用不同的芳基重氮盐(图 8.11(b)),人们可以方便地定制有各种附加性质的官能化材料。此前,人们已经对 IL 进行了广泛的研究[82],

发现它在使 SWCNT 官能化的过程中起到了很大的作用,因为 IL 可以对 SWCNT 束进行剥离[83-84]。因此,在上述过程中使用 IL 可以促进石墨烯片的剥落和官能化。最近,IL 也用于通过电化学作用从石墨电极上剥落石墨烯片[85]。

另一个合成可溶性官能化石墨烯的方法如图 8.11(c)所示[81]。在对 DMF 中的 TEG 进行声波处理时,带 4-溴苯基团的 TEG 化学官能化会促进石墨烯片的剥落。正如能量过滤透射电子显微镜(energy filtered transmission electron microscope,

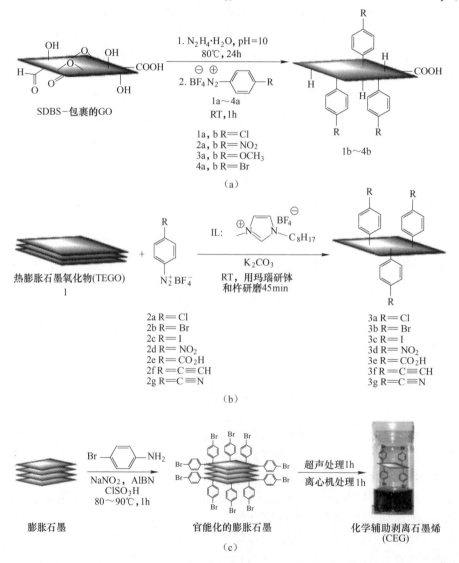

图 8.11　用重氮化合物合成官能化的石墨烯溶液的几种不同方法。(a)GO 的官能化(引自文献[79]);(b)通过研磨离子液体中的热膨胀石墨使得石墨烯片剥落和官能化(引自文献[80]);(c)使 TEG 官能化以促进石墨烯的剥落(引自文献[81]© 2010 Springer)

EFTEM)显示的,所得石墨烯片基本都在边缘被官能化了。由于 4-溴苯基重氮盐的分子体积相对较大,它并没有对 TEG 中的所有石墨烯层表现出同等程度的渗透和反应。也就是说,除了边缘部分,TEG 材料的内层片状结构表面的官能化是相对较慢的,这是因为试剂不能很快地进入两个片层之间。大部分的 4-溴苯基官能团在官能化石墨烯片边缘约 70nm 的距离内。TEM 得到的数据表明,通过这种方法得到的石墨烯片中,层数小于 5 的比例大于 70%,单层的大约有 10%。

8.5　拉开 CNT 获得的石墨烯

近来的实验表明,Hummer 试剂(H_2SO_4 和 $KMNO_4$)不仅可以用来从石墨片中获得石墨烯氧化物,还可以从碳的另外一种同素异形体,碳纳米管中获得石墨烯氧化物[86]。这样的话,碳纳米管外壳的氧化导致了纵向的打开,以及高长宽比的石墨烯氧化物薄层的形成,即所谓的石墨烯氧化物纳米带(graphene oxide nanoribbon,GONR)。这样的 GONR 极易溶于水(12mg/mL)、乙醇和其他极性有机溶剂中。纳米管沿直线打开从而形成一条直边的纳米带(图 8.12(a))。Kosynkin 等根据文献中用酸性的高锰酸盐氧化烯烃的先例,提出了一种打开纳米管的方法。第一步是锰酸盐酯的合成(图 8.12(b)中 2),这是决定速率的一步,进一步的氧化可能会在脱水介质中产生二酮(图 8.12(b)中 3)。拱壁酮的并列将 β,γ-烯烃扭曲,使他们更容易被高锰酸盐氧化。随着反应的进行,由于有了更多的羰基投射空间,β,γ-烯烃上拱壁产生的张力减小。然而,洞(或者源自纳米管断点的裂缝)的增大引起的键角应变会使 β,γ-烯烃(图 8.12(b)中 4)逐渐变得活泼。因此,一旦一个开口打开,更多的开口会发展到未打开的管或者相同管的未打开位置。酮类可通过他们的 O-质子化形式转化为位于纳米带边缘的羧基酸[88]。最后,当纳米管打开为纳米带时,键角应变的解除减缓了酮的进一步形成和剪切[89]。因此,伴随着硝酸氧化,连续键在任意开口劈裂和随后的剪切倾向可以解释为高锰酸盐可吸附在邻近的碳原子上,而来自硝酸的硝类离子却不会。缺乏张力的纳米带表面容易形成 1,2-二醇结构,这会产生全面高度氧化的带,但由于双键的管状张力的释放,这不太可能产生更多的酮氧化切口。Rangel 等报道了利用第一性原理的密度泛函理论计算拉开过程[90],证实了之前文献[86]提出的原理机制。基于以上这些实验和理论研究得出了重要结论——这些纳米带具有明显的锯齿型边界。

图 8.13(a)、(b)展示了前驱体多壁碳纳米管(multi-wall carbon nanotube,MWCNT)和产生的 GONR 材料的典型 TEM 图像。虽然开始时 MWCNT 的直径为 40~80nm,拥有约 15~20 个内部纳米管层,但反应之后,碳纳米结构的宽度增加到 100nm 以上。由氧化拉开的 MWCNT 得到的纳米带结构与 GO 相似,这已

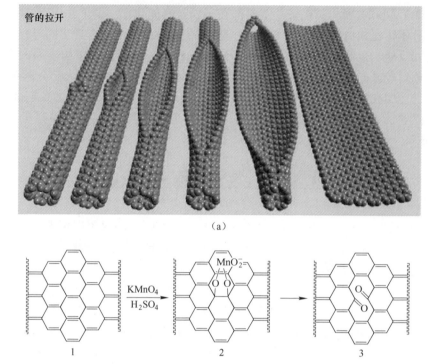

（a）

（b）

图 8.12　GONR 的形成机制。（a）逐渐拉开单壁碳纳米管形成纳米带的示意图，氧化
位置未显示；（b）文献［86］提出的打开纳米管方法的原理图（引自文献［86］）

经被 XPS、X 射线衍射（X-ray diffraction，XRD）和 IR 光谱所证实[86]。我们已经
知道肼（N_2H_4）可用于还原 GO 并恢复共轭和部分电导率从而形成 CCG[10,22,44,92]，
它也能用于还原纳米带。图 8.13（c）～（l）展示了从水溶液中取出并放在 Si/
SiO_2 衬底上的还原石墨烯纳米带的 SEM 图像。

图 8.13 清晰地显示了单层、双层和多层石墨烯纳米带的形态差异。由于单
层纳米带和衬底的亮度非常接近而且他们拥有相互平行的边界，所以单层石墨
烯纳米带能够被 SEM 分辨。单层和双层石墨烯纳米带的形态差异展示在图
8.13（h）和（i）中，图中显示了共存的单层和双层石墨烯纳米带薄片。经过
40min 的肼还原，单层纳米带一般的厚度为 0.7～1.1nm，双层和三层石墨烯纳米
带的厚度按比例增加[91]。

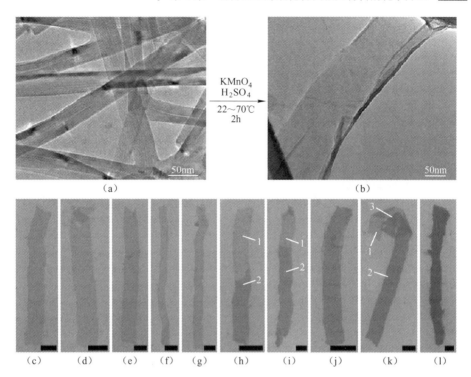

图 8.13 GONR 和 GNR 的图像。((a),(b)) MWCNT(a) 转变为 GONR;(b) 的 TEM 图像。带的右边区域部分地向内折叠。黑色结构是碳成像网格的一部分。沉积在 Si/SiO₂ 衬底上的肼还原石墨烯纳米带图像;((c)-(l)) 石墨烯纳米带的 SEM 图像:单层 ((c)~(g))、单层和双层薄片共存的石墨烯纳米带((h)~(j))、双层((j)(k))和多层石墨烯纳米带 (i)。((h)(i)(k))中的箭头表示石墨烯纳米带的层数;(k) 中的有效三层的出现是由于上层双层石墨烯纳米带的折叠。除了(f) 中的比例尺为 500nm 外,((c)~(l))中其他所有的比例尺均为 250nm。((c)~(k))中的所有石墨烯纳米带宽度为 180~320nm,最高能够达到几微米长,如(f)为 6.1μm 和(g)为 3.2μm。图(a)、(b)转自文献[86],其他转自文献[91]

图 8.14 显示 GONR 和它们还原物的性质与 GO 以及 CCG 的非常相似。不同的方法可用来将 GONR 还原成 GNR,包括肼化和不同温度下氩气或氢气中的低温退火方法。C 1s 轨道的 XPS 图像显示 GONR 中含氧官能团随着还原而减少(图 8.14(a)),这与 GO 的例子相似(图 8.5)。图 8.14(a)的插图显示 GONR 的拉曼谱线随还原的变化。氧化物纳米带的谱包括在 1363cm⁻¹ 处的 D 带和在 1594cm⁻¹ 处的 G 带,且两带的强度相当。还原后 $I(D)/I(G)$ 比率稍有增加,之前报道的 GO 还原物也存在该趋势[22]。还原使 GNR 电导率增加,图 8.14(c)描述了 Ar/H₂ 气体中在 900℃下低温退火还原的 GNR 器件的电子性质[93]。这样还原的 GNR 显示出石墨烯典型的双极场效应[5-8]。这样在 SiO₂ 表面还原的单层 GNR 的电导率在零栅压下为 35S/cm,室温下空穴和电子的场效应迁移率

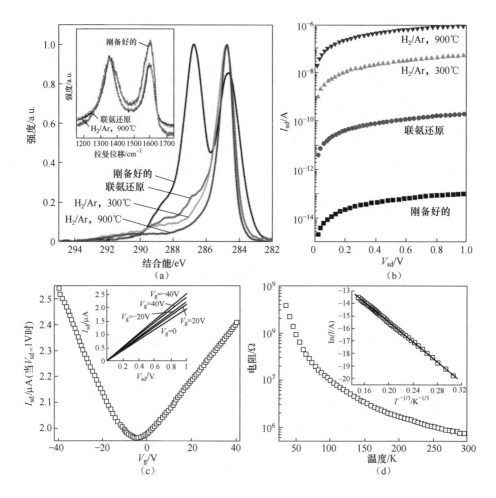

图 8.14　GONR 的还原和电学测试。(a)C 1s XPS 和拉曼谱(插图);(b) 不同还原程度纳米带的对数 I-V 曲线;((c),(d))900℃下 Ar/H_2 还原的单层 GNR 的电子性质:(c) 双极电场效应;(d) GNR 的典型温度与电阻的相关性。图(c) 中室温源漏电流 I_{sd} 和栅压的关系为 V_{sd} = 1V 时宽 257nm、源漏跨度 610nm 的 GNR 电子器件的结果。插图显示的是该器件在不同栅压下的 I_{sd}-V_{sd} 曲线。图(d)给出的是 w = 347nm,l =520nm 时 GNR 的温度-电阻关系。插图为在 V_{sd} =1V 时,用该数据画出的电流对数与 $T^{-1/3}$ 的关系;方块表示实验数据,直线是线性拟合的。

图(a)、(b) 转载自文献[91],图(c)、(d) 转载自文献[93]

为 0.5~3cm^2 · V^{-1} · s^{-1},这些电导和电荷载流子的迁移率的测量值与通过还原 GO 产生的 CCG 的数值差不多[24]。为了进一步比较 GNR 和 CCG,图 8.14(d) 显示了在 20~300K 温度范围内 GNR 器件典型的温度相关性[93]。与 CCG 的情况类似,还原的 GNR 展现出半导体型的电导温度相关性,这和 VRH 原理很好地相符,再次表明 CCG 和 GNR 之间的相似性。

使用上述方法准备 GNR 类似于石墨烯和 GO 材料使用重氮化学方法进行官能化。用 4-硝基苯基团对 GNR 进行官能化可以用来作为纳米级电子器件的通道[94]，如图 8.15(a)所示。该方法能够直接探测化学官能化对 GNR 的电子性质的影响。XPS 光谱证实了 4-硝基苯基团能够稳定地吸附于 GNR 上(图 8.15(b))。重氮处理后，GNR 器件的导电性在整个 V_g 范围内随嫁接时间逐渐降低(图 8.15(c))，这是由于 4-硝基苯基团与 GNR 的共价连接导致了石墨烯碳原子由 sp^2 杂化变为 sp^3 杂化。

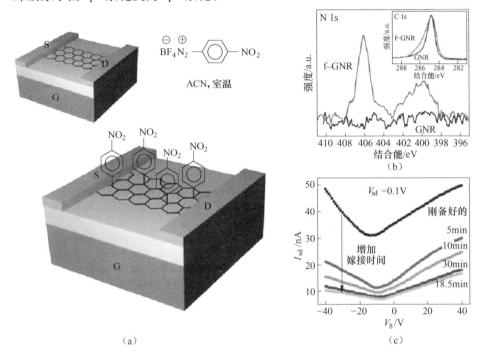

图 8.15 用重氮化学方法对 GNR 的官能化。(a) 拥有 4-硝基苯基团的 GNR 器件化学官能化的示意图。用铂做源(S)极和漏(D)极的电子器件在 Si/SiO₂ 衬底上合成;用 p 型重掺杂 Si 作为背栅。(b) 官能化 GNR 和刚备好的 GNR 的 N 1s 和 C 1s XPS 谱线。(c) 在 $V_{sd}=0.1V$ 时该 GNR 器件经过几次连续嫁接实验后的 I_{sd}-V_g 曲线，数字标注了总的嫁接时间(引自文献[94])

虽然从 MWCNT 中制备 GONR 的最初过程中只使用 KMnO₄ 和 H₂SO₄[86]，进一步的研究表明，添加第二种酸使衬底平面上产生的 GONR 具有更少的缺陷或孔洞。在文献[95]中对反应条件的改变如酸的含量、时间以及温度的变化进行了研究。一种新的优化方法建议将第二种弱酸引入系统来改善氧化拉开 MWCNT 的选择性。可能是由于氧化石墨烯衬底平面形成的近邻二醇的自身保护作用，可防止他们过氧化以及随后孔洞的形成(图 8.16)。这样的弱酸包括 H₃PO₄、H₃BO₃ 和 CF₃CO₂H。需要说明的是，第二酸的存在不会改变 MWCNT

拉开的整个过程。在能产生 XGONR 的 MWCNT 氧化中加入第二酸的建议机制如图 8.16 所示。在最初锰酸盐酯形成之后(图 8.16 中 2),产生的近邻二醇会最终劈开他们之间的 C—C 键,并在纳米带上产生二酮(4)和一个新的孔。之后整个结构上的破坏性氧化将发生并在衬底平面上产生缺陷和不可逆的不能通过还原方法修复的改变。然而,当 H_3PO_4 存在时,会通过形成环形结构 5 保护紧邻二醇,从而防止或减缓酮的过氧化。

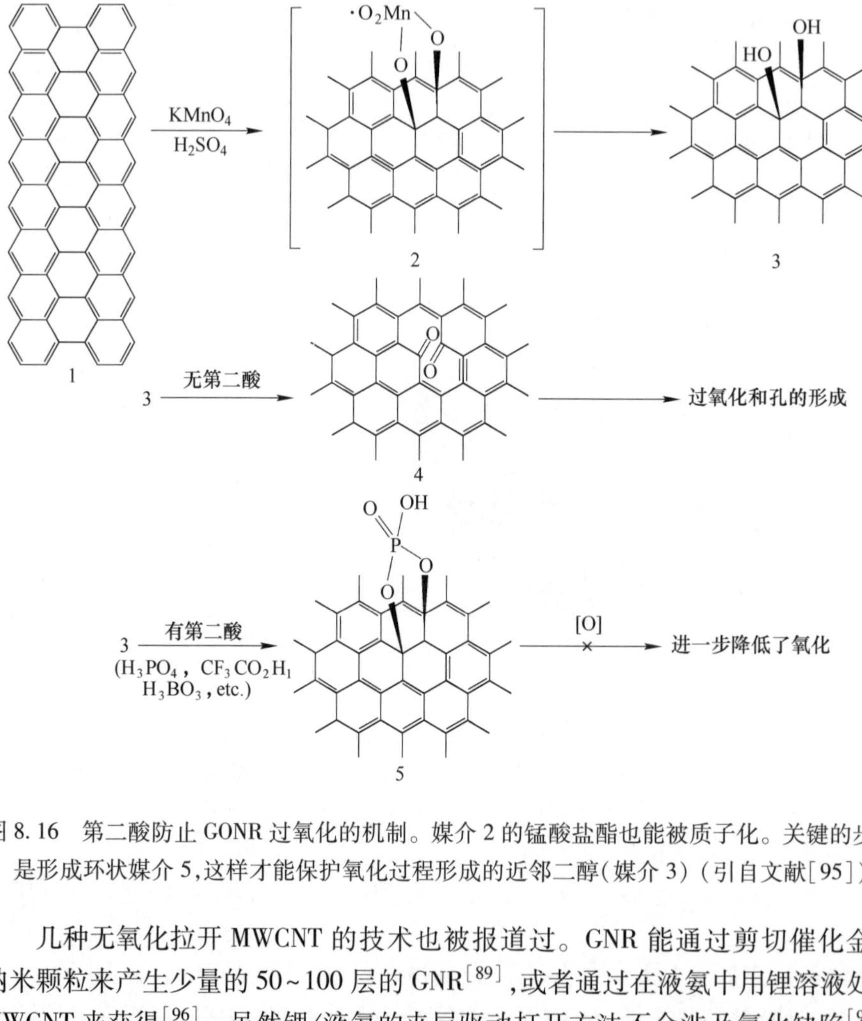

图 8.16　第二酸防止 GONR 过氧化的机制。媒介 2 的锰酸盐酯也能被质子化。关键的步骤是形成环状媒介 5,这样才能保护氧化过程形成的近邻二醇(媒介 3)(引自文献[95])

　　几种无氧化拉开 MWCNT 的技术也被报道过。GNR 能通过剪切催化金属纳米颗粒来产生少量的 50~100 层的 GNR[89],或者通过在液氨中用锂溶液处理 MWCNT 来获得[96]。虽然锂/液氨的夹层驱动打开方法不会涉及氧化缺陷[96],但该方法对纯纳米管不适用;需要用强氧化剂对 MWDNT 进行预处理来产生允许锂/液氨溶液插层的缺陷,从而补充了只能从管状态部分打开形成的缺陷带。最近其他报道中打开 MWCNT 的技术包括聚合物掩饰纳米管的等离子体刻蚀技术[97]和有机溶剂中微氧化的 MWCNT 进行声处理[98]。这两种方法产生的 GNR 显示出较高的导电性。最近,Kosynkin 等提出可通过用钾蒸汽劈裂

MWCNT 的方法得到大量的免表面氧化的 GNR（图 8.17）[99]。如果能达到预期,在后面的步骤中使用氯磺酸可以实现剥离。与机械方法剥离的石墨烯相比,这些 GNR 的电性质说明其缺陷密度很低。如果与使用 $KMnO_4/H_2SO_4$ 溶液从 MWCNT 中获取的 GNR 相比,这些带更难从多层剥离至单层,因为,它们没有被

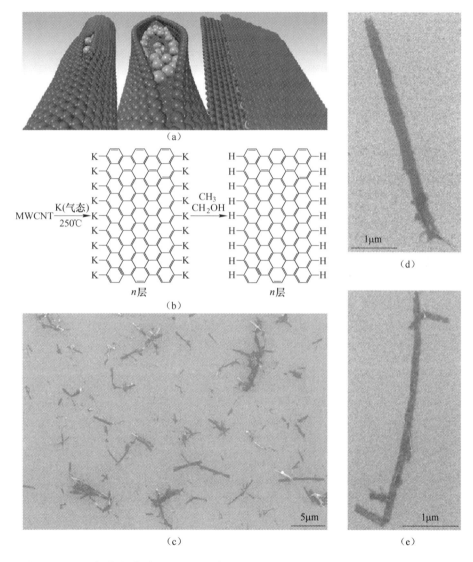

图 8.17 通过钾蒸汽劈裂 MWCNT 得到的 GNR。(a)钾插入纳米管壁和连续纵向壁裂的示意图。(b) 劈裂过程的化学原理图,乙醇用于断开芳香基的钾边界;为了清晰,图中只展示了单层,GNR 的层数与 MWCNT 的同心管数相关。(c) 沉积在 Si/SiO_2 衬底的纳米带材料的 SEM 图像,展示了 MWCNT 到 GNR 完整的变换过程。(d)、(e)表现出独特的高纵横比以及明显平行边界的孤立 GNR 堆的 SEM 图像

化学官能化。而且,这些带也不会有直的原子边界,因为 MWCNT 被 K 原子从内部劈裂,而不是由 $KMnO_4/H_2SO_4$ 反应精确地产生锯齿型边界。然而,这些新带的高电导使他们在复合材料[100]和导电薄膜[101]的应用方面拥有巨大的优势。很有意思的是,一些最初用于打开碳纳米管的技术,最近被发现也能用在与 CNT 非常相似的硼氮纳米管(BNNT)上。硼氮纳米管也能通过对嵌入聚合物的 BNNT 的等离子体刻蚀[102]和用钾蒸汽劈裂 BNNT[103]的方法获得。这些打开技术也很有可能适合于其他材料的纳米管。

8.6　小　　结

本章介绍了许多不同的合成石墨烯氧化物和相关材料的方法,未来还会有更多方法。我们在制备稳定的氧化分散体和近纯石墨烯、发展新的化学反应来官能化石墨烯以及在理解这些材料的结构和性质上取得了很大进步。虽然这些材料大多数在导电性方面不如机械剥离石墨烯[5-8]以及化学气相沉积石墨烯[104-106],但它们非常适合简单的以廉价的石墨为原材料的批量制造技术,因此适用于许多大型应用。其中一些应用已经商业化[115],如高分子复合材料[100-107]和超级电容器[108-114]。其他的应用也能找到市场化的方法,如涂料和类纸材料[116]、可弯曲透明电极[10,117-121]、化学传感器[122-126]、药物运输载体[127]、TEM 高透明度支架[128]以及阻燃材料[129]。另外,在其他层状材料如 BN、MoS_2 和 WS_2[130]的液相剥离方面也有很高的关注度。这些材料和其他材料可能会掀起一波科研研究和新奇应用的新高潮。

参 考 文 献

[1] Castro Neto, A. H.; Guinea, F.; Peres, N. M. R.; Novoselov, K. S.; Geim, A. K. The Electronic Properties of Graphene. *Rev. Mod. Phys.* **2009**, *81*, 109-162.

[2] Geim, A. K.; Novoselov, K. S. The Rise of Graphene. *Nature Mater.* **2007**, *6*, 183-191.

[3] Geim, A. K. Graphene: Status and Prospects. *Science* **2009**, *324*, 1530-1534.

[4] Allen, M. J.; Tung, V. C.; Kaner, R. B. Honeycomb Carbon: A Review of Graphene. *Chem. Rev.* **2010**, *110*, 132-145.

[5] Novoselov, K. S.; Geim, A. K.; Morozov, S. V.; Jiang, D.; Zhang, Y.; Dubonos, S. V.; Grigorieva, I. V.; Firsov, A. A. Electric Field Effect in Atomically Thin Carbon Films. *Science* **2004**, *306*, 666-669.

[6] Novoselov, K. S.; Jiang, D.; Schedin, F.; Booth, T. J.; Khotkevich, V. V.; Morozov, S. V.; Geim, A. K. Two-Dimensional Atomic Crystals. *Proc. Natl. Acad. Sci. USA* **2005**, *102*, 10451-10453.

[7] Novoselov, K. S. Geim, A. K.; Morozov, S. V.; Jiang, D.; Katsnelson, M. I.; Grigorieva, I. V.; Dubonos, S. V.; Firsov A. A. Two-Dimensional Gas of Massless Dirac Fermions in Graphene. *Nature* **2005**, *438*, 197-200.

[8] Zhang, Y.; Tan, Y. W.; Stormer, H. L.; Kim, P. Experimental Observation of the Quantum Hall Effect and

Berry's Phase in Graphene. *Nature* **2005**,*438*,201-204.

[9] Brodie,B. C. On the Atomic Weight of Graphite. *Philosophical Transactions of the Royal Society of London* **1859**,*149*,249-259.

[10] Li, D. ; Mueller, M. B. ; Gilje, S. ; Kaner, R. B. ; Wallace, G. G. Processable aqueous dispersions of graphene nanosheets. *Nature Nanotech.* **2008**,*3*,101-105.

[11] Zhou, X. ; Zhang, J. ; Wu, H. ; Yang, H. ; Zhang, J. ; Guo, S. Reducing Graphene Oxide via Hydroxylamine: A Simple and Efficient Route to Graphene. *J. Phys. Chem. C* **2011**,*115*,11957-11961.

[12] Gao,W. ; Alemany,L. B. ; Ci,L. ; Ajayan,P. M. New Insights into the Structure and Reduction of Graphite Oxide. *Nature Chem.* **2009**,*1*,403-408.

[13] Mohanty, N. ; Nagaraja, A. ; Armesto, J. ; Berry, V. High-Throughput, Ultrafast Synthesis of Solution-Dispersed Graphene via a Facile Hydride Chemistry. *Small* **2010**,*6*,226-231.

[14] Yang,D. ; Velamakanni,A. ; Bozoklu,G. ; Park,S. ; Stoller,M. ; Piner,R. D. ; Stankovich,S. ; Jung, I. ; Field,D. A. ; Ventrice Jr. ,C. A. ,Ruoff,R. S. Chemical Analysis of Graphene Oxide Films after Heat and Chemical Treatments by X-Ray Photoelectron and Micro-Raman Spectroscopy. *Carbon* **2009**, *47*, 145-152.

[15] Cote,L. J. ; Cruz-Silva,R. ; Huang,J. Flash Reduction and Patterning of Graphite Oxide and Its Polymer Composite. *J. Am. Chem. Soc.* **2009**,*131*,11027-11032.

[16] Dubin,S. ; Gilje,S. ; Wang,K. ; Tung,V. C. ; Cha. K. ; Hall,A. S. ; Farrar,J. ; Varshneya,R. ; Yang, Y. ; Kaner, R. B. A One-Step, Solvothermal Reduction Method for Producing Reduced Graphene Oxide Dispersions in Organic Solvents. *ACS Nano* **2010**,*4*,3845-3852.

[17] Salas, E. C. ; Sun, Z. ; L € uttge, A. ; Tour, J. M. Reduction of Graphene Oxide via Bacterial Respiration. *ACS Nano* **2010**,*4*,4852-4856.

[18] Staudenmaier,L. Verfahren zur Darstellung der Graphitsäure *Ber. Dtsch. Chem. Ges.* **1898**,*31*,1481-1487.

[19] Hummers, W. S. ; Offeman, R. E. Preparation of Graphitic Oxide. *J. Am. Chem. Soc.* **1958**,*80*,1339.

[20] Boehm,H. P. ; Clauss, A. ; Fischer G. O. ; Hofmann U. Dünnste Kohlenstoff-Folien. *Z. Naturforschg.* **1962**, *17 b*,150-153.

[21] Marcano,D. C. ; Kosynkin,D. V. ; Berlin,J. M. ; Sinitskii,A. ; Sun,Z. ; Slesarev,A. ; Alemany,L. B. ; Lu,W. ; Tour,J. M. Improved Synthesis of Graphene Oxide. *ACS Nano* **2010**,*4*,4806-4814.

[22] Stankovich, S. ; Dikin, D. A. ; Piner, R. D. ; Kohlhaas, K. A. ; Kleinhammes, A. ; Jia, Y. ; Wu, Y. ; Nguyen,S. T. ; Ruoff,R. S. Synthesis of Graphene-Based Nanosheets via Chemical Reduction of Exfoliated Graphite Oxide. *Carbon* **2007**,*45*,1558-1565.

[23] Gilje,S. ; Han, S. ; Wang, M. ; Wang, K. L. ; Kaner R. B. A Chemical Route to Graphene for Device Applications. *Nano Lett.* **2007**,*7*,3394-3398.

[24] Gómez-Navarro, C. ; Weitz, R. T. ; Bittner, A. M. ; Scolari, M. ; Mews, A. ; Burghard, M. ; Kern, K. Electronic Transport Properties of Individual Chemically Reduced Graphene Oxide Sheets. *Nano Lett.* **2007**,*7*,3499-3503.

[25] Tung, V. C. ; Allen, M. J. ; Yang, Y. ; Kaner, R. B. High-Throughput Solution Processing of Large-Scale Graphene. *Nature Nanotech.* **2009**,*4*,25-29.

[26] Schniepp, H. C. ; Li, J. L. ; McAllister, M. J. ; Sai, H. ; Herrera-Alonso, M. ; Adamson, D. H. ; Prud' homme,R. K. ; Car,R. ; Saville,D. A. ; Aksay,I. A. Functionalized Single Graphene Sheets Derived from Splitting Graphite Oxide. *J. Phys. Chem. B* **2006**,*110*,8535-8539.

[27] Sinitskii, A. ; Kosynkin, D. V. ; Dimiev, A. ; Tour, J. M. Corrugation of Chemically Converted Graphene Monolayers on SiO_2. *ACS Nano* **2010**,*4*,3095-3102.

［28］ Buchsteiner, A. ; Lerf, A. ; Pieper, J. Water Dynamics in Graphite Oxide Investigated with Neutron Scattering. *J. Phys. Chem. B*, **2006**, *110*, 22328−22338.

［29］ Gómez-Navarro, C. ; Meyer, J. C. ; Sundaram, R. S. ; Chuvilin, A. ; Kurasch, S. ; Burghard, M. ; Kern, K. ; Kaiser, U. Atomic Structure of Reduced Graphene Oxide. *Nano Lett.* **2010**, *10*, 1144−1148.

［30］ Erickson, K. ; Erni, R. ; Lee, Z. ; Alem, N. ; Gannett, W. ; Zettl, A. Determination of the Local Chemical Structure of Graphene Oxide and Reduced Graphene Oxide. *Adv. Mater.* **2010**, *22*, 4467−4472.

［31］ Lerf, A. ; He, H. ; Forster, M. ; Klinowski, J. Structure of Graphite Oxide Revisited. *J. Phys. Chem. B* **1998**, *102*, 4477−4482.

［32］ He, H. ; Klinowski, J. ; Forster, M. ; Lerf, A. A New Structural Model for Graphite Oxide. *Chem. Phys. Lett.* **1998**, *287*, 53−56.

［33］ He, H. ; Riedl, T. ; Lerf, A. ; Klinowski, J. Solid-State NMR Studies of the Structure of Graphite Oxide. *J. Phys. Chem.* **1996**, *100*, 19954−19958.

［34］ Dreyer, D. R. ; Park, S. ; Bielawski, C. W. ; Ruoff, R. S. The Chemistry of Graphene Oxide. *Chem. Soc. Rev.* **2010**, *39*, 228−240.

［35］ Paci, J. T. ; Belytschko, T. ; Schatz, G. C. Computational Studies of the Structure, Behavior upon Heating, and Mechanical Properties of Graphite Oxide. *J. Phys. Chem. C* **2007**, *111*, 18099−18111.

［36］ Jung, I. ; Dikin, D. ; Park, S. ; Cai, W. ; Mielke, S. L. ; Ruoff, R. S. Effect of Water Vapor on Electrical Properties of Individual Reduced Graphene Oxide Sheets. *J. Phys. Chem. C* **2008**, *112*, 20264−20268.

［37］ Becerril, H. A. ; Mao, J. ; Liu, Z. ; Stoltenberg, R. M. ; Bao, Z. ; Chen, Y. Evaluation of Solution-Processed Reduced Graphene Oxide Films as Transparent Conductors. *ACS Nano*, **2008**, *2*, 463−470.

［38］ Boukhvalov D. W. ; Katsnelson, M. I. Modeling of Graphite Oxide. *J. Am. Chem. Soc.* **2008**, *130*, 10697−10701.

［39］ Kim, M. C. ; Hwang, G. S. ; Ruoff, R. S. Epoxide Reduction with Hydrazine on Graphene: A First Principles Study. *J. Chem. Phys.* **2009**, *131*, 064704.

［40］ Cai, W. ; Piner, R. D. ; Stadermann, F. J. ; Park , S. ; Shaibat, M. A. ; Ishii, Y. ; Yang, D. ; Velamakanni, A. ; An, S. J. ; Stoller, M. ; An, J. ; Chen, D. ; Ruoff, R. S. Synthesis and Solid-State NMR Structural Characterization of 13C-Labeled Graphite Oxide. *Science* **2008**, *321*, 1815−1817.

［41］ Jeong, H. K. ; Lee, Y. P. ; Lahaye, R. J. W. E. ; Park, M. H. ; An, K. H. ; Kim, I. J. ; Yang, C. W. ; Park, C. Y. ; Ruoff, R. S. ; Lee, Y. H. Evidence of Graphitic AB Stacking Order of Graphite Oxides. *J. Am. Chem. Soc.* **2008**, *130*, 1362−1366.

［42］ Stankovich, S. ; Piner, R. D. ; Chen, X. ; Wu, N. ; Nguyen S. T. ; Ruoff R. S. Stable Aqueous Dispersions of Graphitic Nanoplatelets via the Reduction of Exfoliated Graphite Oxide in the Presence of Poly(sodium 4-styrenesulfonate). *J. Mater. Chem.* **2006**, *16*, 155−158.

［43］ Schedin, F. ; Geim, A. K. ; Morozov, S. V. ; Hill, E. W. ; Blake, P. ; Katsnelson, M. I. ; Novoselov, K. S. Detection of Individual Gas Molecules Adsorbed on Graphene. *Nat. Mater.* **2007**, *6*, 652−655.

［44］ Eda, G. ; Fanchini, G. ; Chhowalla, M. Large-Area Ultrathin Films of Reduced Graphene Oxide as a Transparent and Flexible Electronic Material. *Nat. Nanotech.* **2009**, *3*, 270−274.

［45］ Jung, I. ; Dikin, D. A. ; Piner, R. D. ; Ruoff, R. S. Tunable Electrical Conductivity of Individual Graphene Oxide Sheets Reduced at "Low" Temperatures. *Nano Lett.* **2008**, *8*, 4283−4287.

［46］ Wang, H. ; Robinson, J. T. ; Li, X. ; Dai, H. Solvothermal Reduction of Chemically Exfoliated Graphene Sheets. *J. Am. Chem. Soc.* **2009**, *131*, 9910−9911.

［47］ Morozov, S. V. ; Novoselov, K. S. ; Katsnelson, M. I. ; Schedin, F. ; Ponomarenko, L. A. ; Jiang, D. ; Geim, A. K. Strong Suppression of Weak Localization in Graphene. *Phys. Rev. Lett.* **2006**, *97*, 016801.

[48] Tan, Y. W. ; Zhang, Y. ; Stormer, H. L. ; Kim, P. Temperature Dependent Electron Transport in Graphene. *Eur. Phys. J. Special Topics* **2007**, *148*, 15−18.

[49] Bolotin, K. I. ; Sikes, K. J. ; Hone, J. ; Stormer, H. L. ; Kim, P. Temperature-Dependent Transport in Suspended Graphene. Phys. Rev. Lett. **2008**, 101, 096802.

[50] Kaiser, A. B. ; Gómez-Navarro, C. ; Sundaram, R. S. ; Burghard, M. ; Kern, K. Electrical Conduction Mechanism in Chemically Derived Graphene Monolayers. *Nano Lett.* **2009**, *9*, 1787−1792.

[51] Eda, G. ; Mattevi, C. ; Yamaguchi, H. ; Kim, H. K. ; Chhowalla, M. Insulator to Semimetal Transition in Graphene Oxide. *J. Phys. Chem. C*, **2009**, *113*, 15768−15771.

[52] N. F. Mott, E. A. Davis, *Electronic Processes in Non-Crystalline Materials*; Oxford University Press: Oxford, England, 1971.

[53] Stolyarova, E. ; Rim, K. T. ; Ryu, S. ; Maultzsch, J. ; Kim, P. ; Brus, L. E. ; Heinz, T. F. ; Hybertsen, M. S. ; Flynn, G. W. High-Resolution Scanning Tunneling Microscopy Imaging of Mesoscopic Graphene Sheets on an Insulating Surface. *Proc. Natl Acad. Sci. USA* **2007**, *104*, 9209−9212.

[54] Dean, C. R. ; Young, A. F. ; Meric, I. ; Lee, C. ; Wang, L. ; Sorgenfrei, S. ; Watanabe, K. ; Taniguchi, T. ; Kim, P. ; Shepard, K. L. ; Hone, J. Boron Nitride Substrates for High-Quality Graphene Electronics. *Nature Nanotech.* **2010**, *5*, 722−726.

[55] Bolotin, K. I. ; Sikes, K. J. ; Jiang, Z. ; Klima, M. ; Fudenberg, G. ; Hone, J. , Kim, P. , Stormer, H. L. Ultrahigh Electron Mobility in Suspended Graphene. *Solid State Comm.* **2008**, *146*, 351−355.

[56] Du, X. ; Skachko, I. ; Barker, A. ; Andrei, E. Y. Approaching Ballistic Transport in Suspended Graphene. *Nature Nanotech.* **2008**, *3*, 491−496.

[57] Si, Y. ; Samulski, E. T. Synthesis of Water Soluble Graphene. *Nano Lett.* **2008**, *8*, 1679−1682.

[58] Paredes, J. I. ; Villar-Rodil, S. ; Martinez-Alonso, A. ; Tascón, J. M. D. Graphene Oxide Dispersions in Organic Solvents. *Langmuir* **2008**, *24*, 10560−10564.

[59] Xu, Y. ; Bai, H. ; Lu, G. ; Li, C. ; Shi, G. Flexible Graphene Films via the Filtration of Water-Soluble Noncovalent Functionalized Graphene Sheets. *J. Am. Chem. Soc.* **2008**, *130*, 5856−5857.

[60] Luo, Z. ; Lu, Y. ; Somers, L. A. ; Johnson, A. T. C. High Yield Preparation of Macroscopic Graphene Oxide Membranes. *J. Am. Chem. Soc.* **2009**, *131*, 898−899

[61] Blake, P. ; Brimicombe, P. D. ; Nair, R. R. ; Booth, T. J. ; Jiang, D. ; Schedin, F. ; Ponomarenko, L. A. ; Morozov, S. V. ; Gleeson, H. F. ; Hill, E. W. ; Geim, A. K. ; Novoselov, K. S. Graphene-Based Liquid Crystal Device. *Nano Lett.* **2008**, *8*, 1704−1708.

[62] Hernandez, Y. ; Nicolosi, V. ; Lotya, M. ; Blighe, F. M. ; Sun, Z. ; De, S. ; McGovern, I. T. ; Holland, B. ; Byrne, M. ; Gun' Ko, Y. K. ; Boland, J. J. ; Niraj, P. ; Duesberg, G. ; Krishnamurthy, S. ; Goodhue, R. ; Hutchinson, J. ; Scardaci, V. ; Ferrari, A. C. ; Coleman, J. N. High-Yield Production of Graphene by Liquid-Phase Exfoliation of Graphite. *Nature Nanotech.* **2008**, *3*, 563−568.

[63] Hamilton, C. E. ; Lomeda, J. R. ; Sun, Z. ; Tour, J. M. ; Barron, A. R. High-Yield Organic Dispersions of Unfunctionalized Graphene. *Nano Lett.* **2009**, *9*, 3460−3462.

[64] Bahr, J. L. ; Mickelson, E. T. ; Bronikowski, M. J. ; Smalley, R. E. ; Tour, J. M. Dissolution of small diameter single-wall carbon nanotubes in organic solvents? *Chem. Commun.* **2001**, 193−194.

[65] Hao, R. ; Qian, W. ; Zhang, L. ; Hou, Y. Aqueous Dispersions of TCNQ-Anion-Stabilized Graphene Sheets. *Chem. Commun.* **2008**, 6576−6578.

[66] Davis, V. A. ; Parra-Vasquez, A. N. G. ; Green, M. J. ; Rai, P. K. ; Behabtu, N. ; Prieto, V. ; Booker, R. D. ; Schmidt, J. ; Kesselman, E. ; Zhou, W. ; Fan, H. ; Adams, W. W. ; Hauge, R. H. ; Fischer, J. E. ; Cohen, Y. ; Talmon, Y. ; Smalley, R. E. ; Pasquali, M. True Solutions of Single-Walled Carbon Nanotubes

for Assembly into Macroscopic Materials. *Nature Nanotech.* **2009**,*4*,830-834.

［67］ Behabtu, N. ; Lomeda, J. R. ; Green, M. J. ; Higginbotham, A. L. ; Sinitskii, A. ; Kosynkin, D. V. ; Tsentalovich,D. ; Parra-Vasquez, A. N. G. ; A; Schmidt, J. ; Kesselman, E. ; Cohen, Y. ; Talmon, Y. ; Tour, J. M. ; Pasquali, M. Spontaneous High-Concentration Dispersions and Liquid Crystals of Graphene. *Nature Nanotech.* **2010**,*5*,406-411.

［68］ Lotya,M. ; Hernandez,Y. ; King,P. J. ; Smith,R. J. ; Nicolosi,V. ; Karlsson,L. S. ; Blighe,F. M. ; De, S. ; Wang,Z. ; McGovern,I. T. ; Duesberg,G. S. ; Coleman,J. N. Liquid Phase Production of Graphene by Exfoliation of Graphite in Surfactant/Water Solutions. *J. Am. Chem. Soc.* **2009**,*131*,3611-3620.

［69］ Onsager, L. The Effects of Shape on the Interaction of Colloidal Particles. *Ann. NY Acad. Sci.* **1949**,*51*, 627-659.

［70］ Chandrasekhar,S. Liquid Crystals. Cambridge Univ. Press. 1992.

［71］ Dresselhaus, M. S. ; Dresselhaus, G. Intercalation Compounds of Graphite. *Adv. Phys.* **1981**, *30*, 139 - 326.

［72］ Enoki, T. ; Suzuki, M. ; Endo, M. Graphite Intercalation Compounds and Applications. *Oxford Univ. Press.* 2003.

［73］ Viculis,L. M. ; Mack,J. J. ; Mayer,O. M. ; Hahn H. T. ; Kaner,R. B. Intercalation and Exfoliation Routes to Graphite Nanoplatelets. *J. Mater. Chem.* **2005**,*15*,974-978.

［74］ Li,X. ; Zhang,G. ; Bai,X. ; Sun,X. ; Wang,X. ; Wang E. ; Dai,H. Highly Conducting Graphene Sheets and Langmuir-Blodgett Films. *Nature Nanotech.* **2008**,*3*,538-542.

［75］ Lee,J. H. ; Shin,D. W. ; Makotchenko,V. G. ; Nazarov,A. S. ; Fedorov,V. E. ; Kim,Y. H. ; Choi,J. Y. ; Kim J. M. ; Yoo, J. B. One-Step Exfoliation Synthesis of Easily Soluble Graphite and Transparent Conducting Graphene Sheets. *Adv. Mater.* **2009**,*21*,4383-4387.

［76］ Vallés, C. ; Drummond, C. ; Saadaoui, H. ; Furtado, C. A. ; He, M. ; Roubeau, O. ; Ortolani, L. ; Monthioux,M. ;Pénicaud, A. Solutions of Negatively Charged Graphene Sheets and Ribbons. *J. Am. Chem. Soc.* **2008**,*130*,15802-15804.

［77］ Grayfer, E. D. ; Nazarov, A. S. ; Makotchenko, V. G. ; Kim, S. J. ; Fedorov, V. E. Chemically Modified Graphene Sheets by Functionalization of Highly Exfoliated Graphite. *J. Mater. Chem.* **2011**, *21*, 3410 - 3414.

［78］ Fu,W. ; Kiggans,J. ; Overbury,S. H. ; Schwartz,V. ; Liang,C. Low-Temperature Exfoliation of Multilayer-Graphene Material from FeCl3 and CH3NO$_2$ Co-Intercalated Graphite Compound. *Chem. Commun.* **2011**, *47*,5265-5267.

［79］ Lomeda,J. R. ; Doyle,C. D. ; Kosynkin,D. V. ; Hwang,W. F. ; Tour,J. M. Diazonium Functionalization of Surfactant-Wrapped Chemically Converted Graphene Sheets. *J. Am. Chem. Soc.* **2008**,*130*,16201-16206.

［80］ Jin,Z. ; Lomeda,J. R. ; Price,B. P. ; Lu,W. ; Zhu,Y. ; Tour,J. M. Mechanically Assisted Exfoliation and Functionalization of Thermally Converted Graphene Sheets. *Chem. Mater.* **2009**,*21*,3045-3047.

［81］ Sun,Z. ; Kohama,S. ; Zhang,Z. ; Lomeda,J. R. ; Tour,J. M. Soluble Graphene Through Edge-Selective Functionalization. *Nano Res.* **2010**,*3*,117-125.

［82］ Greaves,T. L. ; Drummond,C. J. Protic Ionic Liquids：Properties and Applications. *Chem. Rev.* **2008**,*108*, 206-237.

［83］ Fukushima,T. ; Kosaka,A. ; Ishimura,Y. ; Yamamoto,T. ; Takigawa,T. ; Ishii,N. ; Aida,T. Molecular Ordering of Organic Molten Salts Triggered by Single-Walled Carbon Nanotubes. *Science* **2003**,*300*,2072-2074.

［84］ Price, B. K. ; Hudson, J. L. ; Tour, J. M. Green Chemical Functionalization of Single-Walled Carbon

Nanotubes in Ionic Liquids. *J. Am. Chem. Soc.* **2005**,*127*,14867-14870.

[85] Liu,N.;Luo1,F.;Wu,H.;Liu,Y.;Zhang,C.;Chen,J. One-Step Ionic-Liquid-Assisted Electrochemical Synthesis of Ionic-Liquid-Functionalized Graphene Sheets Directly from Graphite. *Adv. Funct. Mater.* **2008**,*18*,1518-1525.

[86] Kosynkin,D. V.;Higginbotham,A. L.;Sinitskii,A.;Lomeda,J. R.;Dimiev,A.;Price,B. K.;Tour,J. M. Longitudinal Unzipping of Carbon Nanotubes to Form Graphene Nanoribbons. *Nature* **2009**,*458*,872-876.

[87] Wolfe,S.;Ingold,C. F.;Lemieux,R. U. Oxidation of olefins by potassium permanganate. Mechanism of a-ketol formation. *J. Am. Chem. Soc.* **1981**,*103*,938-939.

[88] Banoo,F.;Stewart,R. Mechanisms of permanganate oxidation. IX. Permanganate oxidation of aromatic alcohols in acid solution. *Can. J. Chem.* **1969**,*47*,3199-3205.

[89] Elías,A. L.;Botello-Méndez,A. R.;Meneses-Rodríguez,D.;González,V. J.;Ramírez-González,D.;Ci,L.;Muñoz-Sandoval,E.;Ajayan,P. M.;Terrones,H.;Terrones,M. Longitudinal Cutting of Pure and Doped Carbon Nanotubes to Form Graphitic Nanoribbons Using Metal Clusters as Nanoscalpels. *Nano Lett.* **2010**,*10*,366-372.

[90] Rangel,N. L.;Sotelo,J. C.;Seminario,J. M. Mechanism of Carbon Nanotubes Unzipping into Graphene Ribbons. *J. Chem. Phys.* **2009**,*131*,031105.

[91] Sinitskii,A.;Dimiev,A.;Kosynkin,D. V.;Tour,J. Graphene Nanoribbon Devices Produced by Oxidative Unzipping of Carbon Nanotubes. *ACS Nano* **2010**,*4*,5405-5413.

[92] Bourlinos,A. B.;Gournis,D.;Petridis,D.;Szabó,T.;Szeri,A.;Dékány,I. Graphite Oxide：Chemical Reduction to Graphite and Surface Modification with Primary Aliphatic Amines and Amino Acids. *Langmuir* **2003**,*19*,6050-6055.

[93] Sinitskii,A.;Fursina,A. A.;Kosynkin,D. V.;Higginbotham,A. L.;Natelson,D.;Tour,J. M. Electronic Transport in Monolayer Graphene Nanoribbons Produced by Chemical Unzipping of Carbon Nanotubes. *Appl. Phys. Lett.* **2009**,*95*,253108.

[94] Sinitskii,A.;Dimiev,A.;Corley,D. A.;Fursina,A. A.;Kosynkin,D. V.;Tour,J. M. Kinetics of Diazonium Functionalization of Chemically Converted Graphene Nanoribbons. *ACS Nano* **2010**,*4*,1949-1954.

[95] Higginbotham,A. L.;Kosynkin,D. V.;Sinitskii,A.;Sun,Z.;Tour. J. M. Lower-Defect Graphene Oxide Nanoribbons from Multiwalled Carbon Nanotubes. *ACS Nano* **2010**,*4*,2059-2069.

[96] Cano-Márquez,A. G.;Rodríguez-Macías,F. J.;Campos-Delgado,J.;Espinosa-González,C. G.;Tristán-López,F.;Ramírez-González,D.;Cullen,D. A.;Smith,D. J.;Terrones,M.;Vega-Cantú,Y. I. Ex-MWNTs：Graphene Sheets and Ribbons Produced by Lithium Intercalation and Exfoliation of Carbon Nanotubes. *Nano Lett.*,**2009**,*9*,1527-1533.

[97] Jiao,L;Zhang,L.;Wang,X.;Diankov,G.;Dai,H. Narrow Graphene Nanoribbons from Carbon Nanotubes. *Nature* **2009**,*458*,877-880.

[98] Jiao,L.;Wang,X.;Diankov,G.;Wang,H.;Dai,H. Facile Synthesis of High-Quality Graphene Nanoribbons. *Nature Nanotech.* **2010**,*5*,321-325.

[99] Kosynkin,D. V.;Lu,W.;Sinitskii,A.;Pera,G.;Sun,Z.;Tour,J. M. Highly Conductive Graphene Nanoribbons by Longitudinal Splitting of Carbon Nanotubes Using Potassium Vapor. *ACS Nano*,**2011**,*5*,968-974.

[100] Rafiee,M. A.;Lu,W.;Thomas,A. V.;Zandiatashbar,A.;Rafiee,J.;Tour,J. M.;Koratkar,N. A. Graphene Nanoribbon Composites. *ACS Nano*,**2010**,*4*,7415-7420.

[101] Zhu, Y.; Lu, W.; Sun, Z.; Kosynkin, D. V.; Yao, J. Tour, J. M. High Throughput Preparation of Large Area Transparent Electrodes Using Non-Functionalized Graphene Nanoribbons. *Chem. Mater.* **2011**, *23*, 935-939.

[102] Zeng, H.; Zhi, C.; Zhang, Z.; Wei, X.; Wang, X.; Guo, W.; Bando, Y.; Golberg, D. "White Graphenes": Boron Nitride Nanoribbons via Boron Nitride Nanotube Unwrapping. *Nano Lett.* **2010**, *10*, 5049-5055.

[103] Erickson, K. J.; Gibb, A. L.; Sinitskii, A.; Rousseas, M.; Alem, N.; Tour, J. M.; Zettl, A. K. Longitudinal Splitting of Boron Nitride Nanotubes for the Facile Synthesis of High Quality Boron Nitride Nanoribbons. *Nano Lett.* **2011**, *11*, 3221-3226.

[104] Reina, A.; Jia, X.; Ho, J.; Nezich, D.; Son, H.; Bulovic, V.; Dresselhaus, M. S.; Kong, J. Large Area, Few-Layer Graphene Films on Arbitrary Substrates by Chemical Vapor Deposition. *Nano Lett.* **2009**, *9*, 30-35.

[105] Kim, K. S.; Zhao, Y.; Jang, H.; Lee, S. Y.; Kim, J. M.; Kim, K. S.; Ahn, J. H.; Kim, P.; Choi, J. Y.; Hong, B. H. Large-Scale Pattern Growth of Graphene Films for Stretchable Transparent Electrodes. *Nature* **2009**, *457*, 706-710.

[106] Li, X.; Cai, W.; An, J.; Kim, S.; Nah, J.; Yang, D.; Piner, R.; Velamakanni, A.; Jung, I.; Tutuc, E.; Banerjee, S. K.; Colombo, L.; Ruoff, R. S. Large-Area Synthesis of High-Quality and Uniform Graphene Films on Copper Foils. *Science* **2009**, *324*, 1312-1314.

[107] Potts, J. R.; Dreyer, D. R.; Bielawski, C. W.; Ruoff, R. S. Graphene-Based Polymer Nanocomposites. *Polymer* **2011**, *52*, 5-25.

[108] Stoller, M. D.; Park, S.; Zhu, Y.; An, J.; Ruoff, R. S. Graphene-Based Ultracapacitors. *Nano Lett.* **2008**, *8*, 3498-3502.

[109] Liu, C.; Yu, Z.; Neff, D.; Zhamu, A.; Jang, B. Z. Graphene-Based Supercapacitor with an Ultrahigh Energy Density. *Nano Lett.* **2010**, *10*, 4863-4868.

[110] Kim, T. Y.; Lee, H. W.; Stoller, M.; Dreyer, D. R.; Bielawski, C.; Ruoff, R. S.; Suh, K. S. High-Performance Supercapacitors Based on Poly (ionic liquid)-Modified Graphene Electrodes. *ACS Nano* **2010**, *5*, 436-442.

[111] Chen, S.; Zhu, J.; Wu, X.; Han, Q.; Wang, X. Graphene Oxide-MnO$_2$ Nanocomposites for Supercapacitors. *ACS Nano* **2010**, *4*, 2822-2830.

[112] Wu, Q.; Xu, Y.; Yao, Z.; Liu, A.; Shi, G. Supercapacitors Based on Flexible Graphene/Polyaniline Nanofiber Composite Films. *ACS Nano* **2010**, *4*, 1963-1970.

[113] Yoo, J. J.; Balakrishnan, K.; Huang, J.; Meunier, V.; Sumpter, B. G.; Srivastava, A.; Conway, M.; Reddy, A. L. M.; Yu, J.; Vajtai, R.; Ajayan, P. M. Ultrathin Planar Graphene Supercapacitors. *Nano Lett.* **2011**, *11*, 1423-1427.

[114] Zhu, Y.; Murali, S.; Stoller, M. D.; Ganesh, K. J.; Cai, W.; Ferreira, P. J.; Pirkle, A.; Wallace, R. M.; Cychosz, K. A.; Thommes, M.; Su, D.; Stach, E. A.; Ruoff, R. S. Carbon-Based Supercapacitors Produced by Activation of Graphene. *Science* **2011**, *332*, 1537-1541.

[115] Segal, M. Selling Graphene by the Ton. *Nature Nanotech.* **2009**, *4*, 612-614.

[116] Dikin, D. A.; Stankovich, S.; Zimney, E. J.; Piner, R. D.; Dommett, G. H. B.; Evmenenko, G.; Nguyen, S. T.; Ruoff, R. S. Preparation and Characterization of Graphene Oxide Paper. *Nature* **2007**, *448*, 457-460.

[117] Wang, X.; Zhi, L.; Müllen, K. Transparent, Conductive Graphene Electrodes for Dye-Sensitized Solar Cells. *Nano Lett.* **2008**, *8*, 323-327.

[118] Eda, G.; Lin, Y. Y.; Miller, S.; Chen, C. W.; Su, W. F.; Chhowalla, M. Transparent and Conducting

Electrodes for Organic Electronics from Reduced Graphene Oxide. *Appl. Phys. Lett.* **2008**,*92*,233305.

[119] Wu,J.; Becerril,H. A.; Bao,Z.; Liu,Z.; Chen,Y.; Peumans,P. Organic Solar Cells with Solution-Processed Graphene Transparent Electrodes. *Appl. Phys. Lett.* **2008**,*92*,263302.

[120] Tung,V. C.; Chen,L. M.; Allen,M. J.; Wassei,J. K.; Nelson,K.; Kaner,R. B.; Yang,Y. Low-Temperature Solution Processing of Graphene-Carbon Nanotube Hybrid Materials for High-Performance Transparent Conductors. *Nano Lett.* **2009**,*9*,1949−1955.

[121] Yin,Z.; Sun,S.; Salim,T.; Wu,S.; Huang,X.; He,Q.; Lam,Y. M.; Zhang,H. Organic Photovoltaic Devices Using Highly Flexible Reduced Graphene Oxide Films as Transparent Electrodes. *ACS Nano* **2010**,*4*,5263-5268.

[122] Robinson,J. T.; Perkins,F. K.; Snow,E. S.; Wei,Z.; Sheehan,P. E. Reduced Graphene Oxide Molecular Sensors. *Nano Lett.* **2008**,*8*,3137−3140.

[123] Fowler,J. D.; Allen,M. J.; Tung,V. C.; Yang,Y.; Kaner,R. B.; Weiller,B. H. Practical Chemical Sensors from Chemically Derived Graphene. *ACS Nano* **2009**,*3*,301−306.

[124] Lu,G.; Ocola,L. E.; Chen,J. Gas Detection Using Low-Temperature Reduced Graphene Oxide Sheets. *Appl. Phys. Lett.* **2009**,*94*,083111.

[125] Lu,G.; Park,S.; Yu,K.; Ruoff,R. S.; Ocola,L. E.; Rosenmann,D.; Chen,J. Toward Practical Gas Sensing with Highly Reduced Graphene Oxide: A New Signal Processing Method To Circumvent Run-to-Run and Device-to-Device Variations. *ACS Nano* **2011**,*5*,1154−1164.

[126] Sudibya,H. G.; He,Q.; Zhang,H.; Chen,P. Electrical Detection of Metal Ions Using Field-Effect Transistors Based on Micropatterned Reduced Graphene Oxide Films. *ACS Nano* **2011**,*5*,1990−1994.

[127] Liu,Z.; Robinson,J. T.; Sun,X.; Dai,H. PEGylated Nanographene Oxide for Delivery of Water-Insoluble Cancer Drugs. *J. Am. Chem. Soc.* **2008**,*130*,10876−10877.

[128] Wilson,N. R.; Pandey,P. A.; Beanland,R.; Young,R. J.; Kinloch,I. A.; Gong,L.; Liu,Z.; Suenaga,K.; Rourke,J. P.; York,S. J.; Sloan,J. Graphene Oxide: Structural Analysis and Application as a Highly Transparent Support for Electron Microscopy. *ACS Nano*,**2009**,*3*,2547−2556.

[129] Higginbotham,A. L.; Lomeda,J. R.; Morgan,A. B.; Tour,J. M. Graphite Oxide Flame-Retardant Polymer Nanocomposites. *App. Mater. Interfac.* **2009**,*1*,2256−2261.

[130] Coleman,J. N.; Lotya,M.; O'Neill,A.; Bergin,S. D.; King,P. J.; Khan,U.; Young,K.; Gaucher, A.; De,S.; Smith,R. J.; Shvets,I. V.; Arora,S. K.; Stanton,G.; Kim,H. Y.; Lee,K.; Kim,G. T.; Duesberg,G. S.; Hallam,T.; Boland,J. J.; Wang,J. J.; Donegan,J. F.; Grunlan,J. C.; Moriarty,G.; Shmeliov,A.; Nicholls,R. J.; Perkins,J. M.; Grieveson,E. M.; Theuwissen,K.; McComb,D. W.; Nellist,P. D.; Nicolosi,V. Two-Dimensional Nanosheets Produced by Liquid Exfoliation of Layered Materials. *Science* **2011**,*331*,568−571.

第9章

石墨烯上的电介质原子层沉积

Nelson Y. Garces，Virginia D. Wheeler，D. Kurt Gaskill

石墨烯是由单层 sp^2 成键的碳原子组成的,并且由于其独特的在大范围内对电子学应用来说都极具吸引力的输运和物理性质而受到广泛的关注。为了实现基于石墨烯的顶栅电子器件,包括 FET 和新逻辑器件概念,可缩减的高 κ 电介质集成是非常重要的。这些栅极绝缘层很薄(约 $2\sim30nm$)且具有最小的俘获和移动电荷,否则将对设备的性能产生负面影响。此外,电介质要能够在非常高的频率(包括太赫兹范围)下工作从而满足下一代射频应用,通过屏蔽电杂质来提高通道迁移率,并减少在传统 SiO_2 栅控器件中存在大的泄漏电流。

本章将介绍高 κ 电介质(如 Al_2O_3、HFO_2、Ta_2O_5 和 TiO_2)原子层沉积(atomic layer deposition,ALD)的现状和挑战。ALD 方法基于两个单独的自限制性表面反应,是在低沉积温度下实现高品质、保形、厚度精确可控的超薄介电薄膜优选技术。然而,石墨烯表面的化学惰性和疏水性会阻碍均匀热 ALD 介质的直接沉积。最近已经开发出几种不同的使石墨烯更适用于 ALD 工艺的方法:电子束金属籽晶层沉积、臭氧预处理低 κ 聚合物籽晶层和湿化学预处理沉积。本章将讨论每种方法的优缺点。此外,还讨论了其他在高质量氧化物沉积及与石墨烯界面保形方面发挥作用的因素,如沉积温度和 ALD 循环特性等。

9.1 引　言

石墨烯,单层 sp^2 成键碳原子,由于其优异的电子特性和物理特性,如高本征载流子(电子和空穴)迁移率、优秀的导热性能以及极强的力学性能[1-4],具有广泛的应用价值[5-8],从而成为电子器件应用的杰出材料。作为 FET 的栅极电介质,高载流子迁移率和强绝缘膜的结合,可以使设备在低耗能以及太赫兹应用和模拟通信所需的高频下工作。此外,强绝缘膜如 Al_2O_3、HFO_2、Ta_2O_5 和

TiO$_2$ 等有助于克服目前 Si 基互补金属氧化物半导体(CMOS)技术的困难。通过屏蔽电杂质来提高通道的迁移率,可以在石墨烯上成功实现介电质沉积,并且有助于缩小的器件设计,这需要 1.0nm 或以下的氧化层厚度。对于外延石墨烯来说,除了氧化物候选者,AlN 也是合适的电介质,因为它可以降低外延石墨烯层的声子散射[9]。这些高 κ 栅极电介质很薄(约 2~30nm)且极少有俘获和移动电荷,否则将对器件的性能产生负面影响。因此,在基于石墨烯的顶栅电子器件中,高 κ 电介质是必需的[10]。

原子层沉积(ALD)可以在微缩电子器件方面发挥作用,因此 ALD 在近期备受关注。根据 MOSFET 的 Dennard 缩放定律,氧化层的厚度需要跟器件横向尺寸同比例缩放,这样在缩小的器件中也有相同的栅静电势。但传统二氧化硅的持续缩小会导致栅极漏电流的增加。高 κ 栅极电介质可以比 SiO$_2$ 更厚,这样相同的等效氧化层厚度中隧穿电流减少[11]。

ALD 是基于两种独立自限制性表面反应的低温沉积方法,是一种能在原子尺度上对厚度和化学成分进行精确控制以获得高品质、保形和超薄介电薄膜的优选技术[12-14]。然而,石墨烯表面的化学惰性和疏水性抑制了均匀 ALD 电介质的直接沉积。最近提出了几种方法使石墨烯更适宜 ALD 工艺,包括臭氧预处理、湿化学预处理、低 κ 聚合物籽晶层沉积、电子束金属籽晶层沉积等。本章将介绍高 κ 电介质(如 Al$_2$O$_3$、HFO$_2$、Ta$_2$O$_5$ 和 TiO$_2$)的均匀原子层沉积(ALD)的现状和挑战,包括使用的各种官能化石墨烯的方法,每种方法的优点和缺点都会被讨论到。此外,沉积温度和 ALD 循环特性等其他因素也会在高质量氧化物沉积与石墨烯界面保形方面发挥作用。形态数据和电学特性将被用于检验这些结果。

9.2　原子层沉积的基本原理

ALD 是一种薄膜沉积法,起源于 20 世纪 60 年代并于 70 年代由 T. Suntola 及其同事取得开创性进展[15-16]。它是一种改进的化学气相沉积(CVD)工艺,使用两个独立的自限性气体按顺序在固体表面反应。自限性反应保证表面进程的控制,材料的沉积量在每个反应周期中是恒定的。因此,就得到了具有精确厚度、均匀且保形的薄膜[12-13]。ALD 工艺的一个主要特点是,这两个前体不会同时脉冲,也就是说他们实际上碰不到对方,这样就只有表面反应,避免它们的汽相反应在衬底上产生寄生 CVD 沉积。

典型的 ALD 工艺采用两种不同的反应物(通常称为前体),每种对应于半个反应。这些前体是被挑选出来的,因此它们在室温或更高的温度下具有挥发性,在 ALD 的温度窗口内不会热分解,并且他们的反应是自终止的[14]。ALD 的温度窗口是指在 ALD 过程中每层的真实温度范围,即这里每个 ALD 循环中的沉积速度是恒定的[16-17]。这里保持恒定的沉积速率至关重要,可以尽量减少气相反应并且准确地控制超薄膜的厚度。原子层沉积是一个典型的低温工艺,在温度低于约400℃时会发生最饱和反应。然而对于给定的前体,恒定沉积(Å/周期)的温度范围会相当窄,约50~100℃。

一个 ALD 循环使用两个前体且包括四个基本步骤:第一前体的曝光、清洗,第二前体的曝光及再次清洗。图 9.1(a)所示为使用 $Al(CH_3)_3$(TMA)和 H_2O 为前体的 ALD 循环示意图。详细步骤如下。

(1)最初,金属前体(TMA)被释放,并与固体表面(吸附在表面上的 O—H 键)进行反应。在此第一反应中,铝原子(将形成 ALD 膜的一部分)被吸附在表面上,直到所有的 O—H 活性部位都和 TMA 进行反应,达到饱和。这时表面被 CH_3 终端覆盖,不会与 TMA 继续反应。

(2)使用 N_2、Ar 清除未反应的 TMA 和反应所产生的副产物 CH_4 气体,并保留 CH_3 终端面。

(3)CH_3 终端面接触到第二前体 H_2O。该反应将甲基团 CH_3 转化为 CH_4,并留下 O—H 终端面。在 H_2O 和所有可用的 CH_3 反应后,反应达到饱和,O—H 终端面可以防止与 H_2O 的进一步反应。

(4)第二清洗步骤除去未反应的 H_2O 前体和甲烷副产物,新的 O—H 终端面等待下一次的 TMA 脉冲。

半反应方程式可以表示为:

$$OH + Al(CH_3)_3 \longrightarrow AlO(CH_3)_2 + CH_4 \qquad (9.1)$$

$$AlO(CH_3)_2 + 2H_2O \longrightarrow AlO(OH)_2 + 2CH_4 \qquad (9.2)$$

理想情况下,每个 ALD 反应循环会给表面添加一定量的材料(这过程称为每次循环的生长),并且尽管略微变厚,表面仍将返回到其预循环状态。因此,要生长出所需厚度的薄膜,人们只要根据需求多次重复该顺序。

每个 ALD 循环的沉积速率通常平均在 0.1Å 至几 Å 之间,并且依赖于沉积温度和前体的化学性质。根据所使用的前体,曝光时间通常在毫秒范围内,而清扫时间可长达几秒。清洗期间,在除去未反应的前体及其产生的气体副产物的同时也除去不需要的杂质,如 C。在很多 ALD 工艺中,清洗气体是不断流动的,并用作前驱体的载气。

目前,存在很多 ALD 反应器构型,包括商业的以及自制的。每个反应器都是独特的,并且在相同沉积条件下一个系统不一定会生产出与其他系统相同的薄膜。因此这取决于最终用来优化 ALD 参数,包括温度、脉冲持续时间和清洗次数。

图 9.1(b)给出了一个 ALD 周期的示意图。它是采用 TMA/H_2O 的 Al_2O_3 ALD,取自商用剑桥纳米技术萨凡纳 200 热 ALD 系统,其中数值代表图 9.1(a)中的反应步骤。这个示意图展示了一个具有以下脉冲和清洗过程的完整 ALD

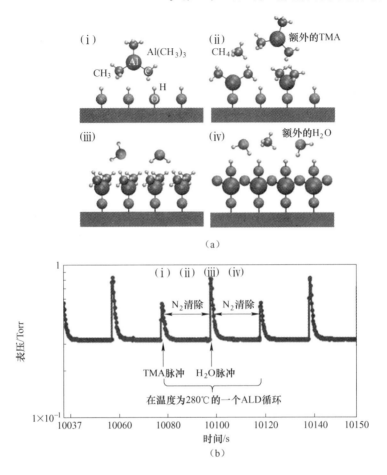

图9.1 （a）用 TMA/H_2O 做前驱体的一个 ALD 周期动画；

（b）一个 ALD 周期的示意图

周期：TMA 脉冲时间 15ms、TMA 清洗时间 20s、H_2O 脉冲时间 15ms、H_2O 清洗时间 20s。在 N_2 流量为 $20cm^3/min$ 时的基本压力约为 0.3Torr，而整个脉冲过程中的最大压力约为 1.0Torr。这是热 ALD 的典型条件，活性前体的局部压力决定了脉冲过程中压力的变化。

综上所述，ALD 具有原子水平精度的薄膜生长、优异的适形、大面积覆盖等优势。薄膜的厚度可以由反应循环的次数以及通常使用的沉积温度（一般小于400℃）控制。大多数用于 ALD 工艺的前体材料的杂质浓度很低。ALD 的一个缺点是它的沉积速率慢，每次循环不到一个原子层。然而，微电子的应用需要高 κ 栅极氧化物，所要求的厚度预计缩减至 10nm 或更薄，因此 ALD 的沉积速率缓慢并不是决定性因素。

上一节只是向读者介绍 ALD 工艺的一般原理，并没有详细地阐述其技术。

想要对 ALD 工艺及其生产过程中的化学特性有更深入的了解,读者可以去查阅 Suntola[12]、George[13]、Ritala 和 Leskelä[18]、Ritala[19]、Puurunen[14] 以及 Seidel[17] 等的优秀综述性文章。特别是 Puurunen 的综述文章,展示了以 TMA/H_2O 为先导的经典 Al_2O_3 热 ALD 的详细研究案例。

9.3 石墨烯官能化的均匀原子层沉积

使用基于 H_2O 的前驱体在原始的或非官能化的石墨烯片上直接进行介电氧化物沉积受限于石墨烯的强疏水性和化学惰性。在剥离石墨烯上实施 ALD 时并不是直接沉积在无缺陷的原始剥离石墨烯上[20]。在高定向热解石墨(high-oriented pyrolytic graphite,HOPG)以及外延石墨烯(EG)上,原子层沉积会出现非均匀的覆盖[21-23]。在剥离石墨烯和高定向热解石墨上,原子层沉积则会有选择性地在台阶边缘和缺陷处生长,破碎的悬空键应该起到沉积成核点的作用[24]。对于 EG 上的原子层沉积,沿台阶边缘的成核增强会导致在台阶上优先成核的推断是有问题的。

为了使石墨烯表面更加适合与氧化物前驱体结合,同时/或者形成官能化层以利于均匀沉积,几种不同的表面预处理方法得到了研究,其中一些方法为湿化学处理[23,25]、EG 或 HOPG 表面的臭氧(O_3)或氮氧化物(NO_2)处理[22,26-27]、二氧化氮–TMA 的初始原子层沉积脉冲序列[28]、电子束蒸发金属籽晶层氧化[29-30]以及低 κ 电介质接种聚合物缓冲的旋涂[7,31]。Liao 等报道了更多均匀介质沉积的官能化方法[10]。不是所有这些官能化方式都能实现完全的电介质覆盖,在某些情况下,可以观察到底下石墨烯电子特性变差。为了使石墨烯表面共价官能化,需要打破 sp^2 键并形成 sp^3 键来改变表面[32]。但是,这些被破坏的晶格点会导致载流子迁移速率显著降低。因此,在大面积石墨烯上沉淀高品质、高 κ 电介质仍然需要开发可行的、可重复的方法,同时还要保持其较高的本征载流子迁移率和较低的界面陷阱密度。

9.3.1 在石墨烯上用 ALD 法进行直接电介质沉积

由于石墨烯的化学惰性且缺乏垂直于表面的悬挂键,采用原子层沉积法在石墨烯上实现均匀的氧化物沉积是相当具有挑战性的[33]。为此,在石墨烯表面使用基于 H_2O 的前体直接进行高 κ 氧化物层原子层沉积时会出现无覆盖或者覆盖不均匀的现象[20-24]。Xinran 等[20]已经证明金属氧化物 ALD 无法在无缺陷的原始剥离石墨烯基面进行直接沉积,这是由于其表面缺乏能与原子层沉积的前体反应所必需的官能团。与此相反,在台阶边缘附近观察到了部分覆盖石墨烯的 Al_2O_3,相信这是因为悬挂键或 OH-封端存在于台阶边缘。这种情况在图 9.2 所示的原子力显微镜图中可以看到，Al_2O_3 优先生长于石墨烯的边缘及周围的缺陷处。

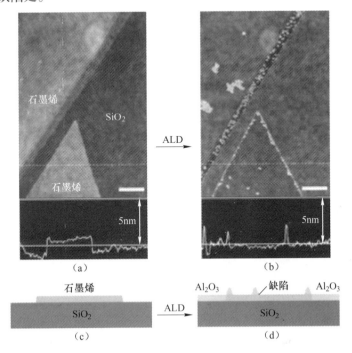

图 9.2　在纯净石墨烯上的 Al_2O_3 ALD。（a）ALD 前 SiO_2 上石墨烯的 AFM 图像。如虚线断层处的高度分布图所示，三角形石墨烯的高度约为 1.7nm，比例尺为 200nm。（b）约 2nm Al_2O_3 ALD 沉积后相同位置处的 AFM 图像。三角形石墨烯的高度变为约 −0.3nm，如虚线断层处的高度分布图所示。（c）和（d）ALD 前后 SiO_2 上石墨烯的简图。Al_2O_3 首先从石墨烯的边缘和缺陷位置开始生长（引自文献[20]© 2008 美国化学学会）

　　Xuan 等[24]证明，在 200~300℃ 温度范围内，使用 TMA、$HfCl_4$ 和 H_2O 作为前驱体，可以在 HOPG 上沉积 1~35nm 的 Al_2O_3 和 HfO_2。虽然没有实现均匀栅介质，但是形成了 5~200nm 宽、约 1.5nm 高、超过 $50\mu m$ 长的高度保形且均匀的氧化物纳米带。同样，这些纳米结构只沿着石墨烯边缘的台阶生长。图 9.3 所示为在不同条件下原子层沉积结果的 SEM 图像。从图中可知，只有使用正确的原子层沉积才能获得电介质纳米带沉积（（a）、（b）和（d）），否则将会获得非常粗糙和不连续的膜。这些实验数据表明，在原子级平整的 HOPG 中以 H_2O 为基础直接进行原子层沉积，不能产生连续和均匀的二维氧化膜。另一方面，使用原子层沉积工艺，我们可以将石墨烯的原子尺度尖锐边缘作为一维 ALD 成核点[24]。

　　Speck 等也进行了通过 ALD 在 HOPG 上沉积 Al_2O_3 的实验[22]，发现非常密集的随机分布线状覆盖。它们的垂直生长速度大约每个周期为1Å,但是在横向上线条并没有像文献[24]中看到的聚结成连续的二维薄膜。这种差异没有得到进一步的研究,因为这可能只是与 HOPG 初始的层数和质量有关,而与 ALD 工艺无关。其沉积结果如图9.4所示的 AFM 图像。

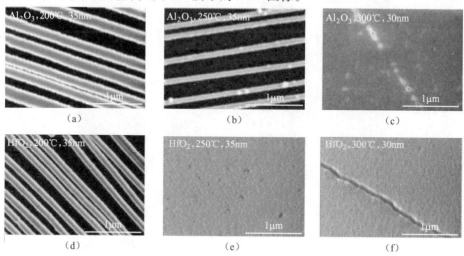

图9.3 (a)、(b) 和 (d) 中显示 HOPG 表面上的高质量纳米带的 SEM 图像,而(c)、(e) 和 (f) 显示用 ALD 方法形成的非常粗糙、不连续的薄膜。在每个图中标注了形成过程的条件(引自文献[24]© 2008 美国物理联合会)

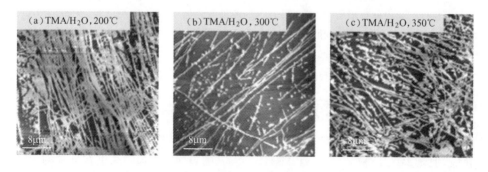

图9.4 HOPG 表面上 ALD Al_2O_3 薄膜的 AFM 图像。(a)~(c)不同温度下的500周期的 TMA/H_2O(引自文献[22]© 2010 Wiley)

此外,zhou 等[34] 通过 ALD 在 110℃ 下在剥离石墨烯上沉积了约 30nm 的 HfO_2 薄膜。这些薄膜连续且平滑地跨过了石墨烯/二氧化硅台阶。在单层石墨烯上则获得了厚度大于 10nm 的、形貌良好的无孔薄膜。然而在多层石墨烯(5层或6层)上,这些薄膜的覆盖性和均匀性都不太理想。笔者推测,在单层石墨烯中,SiO_2 诱导的曲率有助于 ALD 前驱体的反应和吸附。石墨烯场效应晶体管上 HfO$_2$ 薄膜的介电常数约为 17,相比于理想数据($\kappa=25$)低不少[35],并且狄拉克电压(V_{Dirac})为 $-20\sim20$V,测到的晶体管场效应迁移率则大于 $6000\text{cm}^2\cdot\text{V}^{-1}\cdot\text{s}^{-1}$。

　　与在剥离石墨烯和 HOPG 上进行原子沉积形成鲜明对比的是,在石墨烯上由 SiC 和 EG 的硅升华进行 Al$_2$O$_3$ 热原子沉积[36-38]会显示优先在台阶成核,在台阶边缘的则偶尔成核[22-23]。图 9.5 显示了不同的 TMA/H$_2$O ALD 周期的 AFM 图像,其中图 9.5(a)对应于在 225℃下 Si 面 EG 100 个 ALD 周期之后的薄膜,图 9.5(b)对应于在 500 个 ALD 周期之后更厚的薄膜。明显地,EG 薄膜随 SiC 衬底的形态形成,大台阶被台阶之间的边缘划分开。不论氧化物的厚度是多少,核都优先在平台中形成,而在台阶边缘,形成的氧化物明显很少。与 Speck 等描述的一样,我们也发现这种沉积行为经常发生在一些 Si 面和 C 面的 EG 样品中,与原子层沉积温度无关[22]。氧化物成核受阻的区域应该与 SiC 台阶边缘形成的双层石墨烯有关。

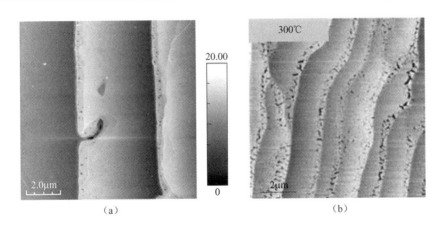

图 9.5　EG 表面的 AFM 图像。(a)在 225℃下 250 个 ALD 周期;
(b)在 300℃下 500 个 ALD 周期。样品都采用了 TMA/H$_2$O 基
的沉积(引自文献[22]© 2010 Wiley)

　　Jernigan 等做了一个非常引人注目的实验,实验中,Si 面 EG 在超高真空(UHV)的 1300℃ H$_2$ 氛围中退火 30min,随后进行 Al$_2$O$_3$ 的热原子层沉积形成。H$_2$ 退火前的 AFM 图像如图 9.6(a)所示,图 9.6 中显示 EG 表面有很多褶皱和阶梯,穿过平台和巨大的台阶。图 9.6(b)显示了 Al$_2$O$_3$/EG/SiC 在 H$_2$ 氛围中退火,并在 225℃下进行了 260 个周期的 Al$_2$O$_3$ 沉积(约 300Å)后的 SEM 图像。与以往在 EG 表面进行 ALD 的经验推测相反,所得氧化物主要是沿着台阶边缘和褶皱(点缺陷),而不是形成在平整的平台上。这些沉积结果与在纯净的剥离石墨烯上的 Al$_2$O$_3$ 热原子层沉积一致[20]。通过分析 EG 退火后的 X 射线光电子谱(ALD 之前)可得出,退火后吸附的氧化物完全消失,并且额外的碳含

量显著减少。因此,很有可能是 EG 在高真空退火后,ALD 成核更多地发生在更有活性的台阶边缘,并且观察到的缺陷和杂质并没有由于 H_2 退火而消失。这个结果表明,当精心清洗 EG 表面后,EG 的热原子层沉积行为类似于剥离石墨烯。

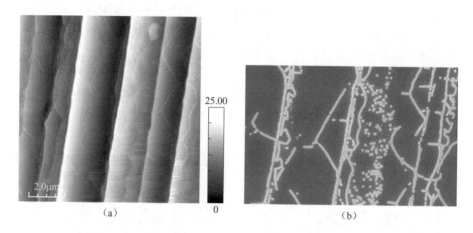

图 9.6 (a) 用 H_2 退火以及 ALD 处理前的 EG 表面的 AFM 图像。可以看到很多穿过平台的褶皱、台阶及台阶束。(b) 用 H_2 退火并在 225℃ 下进行 260 个 Al_2O_3 沉积周期(约 300Å)后的 $Al_2O_3/EG/SiC$ SEM 图像。沉积只在台阶的边缘和褶皱处出现

综上所述,由于悬挂碳键的存在,石墨烯边缘拥有比惰性基面较高的化学活性,作为 ALD 薄膜的成核点,H_2O 前体优先吸附在边缘。然而,在平台上成核点形成于原子缺陷或者杂质处,因此在完美的石墨烯上很难成核生长并得到均匀的二维氧化物薄膜。如此不规则的氧化物表面沉积现象促使研究人员开发出合适的、可重复的在进行氧化物沉积前的表面官能化处理。

9.3.2 臭氧或二氧化氮处理

Lee 等在经过臭氧(O_3)预处理后的 HOPG 上进行了 TMA/O_3 原子层沉积,发现臭氧预处理可以作为在石墨烯表面均匀沉积高 κ 电介质的引发剂。实验包括用 TMA/O_3 在 HOPG 上直接沉积 50 个周期的 Al_2O_3。与 TMA/H_2O 工艺相比,石墨烯不仅在台阶边缘处成核,在平台处也能成核生长。石墨烯总厚度为 4~5nm,这表明垂直生长速率与预期的原子层沉积速率相符(约 0.1nm/周期)。尽管 TMA/O_3 工艺显著地增强了成核性,但是无法得到完全合并的薄膜层,见文献[21]中的图 9.1(c)。

在沉积 Al_2O_3 之前先对 HOPG 表面进行臭氧处理,这成功地增加了成核点。图 9.7(c)[26] 为 TMA/O_3 工艺在经过 10s 臭氧(22%(质量分数))处理过的 HOPG 表面沉积得到的均匀的 Al_2O_3 的 AFM 图像。图 9.7 所示分别为:(a)采用 TMA/H_2O 的直接沉积法;(b)采用 TMA/O_3 的直接沉积法;(c)采用 TMA/O_3

的臭氧处理 HOPG 表面沉积法。图 9.7(c)所示为一个理想的二维生长模式,表面粗糙度很小,约为 0.2nm。以上的结果证实,臭氧预处理和 ALD 进程能改变HOPG 表面使其更有利于沉积氧化物并保持保形分层生长。文献[21]中论述了这些官能化的出现主要是因为原子层沉积 Al_2O_3 后环氧官能团的浓度增加。此外,XPS 和拉曼光谱分析结果显示几乎没有缺陷,这就表明了臭氧预处理没有明显地干扰石墨烯的 SP^2 杂化结构或腐蚀石墨烯材料[21]。生长出的保形原子层的厚度小于 10nm,因此我们可以在石墨烯表面生长出更薄的电介质、制备出高质量的氧化物栅介质。$C\text{-}V$ 测量得到了金属中 10nm Al_2O_3/HOPG 堆的有效介电常数约为 9,这是理想值[35]。然而,在器件中仍然存在大量的漏电流(在 $-1V$ 时约为 $3.4\times10^{-8}\mathrm{A}\cdot\mathrm{cm}^{-2}$),这就意味着在石墨烯/氧化物界面存在不均匀的氧化薄膜或缺陷。

图 9.7　(a)利用 TMA/H_2O,200℃ 下沉积 200 个周期 Al_2O_3 层样品的 AFM 图像;(b)利用 TMA/O_3,200℃ 下在未处理的 HOPG 表面沉积 50 个周期 Al_2O_3 层的 AFM 图像;(c)利用 TMA/O_3,200℃ 下在臭氧处理的 HOPG 表面沉积 50 个周期 Al_2O_3 层的 AFM图像(引自文献[26]© 2009 电化学学会)

Speck 等[22]用 TMA/臭氧工艺于 350℃ 下在 HOPG 表面生长出 Al_2O_3 薄膜,虽然比较厚(约 50nm),但是生长出的薄膜均匀且保形,见文献[22]中的图 9.1(d)。他们所得的结果与 Lee 的有所不同,因为他们没有用臭氧预处理石墨烯,但是仍然得到了如 AFM 图像所示的无针孔氧化物。该研究分析了被臭氧处理后的 EG 在进行 ALD 工艺之前和之后的 XPS 和拉曼光谱。这些分析表明,被臭氧处理后的 EG 出现了缺陷或刻蚀。被破坏的 EG 的结构,如拉曼光谱,如图 9.8所示,由于臭氧的处理,D 峰变高,G 峰展宽。通过降低温度和减少臭氧脉冲次数可以减少臭氧预处理对 EG 结构的破坏,但仍旧为 ALD 的生长提供了很多成核点。然而,在上述所有情况下石墨烯的电阻都变大了。

Lin 等[40]选择了一种不同的石墨烯的官能化方法:沉积采用 ALD 工艺沉积生长栅极氧化物[27-41]前,沉积 50 个周期的 NO_2-TMA。他们以厚度为 300nm

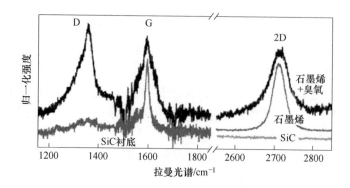

图 9.8　原始 EG 在 350℃ 下经臭氧脉冲处理前和经 20 次臭氧脉冲处理
后的拉曼光谱。为了提高清晰度，光谱中已经减去了 SiC 衬底的贡献，针
对 G 峰进行了归一化处理并移位（经许可复制于文献 [22] © 2010 Wiley）

的 SiO_2 层上的高阻 Si 作为衬底，将上面的剥离石墨烯制备成场效应管。首先
用 50 个周期的 NO_2-TMA ALD 沉积官能化层以确保栅介质没有气孔。顶部栅
极绝缘层由在 250℃ 下生长的厚度约为 12nm 的 Al_2O_3 薄膜组成，通过 C-V 测
量，得到其介电常数为 7.5。这些器件显示理想的 $1/f$ 的频率依赖性，以及与场
效应管类似的特性，但是经过 ALD 处理后，它们的导电性和迁移率都明显降低
了。据推测，导电性和迁移率的降低可能与 NO_2 官能化过程以及氧化物界面的
声子散射有关 [42]，栅长为 150nm 时最大切断频率为 26GHz。

　　气态官能化允许石墨烯热 ALD 的均匀沉积。然而，目前有关电学性质的研
究还不够，需要进一步研究以确定这个进程在顶栅石墨烯技术方面的可行性。

9.3.3　湿化学方法

　　Pirkle 等 [25] 用湿化学官能化法在室温下将剥离的 HOPG 样品浸入去离子
水中 1h 来促进 ALD 成核。与水分子 ALD 的 Al_2O_3 不同，湿化学官能化法以臭
氧作为氧前体，但为了避免石墨烯被刻蚀以及器件性质的衰败，沉积过程在更低
的温度（30℃）下进行。在低温下形成的氧化物薄膜可能要差些，但是在很多情
况下，这种薄膜都是一种很好的沉积高质量、高 κ 介质的种子层。文献 [51] 也
研究了 200℃ 下 ALD 并经去离子水处理的样品。从 XPS 结果可知，30℃ 和
200℃ 下 ALD 的样品在 285eV、287eV 和 290eV 处有很多 C 1s 态，分别为非晶
碳 [43]、甲氧基团 [44]、碳酸盐 [45] 或甲酸盐组 [46]。这些杂质都会使氧化物薄膜
的性质变差，从而导致器件性质的破坏，然而并没有电学数据来佐证。从 AFM
结果可知，在 30℃ 和 200℃ 下 ALD 沉积的样品的氧化物覆盖率分别为 75% 和
55%。在更低的温度下用去离子水处理能够提高薄膜的质量，但是氧化物的覆

盖不均匀,并且还会形成许多孔洞(见文献[25]的图 9.3 以对比各种表面预处理后的 AFM 图像)。Pirkle 还发现在低温下沉积会伴随有不完整的含甲氧基和碳酸盐反应,这会导致在介质层中引入杂质,但即使在更高的温度下沉积,Al_2O_3 也会吸附杂质。

笔者也发展了一种湿化学处理法在热 ALD Al_2O_3 前改性 EG 表面[23]。这是一种简单而又可靠的表面改性方法,能够在不破坏电学和结构性质的前提下改变石墨烯的成键。EG 先浸入稀释的氢氟酸(HF,1∶1)1~2min,然后用去离子水清洗,本步骤的目的是清除石墨烯表面的杂质和氧化物。然后将清洗好的样本放入 80℃ 标准清洁 1(standard clean 1,SC1)溶液中 5~10min,SC1 溶液由 NH_4O_4、H_2O_2 和 18.2MΩ·cm 去离子水按照 1∶1∶5 配成。本步骤可以促进带有很多羟基基团的 O—H 表面的形成,而这些基团对热 ALD 成核十分必要。最后用去离子水清洗并用 N_2 吹干再放入反应室进行 250 个周期 ALD 的 Al_2O_3 生长(约 31nm)。沉积 Al_2O_3 后的薄膜与沉积前在形态上具有相似性。表面粗糙度在沉积氧化物前后分别为 1.16nm 和 1.13nm,这说明 ALD 沉积不会影响薄膜的表面粗糙度。XPS 结果证实了 Al_2O_3 的存在,又由 AFM 图像可以知道在石墨烯台阶的平台和边缘部分都形成了没有明显针孔的氧化物共形覆盖。SEM 则在更大的尺寸上(约 80μm²)进一步证实了 AFM 的结果,表明制备出了跨越台阶平台和边缘的均匀连续的薄膜。在相同条件下制备出的薄膜均具有以上的性质。

从 XPS 峰的位置以及 O 1s、Al 2p 和 C 1s 峰的面积可以分析形成氧化物的化学成分。分析表明,O/Al 比值为 1.57,形成的氧化物很接近 Al_2O_3,XPS 图谱与单晶蓝宝石标准图谱相似。O 1s 峰呈现微弱的不对称,通过卷积计算可以发现两个不同的峰位;一个中心在 532.2eV,为 Al—O 键峰的位置;另一个中心在 533.9eV,与 Al—O—H 羟基基团有关,这些羟基基团在 TMA—H_2O 的 ALD 过程中形成[47-48]。Al 2p 峰为中心在 75.38eV 的单一的对称线。C 1s 谱中心位置在 283.2eV,强度很弱,很有可能来自于在介质内部或表面附近不完整的前体反应产生的残余碳。尽管 O/Al 比值和羟基基团的出现都表明在氧化物中 O 有富余,但 O 1s(1.93eV)和 Al 2p (1.6eV)峰较小的半高宽以及薄膜中少量的残余碳说明我们得到了高质量的氧化物薄膜。

从器件的角度来说更重要的是,Al_2O_3—EG 薄膜的霍尔效应迁移率并没有受到预沉积处理或 Al_2O_3 沉积过程的影响,沉积前后薄膜的霍尔效应迁移率变化非常小,从 550cm²·V⁻¹·s⁻¹ 增大到 600cm²·V⁻¹·s⁻¹。EG 薄膜的电学测量结果具有随时间变化的不确定性,因此人们普遍使用拉曼光谱一类的技术来在更大范围上评估薄膜性质[49]。样品的载流子迁移率保持不变说明了石墨烯结构并没有因表面处理被破坏。图 9.9 是狄拉克电压 $V_{Dirac} \approx 1.0V$ 时的 C-V 测量结果。当介质层为 31nm 时,介电常数可以达到 7.6。介电常数的降低可能是由氧化物中的羟基和碳造成的。同时在衬底、氧化物或石墨烯与衬底/石墨烯与氧化物界面处的固定电荷会导致 V_{Dirac} 漂移。

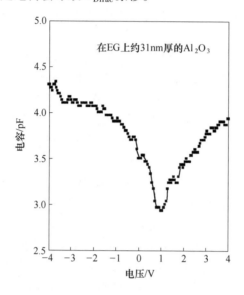

图 9.9 Al_2O_3/EG/SiC 上直径为 50μm 的 Ti/Au 圆形电容在 1MHz 处的 C-V 曲线。根据测量的介电质厚度得到的介电常数约为 7.6，V_{Dirac} 约为 1V

湿化学处理是一种简单可靠的石墨烯表面改性技术，对石墨烯的电学和结构性质影响很小。使用这种方法在石墨烯表面沉积的氧化物具有面积大、均匀性好、引入杂质少等特点。我们还需要进一步从器件的角度出发来评估该氧化物电介质的质量。

9.3.4 聚合物缓冲层

另一种在石墨烯上获得均匀高 κ 介质薄膜的方法与低 κ 聚合物缓冲层的使用相关。两种不同聚合物的研究已经从剥离石墨烯转移到 SiO_2/Si 衬底上。下面针对每种进行深入的分析。

由于在完美的石墨烯上不能用 ALD 工艺沉积得到均匀的高 κ 介质薄膜，Wang 等[20] 探索用 3,4,9,10-苝四羧酸（perylene tetracarboxylic acid，PTCA）作为保形 Al_2O_3 薄膜的种子层。PTAC 拥有带负电末端羧酸盐的共轭环状平面结构，是一种能为 ALD 提供合适的反应点的理想候选材料。将 SiO_2 上的剥离石墨烯在 600℃、1Torr 氩环境下退火进行表面清洗，然后在 PTCA 中浸泡 30min，再放入 ALD 室。100℃下沉积的 Al_2O_3 薄膜厚度约为 2nm。这表明 PTCA 厚度约为 0.5~0.8nm，整体的堆叠厚度约为（2.8±0.2）nm。

用 AFM 确定 $Al_2O_3/PTCA$ 的形态(约 2nm 厚的 Al_2O_3 ALD),发现薄膜非常光滑,在 $5\mu m^2$ 的区域内平均粗糙度只有约 0.33nm。PTCA 从甲醇中很好地分离使得石墨烯表面的涂层致密且均匀,从而得到均匀的 Al_2O_3 薄膜沉积。虽然没有进行相应的测试,薄膜的电学性质应该不会受到影响。

Farmer 等[7]在 HfO_2 ALD 之前使用 NFC 1400-3CP(JSR Micro,Inc.) 低 κ 聚合物缓冲区,并获得了性能良好的石墨烯晶体管。这个特殊的聚合物以甲基和羟基基团作为 ALD 的理想反应位置。在丙二醇单甲醚乙酸酯(propylene glycol monomethyl ether acetate,PGMEA)中稀释 NFC,它可以很容易地被旋涂到石墨烯的表面。通过调整稀释浓度和旋转速度可以控制聚合物缓冲层的厚度和均匀性,发现用 24:1 的 PGMEA/NFC 浓度,以 4000r/min 的转速转 1min,可以得到均匀的 10nm 厚的缓冲层。在 175℃ 下处理 5min 来去除表面的剩余溶剂,然后在表面沉积 10nm 厚的 HfO_2 来完成介质堆叠。

虽然没有具体讨论介电堆叠的形态,要获得呈现的晶体管特性,可以推测 HfO_2/NFC 盖住了整个石墨烯通道的栅区。从电容测量结果知道,NFC 缓冲层和 HfO_2 薄膜的介电常数分别为 2.4 和 13。尽管 HfO_2 的介电常数比理想值明显小了很多,但是对于预期的应用来说已经足够了。

从图 9.10 可知,石墨烯的 V_{Dirac} 随着每部分介质层的堆叠发生了明显偏移。厚度为 300nm 的 SiO_2/Si 衬底上的剥离石墨烯片呈现轻微的 n 型掺杂效应且 $V_{Dirac}=-3.5V$。在低 κ 的高分子聚合物旋涂之后,$V_{Dirac}=42.5V$,这说明聚合物对石墨烯的高效 p 型掺杂使 V_{Dirac} 发生了明显偏移。沉积 HfO_2 使得这种 p 型掺杂得到补偿,沉积 HfO_2 薄膜后,$V_{Dirac}=13.25V$。V_{Dirac} 的大幅漂移不利于对器件

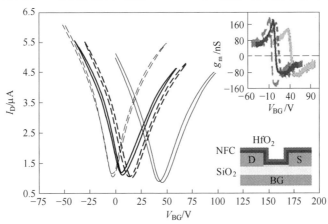

图 9.10　石墨烯片的两点背栅测量。不同缓冲电介质处理阶段的转移特征和相应的跨电导(插图):处理前(长虚线)、NFC 聚合物沉积后(灰)、HfO_2 沉积后(虚线)以及 50W O_2 等离子体处理 30s 后(黑)。右下角示意图显示了器件的完整结构(引自文献[7]© 2009 美国化学学会)

的调制,最好 V_{Dirac} 尽可能接近于 0。Farmer 等发现,只有将电介质/石墨烯层使用 O_2 等离子体处理后才能使 V_{Dirac} 降低到足够让石墨烯晶体管运作的较低值(5.75V)。另外,在处理前后石墨烯的电子迁移率最多只减少了 15%。更有趣的是,Farmer 还发现场效应迁移率与温度存在着线性关系。这说明这些器件的散射主要来自于声子散射,与替代介质层和表面处理层中以带电杂质散射为主要散射过程的情况不同。

以上的研究表明,低 κ 聚合物缓冲层能够用于在石墨烯上获得均匀保形的高 κ 介质层。这些聚合物还会在石墨烯薄膜中产生强掺杂效应,改变 V_{Dirac},使得缓冲层在器件中的应用受到限制。只有在 O_2 中退火会使 V_{Dirac} 值减小。另外,电子迁移率基本不受这些薄膜的影响,这有利于器件整体质量的提高。

9.3.5 金属种子层

将完全氧化的金属层作为种子层是在石墨烯上进行 ALD 的一种方法,这种方法相对于其他方法的优点是对薄膜电子迁移率的影响较小。

Kim 等[50]在 2009 年首次将完全氧化的金属作为种子层,在剥离石墨烯薄膜上沉积了介质层。他们在完全氧化的 Al 种子层上通过 ALD 得到了 15nm 厚的 Al_2O_3 薄膜。因为金属接触指的是在顶栅介电层沉积之前,所以在沉积 ALD 种子层前需要对石墨烯进行 200℃ 的 H_2 退火来去除表面的高阻层和杂质。使用电子束蒸发技术沉积 1~2nm 厚的 Al 种子层,然后将沉积好种子层的石墨烯在转移到 ALD 腔室的过程中暴露于空气。XPS 结果表明,在空气中暴露后种子层已经被完全氧化,为了进一步保证完全氧化,在 ALD 腔室中还对薄膜进行了高温处理来去除薄膜表面的水分子。

以 SiO_2 为背栅、Al_2O_3 为顶栅的器件的 V_{Dirac} 值为 0.08V。这表明顶栅介电堆叠的石墨烯中基本都是主动掺杂。此外,通过 Al_2O_3 顶栅的漏电流小于 0.75 $pA/\mu m^2$,这意味着介电薄膜质量很高。然而,Al_2O_3 层的相对介电常数只有 6.0,这明显低于理想值。利用作者的模型拟合得到有效迁移率 $\mu = 8600cm^2 \cdot V^{-1} \cdot s^{-1}$,载波浓度($n_0 = 2.3 \times 10^{11} cm^{-2}$)。虽然没有与无 Al_2O_3 薄膜的剥离石墨烯比较,但是处理后得到的高迁移率肯定了在石墨烯 ALD 沉积方法中金属种子层的使用。最后,载流子迁移率对温度不敏感,表明散射过程由带电杂质散射主导。

Pirkle 等[29]通过 XPS 使用金属种子层沉积高 κ 的 Al_2O_3 和 HfO_2 薄膜。生长 Al_2O_3 薄膜时使用 Al 金属种子,而 HfO_2 薄膜则使用 Hf。同时,它们还研究了使用预沉积真空退火(在 UHV 中,500℃ 环境下处理 30min)处理电介质/金属种子/石墨烯层的变化。在本实验中,用高纯度的 O_2 在 200℃ 下通过电子束蒸发和氧化法沉积了约 1nm 厚的金属。

在退火表面沉积的 Al 层仍有一些氧化的 Al 金属,然而在非退火表面沉积

Al,会导致完全氧化的 Al 层。此外,AFM 图显示在两种表面上都会出现约 10nm 厚的非均匀 Al 团簇。XPS 光谱证实了 C ls 峰的成键态没有改变,在石墨烯衬底表面没有形成共价键。因此,金属种子方法没有破坏石墨烯晶格的稳定性,不会影响迁移率。

当没有进行预沉积退火时,我们发现 Hf 金属种子层形成了碳化物(HfC)。这个碳化物会破坏石墨烯 sp^2 成键,导致了迁移率的减少。然而,在沉积金属前用 H_2 对样品进行退火处理可以避免这种碳化物,并且可以得到完全氧化的 Hf 种子层。与 Al_2O_3 不同,HfO_2 薄膜表面更加平滑且不会形成团簇,这对于石墨烯来说是更好的电介质材料。

Robinson 等[30] 研究了更多的接种方法,包括在外延石墨烯表面生长高 κ Al_2O_3、HfO_2、Ta_2O_5 和 TiO_2 薄膜。这项工作还探讨在有和没有成核层时,介质沉积温度对形成均匀薄膜的影响。当没有金属种子时,300℃ 以下温度范围内所有的氧化物都出现了非均匀生长的现象。然而如图 9.11 所示,当沉积温度从 150℃ 上升到 300℃ 时,尽管 Al_2O_3 薄膜的均匀性和覆盖范围有所改善,但是形态上保形性和粗糙度都很差。另外,TiO_2 薄膜有很好的均匀性,并且不受温度的影响,而 Ta_2O_5 在所有温度下的薄膜形貌都很差。沉积 Ta_2O_5 薄膜时,即使有连续金属种子层,也会形成大颗粒和高 50nm 的褶皱。这些结果意味着 Ta_2O_5 不是石墨烯晶体管中可行的栅极介电材料,除非沉积技术得到显著的改善。

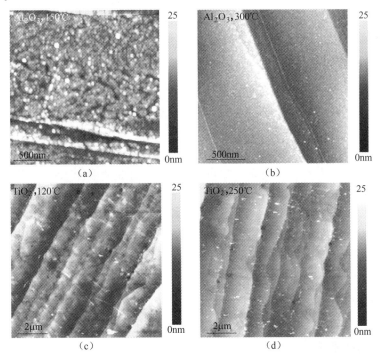

(a)

(b)

(c)

(d)

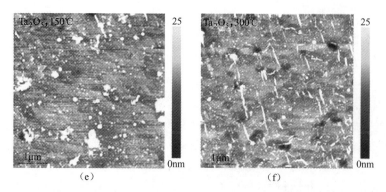

图 9.11　石墨烯上接种原子层沉积的 Al_2O_3、TiO_2、Ta_2O_5 薄膜的原子力显微镜图像表明,其均匀度和覆盖度依赖于沉积温度。Al_2O_3 薄膜需要在大于150℃的温度下沉积才能出现完整的覆盖,TiO_2 和 Ta_2O_5 薄膜则需要在小于150℃的温度下沉积才能出现完整的覆盖。用 Ta_2O_5 作为介电材料,可能会出现表面太粗糙而无法用于器件制造的情况(引自文献[30]© 2010 美国化学学会)

沉积金属种/氧化物堆叠前后的拉曼测量显示了 D/G 的比例从 0.04~0.10 增加到沉积后的大于 0.1。这表明这一过程在石墨烯晶格中引入了缺陷。TEM 图表明,所有的石墨烯薄膜的上层比下层有更多的缺陷。尽管目前尚不清楚这是否是由金属种子层引起的,还是只是一个简单的 TEM 样品制备的结果。

用无损非接触式的 Lehighton 法测量了原生石墨烯薄膜以及经过金属种子沉积、氧化和氧化物 ALD 沉积的薄膜的迁移率。Al 和 Ta 金属成核层导致迁移率降低了 25%,而 Ti 使迁移率增加了 10%~22%。此外,HfO_2 可以不用金属种子来沉积薄膜,得到的薄膜的迁移率没有多大变化。Ti 金属种子沉积生长的薄膜导致了载流子浓度的减少(2 倍),最可能的原因是金属种子补偿掺杂的作用。这些结果表明,TiO_2 可以提高晶体管栅的性能。需要注意的是,之前的硅和硅碳集成晶体管中存在较高的栅极漏电流[35,51-52]。

本节显示完全氧化的电子束金属种子层是在石墨烯中得到均匀高 κ 电介质薄膜的最有效的方法。石墨烯前期处理和金属种子的选择对减少石墨烯晶格相互作用是至关重要的,晶格的破坏会产生缺陷从而降低了石墨烯衬底的电学性质。

9.4　小结和未来的发展方向

未来石墨烯电子器件的尺寸会小于 100nm,所以高 κ 电介质是未来石墨烯电子应用领域的基本配置。人们希望高 κ 材料能够通过屏蔽带电杂质来提高器件沟道中的载流迁移率,并减少传统 SiO_2 栅氧化物中的漏电流。然而石墨烯的高疏水性和化学惰性使得在石墨烯上沉积这些电介质氧化物太难。在石墨烯表面直接沉积时,薄膜会有选择性地生长在台阶边缘处,只是偶尔会生长在台阶平台。为了避免这种无规律的生长,在沉积薄膜之前,需要进行表面的预处理。另外,任何促进氧化层成核的石墨烯表面官能化,都不应该影响石墨烯电子器件的性质。到目前为止,研究表明在石墨烯上沉积薄膜后会破坏石墨烯晶格和增强电子散射,从而降低载流子迁移率。官能化和随后的 ALD 会引入杂质并导致石墨烯结构的损坏,这时顶栅器件的载流子迁移率仍然比背栅器件的低,大量的固定电荷还会导致狄拉克电压的漂移。石墨烯的电学特性和器件的性能与氧化的形貌有着密切联系,仍需要继续研究。每种方法都有各自的优点和缺点,并且 ALD 沉积对石墨烯的影响还有待进一步研究,所以很难选出一种最合适的方法。在石墨烯表面 ALD 沉积氧化物方面还有很大的提升空间来完全实现石墨烯器件的潜能。

参 考 文 献

[1] Novoselov, K. S. , et al. , *Electric field effect in atomically thin carbon films*. Science, **2004**. 306 (5296): p. 666–669.

[2] Novoselov, K. S. , et al. , *Two-dimensional gas of massless Dirac fermions in graphene*. Nature, 2005. **438** (7065): p. 197–200.

[3] Geim, A. K. and K. S. Novoselov, *The rise of graphene*. Nature Materials, 2007. **6**(3): p. 183–191.

[4] Lee, C. , et al. , *Measurement of the elastic properties and intrinsic strength of monolayer graphene*. Science, 2008. **321**(5887): p. 385–388.

[5] Jenkins, K. A. , et al. *Graphene RF transistor performance. in ECS Transactions*. Vancouver, BC.

[6] Lin, Y. M. , et al. , *100–GHz transistors from wafer-scale epitaxial graphene*. Science. **327** (5966): p. 662.

[7] Farmer, D. B. , et al. , *Utilization of a buffered dielectric to achieve high field-effect carrier mobility in graphene transistors*. Nano Letters, 2009. **9**(12): p. 4474–4478.

[8] Moon, J. S. , et al. , *Epitaxial-graphene RF field-effect transistors on Si-face 6 H-SiC substrates*. (*IEEE Electron*) (*Device Letters*), 2009. **30**(6): p. 650–652.

[9] Konar, A. , T. A. Fang, and D. Jena, *Effect of high-kappa gate dielectrics on charge transport in graphene-based field effect transistors*. Physical Review B, 2010. **82**(11): p. 115452.

[10] Liao, L. and X. Duan, *Graphene-dielectric integration for graphene transistors*. Materials Science and Engineering R: Reports. **70**(3–6): p. 354–370.

[11] Lu, Q. , et al. , *Leakage current comparison between ultra-thin Ta_2O_5 films and conventional gate dielectrics*. Ieee Electron Device Letters, 1998. **19**(9): p. 341–342.

[12] Suntola, T. , *Atomic layer epitaxy. Material Science Reports*. Material Science Reports, 1989. **4**(7): p. 261–312.

[13] George, S. M. , A. W. Ott, and J. W. Klaus, *Surface chemistry for atomic layer growth*. Journal of Physical Chemistry, 1996. **100**(31): p. 13121–13131.

[14] Puurunen, R. L. , *Surface chemistry of atomic layer deposition: A case study for the trimethylaluminum/water process*. Journal of Applied Physics, 2005. **97**(12): p. 1–52.

[15] Suntola, T. and J. Anston. 1977.

[16] Suntola, T. , *Atomic Layer Epitaxy*, *in Handbook of Crystal Growth*, D. T. J. Huerle, Editor. 1994, Elsevier: Amsterdam.

[17] Seidel, T. E. , *Atomic Layer Deposition*, *in Handbook of Semiconductor Manufacturing Technology*, R. D. a. Y. Nishi, Editor. 2008, CRC Press

[18] Leskelä, M. R. a. M. , *in Handbook of Thin Film Materials*, H. S. Nalwa, Editor. 2002, Academic Press: San Diego. p. 103–159.

[19] Ritala, M. , *Atomic layer deposition.* High-K Gate Dielectrics, 2004: p. 17–64.

[20] Wang, X. R. , S. M. Tabakman, and H. J. Dai, *Atomic layer deposition of metal oxides on pristine and functionalized graphene.* Journal of the American Chemical Society, 2008. **130**(26): p. 8152–8153.

[21] Bongki, L. , et al. , *Conformal Al/sub 2/O/sub 3/ dielectric layer deposited by atomic layer deposition for graphene-based nanoelectronics.* Applied Physics Letters, 2008: p. 203102–1–3.

[22] Speck, F. , et al. , *Atomic layer deposited aluminum oxide films on graphite and graphene studied by XPS and AFM.* Physica Status Solidi C: Current Topics in Solid State Physics, Vol 7, No 2, 2010. **7**(2): p. 398–401.

[23] Garces, N. Y. , et al. , *Epitaxial Graphene Surface Preparation for Atomic Layer Deposition of Al_2O_3.* Journal of Applied Physics, 2011. **109**(12).

[24] Xuan, Y. , et al. , *Atomic-layer-deposited nanostructures for graphene-based nanoelectronics.* Applied Physics Letters, 2008: p. 013101–1–3.

[25] Pirkle, A. , et al. , *The effect of graphite surface condition on the composition of Al_2O_3 by atomic layer deposition.* Applied Physics Letters. **97**(8).

[26] Lee, B. , et al. , *Atomic-Layer-Deposited Al_2O_3 as Gate Dielectrics for Graphene-Based Devices.* ECS Transactions, 2009. **19**(5): p. 225–230.

[27] Farmer, D. B. and R. G. Gordon, *Atomic layer deposition on suspended single-walled carbon nanotubes via gas-phase noncovalent functionalization.* Nano Letters, 2006. **6**(4): p. 699–703.

[28] Lin, Y. M. , et al. , *Operation of Graphene Transistors at Gigahertz Frequencies.* Nano Letters, 2009. **9**(1): p. 422–426.

[29] Pirkle, A. , R. M. Wallace, and L. Colombo, *In situ studies of Al_2O_3 and HfO_2 dielectrics on graphite.* Applied Physics Letters, 2009. **95**(13).

[30] Robinson, J. A. , et al. , *Epitaxial Graphene Materials Integration: Effects of Dielectric Overlayers on Structural and Electronic Properties.* Acs Nano, 2010. **4**(5): p. 2667–2672.

[31] Dimitrakopoulos, C. , et al. , *Wafer-scale epitaxial graphene growth on the Si-face of hexagonal SiC (0001) for high frequency transistors.* Journal of Vacuum Science & Technology B, 2010. **28**(5): p. 985–992.

[32] Koehler, F. M. , et al. , *Permanent pattern-resolved adjustment of the surface potential of graphene-like carbon through chemical functionalization.* Angewandte Chemie-International Edition, 2009. **48**(1): p. 224–227.

[33] Yang, F. H. and R. T. Yang, *Ab initio molecular orbital study of adsorption of atomic hydrogen on graphite: Insight into hydrogen storage in carbon nanotubes.* Carbon, 2002. **40**(3): p. 437–444.

[34] Zou, K. , et al. , *Deposition of High-Quality HfO_2 on Graphene and the Effect of Remote Oxide Phonon Scattering.* Physical Review Letters, 2010. **105**(12): p. –.

[35] Robertson, J. , *High dielectric constant gate oxides for metal oxide Si transistors.* Reports on Progress in Physics, 2006. **69**(2): p. 327–396.

[36] Berger, C. , et al. , *Ultrathin epitaxial graphite: 2D electron gas properties and a route toward graphene-based nanoelectronics.* Journal of Physical Chemistry B, 2004. **108**(52): p. 19912–19916.

[37] Emtsev, K. V. , et al. , *Towards wafer-size graphene layers by atmospheric pressure graphitization of silicon carbide.* Nature Materials, 2009. **8**(3): p. 203−207.

[38] VanMil, B. L. , et al. , *Graphene Formation on SiC Substrates.* Silicon Carbide and Related Materials 2008, 2009. **615−617**: p. 211−214.

[39] Jernigan, G. G. , V. D. Wheeler, and N. Y. Garces, *Presented at the 58th AVS Meeting.* Nashville, TN, Oct 30−Nov 4, 2011.

[40] Lin, Y. M. , et al. , *Operation of graphene transistors at giqahertz frequencies.* Nano Letters, 2009. **9**(1): p. 422−426.

[41] Williams, J. R. , L. DiCarlo, and C. M. Marcus, *Quantum hall effect in a gate-controlled p-n junction of graphene.* Science, 2007. **317**(5838): p. 638−641.

[42] Chen, J. H. , et al. , *Intrinsic and extrinsic performance limits of graphene devices on SiO₂.* Nature Nanotechnology, 2008. **3**(4): p. 206−209.

[43] Jackson, S. T. and R. G. Nuzzo, *Determining Hybridization Differences for Amorphous-Carbon from the Xps C-1s Envelope.* Applied Surface Science, 1995. **90**(2): p. 195−203.

[44] Beamson, G. , D. T. Clark, and D. S. L. Law, *Electrical conductivity during XPS of heated PMMA: Detection of core line and valence band tacticity effects.* Surface and Interface Analysis, 1999. **27**(2): p. 76−86.

[45] Briggs, D. and G. Beamson, *Primary and Secondary Oxygen-Induced Cls Binding-Energy Shifts in X-Ray Photoelectron-Spectroscopy of Polymers.* Analytical Chemistry, 1992. **64**(15): p. 1729−1736.

[46] Stone, P. , et al. , *An STM, TPD and XPS investigation of formic acid adsorption on the oxygenprecovered c(6 * 2) surface of Cu(110).* Surface Science, 1998. **418**(1): p. 71−83.

[47] Renault, O. , et al. , *Angle-resolved x-ray photoelectron spectroscopy of ultrathin Al₂O₃ films grown by atomic layer deposition.* Journal of Vacuum Science & Technology a-Vacuum Surfaces and Films, 2002. **20**(6): p. 1867−1876.

[48] Alexander, M. R. , G. E. Thompson, and G. Beamson, *Characterization of the oxide/hydroxide surface of aluminium using x-ray photoelectron spectroscopy: a procedure for curve fitting the O 1s core level.* Surface and Interface Analysis, 2000. **29**(7): p. 468−477.

[49] Nair, R. R. , et al. , *Fluorographene: A two-dimensional counterpart of Teflon.* Small. **6**(24): p. 2877−2884.

[50] Kim, S. , et al. , *Realization of a high mobility dual-gated graphene field-effect transistor with Al₂O₃ dielectric.* Applied Physics Letters, 2009. **94**(6).

[51] Wilk, G. D. , R. M. Wallace, and J. M. Anthony, *High-kappa gate dielectrics: Current status and materials properties considerations.* Journal of Applied Physics, 2001. **89**(10): p. 5243−5275.

[52] Mahapatra, R. , et al. , *Leakage current and charge trapping behavior in TiO₂/SiO₂ high-kappa gate dielectric stack on 4 H-SIC substrate.* Journal of Vacuum Science & Technology B, 2007. **25**(1): p. 217−223.

缩 略 语

第 1 章

CMOS   complementary metal oxide semiconductor（互补型金属氧化物半导体）

DIBL   drain-induced barrier lowering（漏致势垒降低）

FDSOI   fully-depleted silicon-on-insulator（全耗尽绝缘硅）

HEMT   high electron mobility transistor（高电子迁移率晶体管）

MOSFET   metal-oxide-semiconductor field effect transistor（金属氧化物半导体场效应晶体管）

SRAM   static random-access memory（静态随机存取存储器）

第 2 章

2D   two dimension（二维）

2DEG   two-dimensional electron gas（二维电子气）

ARPES   angle resolved photoemission spectroscopy（角分辨光电子发射谱）

CVD   chemical vapor deposition（化学气相沉积）

DFT   density functional theory（密度泛函理论）

EG   epitaxial graphene（外延石墨烯）

FET   field effect transistor（场效应晶体管）

GNR   graphene nanoribbon（石墨烯纳米带）

HOMO   highest occupied molecular orbital（最高被占分子轨道）

LA   longitudinal acoustic（纵向声学）

LUMO   lowest unoccupied molecular orbital（最低未被占分子轨道）

MBE   molecular beam epitaxy（分子束外延）

PMMA   poly methyl methacrylate（聚甲基丙烯酸甲酯）

ROP   remote oxide phonon（远程氧化声子）

STM   scanning tunneling microscope（扫描隧道显微镜）

TEM   transmission electron microscope（透射电子显微镜）

第3章

AES	Auger electron spectroscopy（俄歇电子能谱）
AFM	atomic force microscope（原子力显微镜）
ARPES	angle resolved photoelectron spectroscopy（角分辨光电子发射谱）
BG,TG	bottom-and top-gated（底栅和顶栅）
CDG	chemically derived graphene（化学衍生石墨烯）
CMOS	complementary metal oxide semiconductor（互补型金属氧化物半导体）
CNT	carbon nanotube（碳纳米管）
CVD	chemical vapor deposition（化学气相沉积）
DIBL	drain induced barrier lowering（漏致势垒降低）
DOS	density of states（态密度）
GFET	graphene FET（石墨烯场效应晶体管）
GNR	graphene nanoribbon（石墨烯纳米带）
HSQ	hydrogen silsesquioxane（含氢硅酸盐类）
MLG	multi-layered graphene（多层石墨烯）
MOSFET	metal oxide semiconductor field effect transistor（金属氧化物半导体场效应晶体管）
NSOM	near-field scanning optical microscope（近场扫描光学显微镜）
PEI	poly（ethylene imine）（聚乙烯亚胺）
RF	radio frequency（射频）
SCE	short channel effects（短沟道效应）
SCPM	scanning photocurrent microscopy（扫描光电流显微镜）
SLG,BLG, TLG	single-layer graphene,bilayer graphene,trilayer graphene（单层石墨烯,双层石墨烯,三层石墨烯）
TMAH	tetramethyl ammonium hydroxide（四甲基氢氧化铵）

第4章

BiSFET	bilayer pseudospin field effect transistor（双层赝自旋场效应晶体管）
MOSFET	metal oxide semiconductor field effect transistor（金属氧化物半导体场效应晶体管）
GNR	graphene nanoribbon（石墨烯纳米带）
CMOS	complementary metal oxide semiconductor（互补型金属氧化物半导体）
RF	radio frequency（射频）
THz	Terahertz（太赫兹）
SO	spin orbit（自旋轨道）

STTRAM	spin torque transfer random access memory（自旋扭矩传递随机存取存储器）

第 5 章

DIBL	drain induced barrier lowering（漏致势垒降低）
FET	field effect transistor（场效应晶体管）
MOS	metal oxide semiconductor（金属氧化物半导体）
ITRS	international technology roadmap for semiconductors（国际半导体技术蓝图）
SWB	spin wave bus（自旋波总线）

第 6 章

AES	Auger electron spectroscopy（俄歇电镜）
AFM	atomic force microscope（原子力显微镜）
ARPES	angle resolved photoemission spectroscopy（角分辨光电子发射谱）
FET	field effect transistor（场效应晶体管）
IFL	interfacial layer(界面层)
LEED	low energy electron diffraction（低能电子衍射）
QHE	quantum Hall effect（量子霍尔效应）
STM	scanning tunneling microscope（扫描隧道显微镜）
TEM	transmission electron microscope（透射电子显微镜）
UHV	ultra high vacuum（超高真空）
XPS	X-ray photoemission spectroscopy（X 射线光电子谱）

第 7 章

APCVD	atmospheric pressure CVD（常压化学气相沉积）
CVD	chemical vapor deposition（化学气相沉积）
FET	field effect transistor（场效应晶体管）
LEED	low energy electron diffraction（低能电子衍射）
PDMS	poly dimethoxy silane（聚二甲氧基硅烷）
PMMA	poly methyl methacrylate（聚甲基丙烯酸甲酯）
SLG，BLG，TLG	single-layer graphene，bilayer graphene，trilayer graphene(单层石墨烯,双层石墨烯,三层石墨烯）
STM	scanning tunneling microscope（扫描隧道显微镜）
TEM	transmission electron microscope（透射电子显微镜）

第 8 章

AFM	atomic force microscope（原子力显微镜）
CCG	chemically converted graphene（化学转换石墨烯）
DMF	N,N-dimethylformamide（N,N-二甲基甲酰胺）
EFTEM	energy filtered transmission electron microscope（能量过滤透射电子显微镜）
GIC	graphite intercalation compounds（石墨层间化合物）
GO	graphene oxide（石墨烯氧化物）
GONR	graphene oxide nanoribbon（石墨烯氧化物纳米带）
NMP	N-methyl-2-pyrrolidone（N-甲基 1,2-吡咯烷酮）
NMR	nuclear magnetic resonance（核磁共振）
ODCB	ortho-dichlorobenzene（邻二氯苯）
SDBS	sodium dodecylbenzene sulfonate（十二烷基苯磺酸钠）
STM	scanning tunneling microscope（扫描隧道显微镜）
SWCNT/ MWCNT	single-wall carbon nanotube/multi-wall carbon nanotube（单壁碳纳米管/多壁碳纳米管）
TBA	tetrabutylammonium hydroxide（氢氧化四丁基铵）
TEG	thermally expanded graphite（热膨胀石墨）
TEM	transmission electron microscope（透射电子显微镜）
THF	tetrahydrofuran（四氢呋喃）
VRH	variable range hopping（变程跳跃）
XPS	X-ray photoelectron spectroscopy（X 射线光电子谱）
XRD	X-ray diffraction（X 射线衍射）

第 9 章

AFM	atomic force microscope（原子力显微镜）
Al_2O_3	aluminum oxide（三氧化二铝）
ALD	atomic layer deposition（原子层沉积）
AlN	aluminum nitride（氮化铝）
CH_3	methyl（甲基）
CH_4	methane（甲烷）
CMOS	complementary metal oxide semiconductor（互补型金属氧化物半导体）
C-V	capacitance-voltage（电容-电压）
CVD	chemical vapor deposition（化学气相沉积）
DI	deionized（去离子）

EG	epitaxial graphene（外延石墨烯）
FET	field effect transistors（场效应晶体管）
GHz	Gigahertz（千兆赫,吉赫兹）
H_2O_2	hydrogen peroxide（过氧化氢,双氧水）
HF	hydrofluoric acid（氢氟酸）
HfC	hafnium carbide（碳化铪）
$HfCl_4$	hafnium tetrachloride（四氯化铪）
HfO_2	hafnium oxide（二氧化铪）
High-κ	high dielectric constant（高 κ,高介电常数）
HOPG	highly-oriented pyrolytic graphite（高定向热解石墨）
NH_4O_4	ammonium hydroxide（氢氧化铵）
NO_2	Nitrous oxide（二氧化氮）
O_3	Ozone（臭氧）
OH	hydroxyl（羟基,氢氧根）
PGMEA	propylene glycol monomethyl ether acetate（丙二醇单甲醚乙酸酯）
PTCA	perylene tetracarboxylic acid（苝四羧酸）
SC1	standard clean 1（标准清洁1）
SEM	scanning electron microscopy（扫描电镜）
SiC	silicon carbide（碳化硅）
SiO_2	silicon dioxide（二氧化硅）
Ta_2O_5	tantalum oxide（氧化钽）
TEM	transmission electron microscope（透射电子显微镜）
TiO_2	titanium dioxide（二氧化钛）
TMA	Trimethylaluminum（三甲基铝）
UHV	ultra high vacuum（超高真空）
V_{Dirac}	Dirac voltage（狄拉克电压）
wt%	weight percentage（质量分数）
XPS	X-ray photoelectron spectroscopy（X 射线光电子谱）

内 容 简 介

本书从回顾传统 Si 基 MOS 器件的发展历程出发,结合半导体材料和器件的最新成果,分析了碳基纳米器件巨大的应用潜力,详细阐述了目前碳基石墨烯纳米材料和器件方面的理论研究与实践成果,预测了碳基器件可能的发展方向。原著者由浅入深地论述了石墨烯材料的基本物理性质以及部分电子器件的物理原理,系统介绍了石墨烯材料的各种生长方法以及不同产品的性质差异,详细梳理了器件功能设计与材料制造工艺之间的可能优化组合,完整构建了石墨烯电子器件的知识体系。

本书对于高等院校新材料与器件相关专业的本科生、研究生、高校教师具有很好的参考价值。同时,本书对于从事相关领域研究工作的科研人员、工程技术人员也具有很好的指导意义。

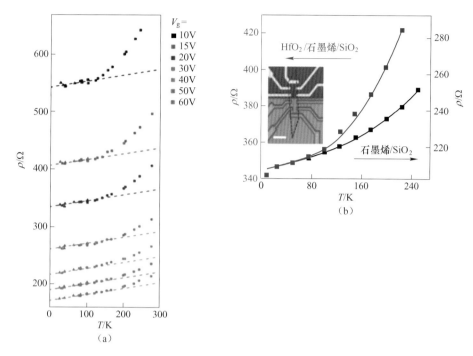

图 2.4 石墨烯电阻率与温度的关系。(a)不同背栅电压下 SiO_2 衬底石墨烯样品的电阻率与温度的关系(引自文献[16])。(b)SiO_2 衬底石墨烯样品的下半部被 HfO_2 薄膜覆盖时的电阻率。$n = 3 \times 10^{12} cm^{-2}$,比例尺为 $5\mu m$。由于 HfO_2 薄膜 ROP 散射的作用,被 HfO_2 薄膜覆盖部分的电阻率随着温度增加更明显(引自文献[17])

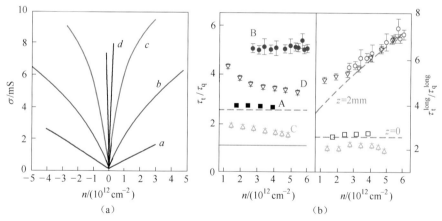

图 2.5 石墨烯中电导率随电子密度的变化以及两种散射时间的比例。(a)SiO_2 上(曲线 a 和 b)、h-BN 上(曲线 c)以及悬空(曲线 d)石墨烯中电导率随载流子密度(电子为正)的变化。样品 $a \sim d$ 中的场效应迁移率分别为 $4400 cm^2 \cdot V^{-1} \cdot s^{-1}$、$14500 cm^2 \cdot V^{-1} \cdot s^{-1}$、$60000 cm^2 \cdot V^{-1} \cdot s^{-1}$ 和 $230000 cm^2 \cdot V^{-1} \cdot s^{-1}$。曲线 a 和 b 引自文献[29],曲线 c 由 Cory Dean 提供,曲线 d 由 Kirill Bolotin 提供。(b)τ_t/τ_q(左图)及其长程部分(右图)随载流子密度的函数(引自文献[29]© 2009 美国物理学会)

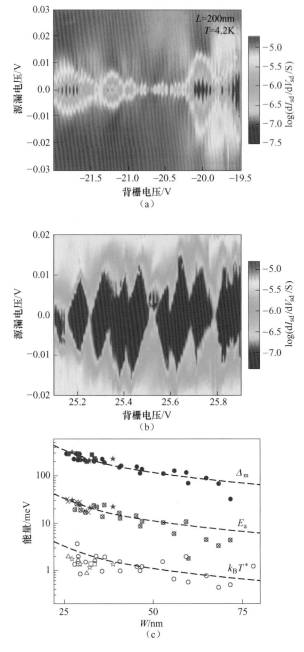

图 2.7 石墨烯纳米带中的输运性质。(a),(b)微分电导随着源漏电压和背栅电压变化的伪色图。条带宽30nm,长200nm。图中显示了由库仑阻塞引起的振荡(引自文献[69])。(c)长 GNR 中一些特征能量参数随条带宽度的变化(引自文献[68]© 2010 美国物理学会)

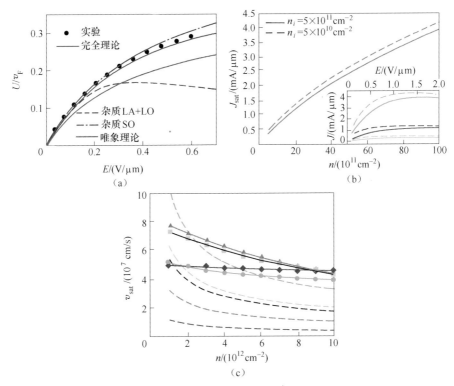

图 2.13　高偏压下石墨烯晶体管中电流饱和的机制。(a)在 SiO_2 背栅石墨烯器件中,漂移速度的测量值和计算值随源漏电场的变化关系图。载流子密度为 $n=2.1\times10^{12}\ cm^{-2}$。数据只能由包括 SiO_2 衬底的表面光学声子解释。(b)在两个库仑杂质密度下饱和电流密度与载流子密度的函数关系。插图显示,三个载流子密度 n(从上到下)分别为 $1\times10^{13}\ cm^{-2}$、$2\times10^{12}\ cm^{-2}$ 和 5×10^{11} cm^{-2} 时的 I-V 曲线。干净样品中 I-V 曲线在低电场下饱和(引自文献[107])。(c)室温下不同衬底上石墨烯中饱和速度随载流子密度的关系。●—无衬底,○—BN,■—SiC,▲—SiO_2 衬底,◆—HfO_2,虚线为瞬时发射模型的预测(引自文献[108]© 2010 美国物理学会)

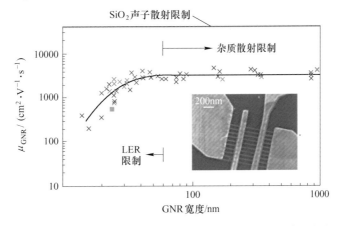

图 3.5　GNR 迁移率与 GNR 宽度的关系。当 $W<60$ nm 时,尺寸的大小看似降低了 GNR 的迁移率;当 $W>60$ nm 时,迁移率受限于杂质散射。插图为每对电极间设置 10 条 GNR 的 SEM 图(授权复制于文献[31]© 2007 IEEE)

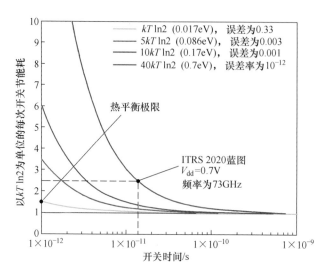

图4.2 不同能量间隔下(不同错误率)能耗随开关时间变化的曲线。随着开关频率的增加,能耗是呈指数增加的,且在32GHz以上时的能耗主要源于动态贡献(经许可引自文献[2]© 2009 IEEE)

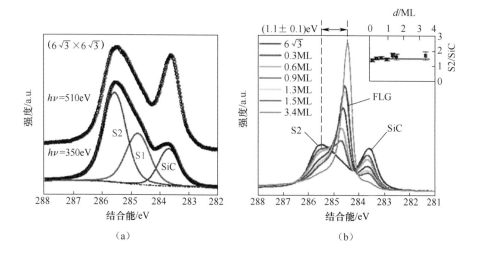

(a)

(b)

图6.7 (a)在(0001)6H-SiC上 $6\sqrt{3}$ 重构的 XPS C 1s 核心级谱,包括 S1、S2 和 SiC 的衍生峰;(b) 厚度一直到 3.4ML 的石墨烯的生长的 C 1s 核心级谱的演化,插图展示了在 $h\nu=510\text{eV}$ 时,S2 和 SiC 的比率与厚度的函数关系(经许可引自文献[49]© 2008 美国物理学会)

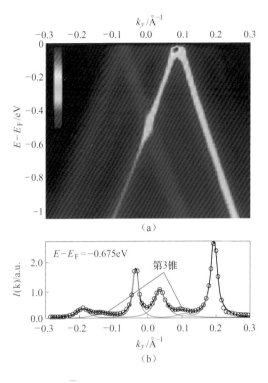

(a)

(b)

图 6.14 （a）在 6H-SiC(0001) 面上生长的 11 层石墨烯薄膜能带结构的 ARPES
测量。ARPES 的分辨率在 $h\nu = 30\text{eV}$ 下设置为 7meV。样品温度为 6K。在 K 点
时，k_y 方向的扫描垂直于 SiC(1010) 方向。两个线性的狄拉克锥很容易看到。（b）
色散曲线在 $BD = E_F - 0.675\text{eV}$ 处显示出第 3 个淡锥。重实线为 6 个洛伦兹线形
（细实线）的拟合线（经许可引自文献［76］ⓒ 2009 美国物理学会）

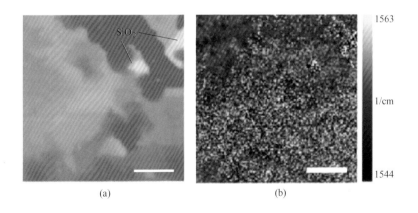

(a)   (b)

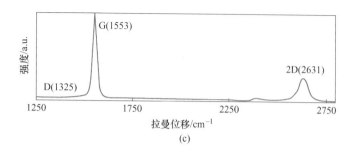

图 7.7　在 Ni 上生长的石墨烯中^{12}C 和^{13}C 的分布。(a)以 Ni 为衬底生长的石墨烯薄
膜表面的光学图像;(b)在图(a)表面区域中的 G 带频率图,G 带频率在图中区域均匀
分布,这就意味着碳同位素在石墨烯薄膜表面均匀分布;(c)图(a)区域的拉曼谱(引
自文献[30]© 2009 美国化学学会)

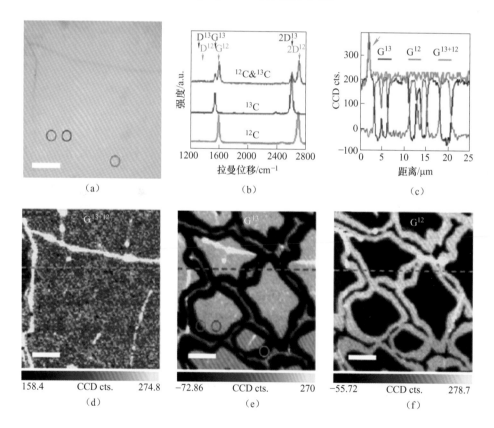

图 7.8　在 Cu 上生长的石墨烯表面^{12}C 和^{13}C 的分布。(a)Cu 上石墨烯表面的光学图像;
(b)石墨烯中^{13}C(中间曲线)、^{12}C(下曲线)以及^{12}C 和^{13}C 结合部(上曲线)的拉曼光谱;(c)根
据^{13}C(G^{13} = 1500~1560 cm^{-1})、^{12}C(G^{12} = 1560~1620 cm^{-1})以及两种都存在情况(G^{13+12} = 1500~
1620 cm^{-1})得出的 G 带信号的拉曼强度在图(e)、(f)和(d)中虚线上的分布。图(a)圆圈标记的表
面区域中(d)G^{13+12}、(e)G^{13}以及(f)G^{12}的综合强度图(引自文献[30]© 2009 美国化学学会)

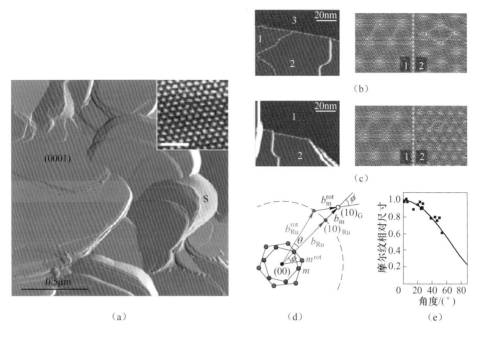

图 7.23 (a)SiO_2 上生长的多晶 Ru 薄膜形貌的 STM 图像($V = +0.4V$, $I = 0.2nA$)。插图显示高倍放大的石墨烯/Ru 摩尔纹图案(比例尺:10nm)。(b),(c)不同 Ru 晶粒以及它们边界的摩尔纹图案的 STM 图。(d)固定石墨烯旋转角,通过 Ru 格子的旋转得到的摩尔纹图案的倒易表示。(e)固定石墨烯旋转角,摩尔纹的相对尺寸与 Ru 格子旋转角的关系。右边图给出了由于晶粒不同的面内取向导致的 Ru 格了的面内旋转角,从而引起波纹突变的模型。假设连续的石墨烯晶片连接了不同取向的相邻 Ru 晶粒,曲线代表了摩尔纹取向和尺寸之间的理论关系(经许可引自文献[12])

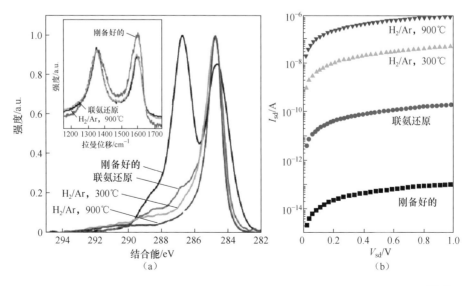

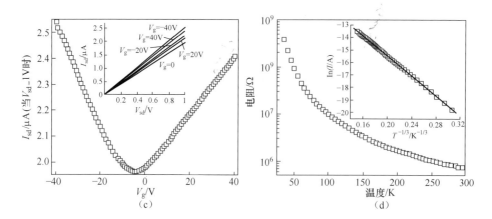

图 8.14　GONR 的还原和电学测试。(a)C 1s XPS 和拉曼谱(插图);(b)不同还原程度纳米带的对数 I-V 曲线;((c),(d))900℃下 Ar/H₂ 还原的单层 GNR 的电子性质;(c)双极电场效应;(d)GNR 的典型温度与电阻的相关性。图(c)中室温源漏电流 I_{sd} 和栅压的关系为 V_{sd} = 1V 时宽 257nm、源漏跨度 610nm 的 GNR 电子器件的结果。插图显示的是该器件在不同栅压下的 I_{sd}-V_{sd} 曲线。图(d)给出的是 w= 347nm 、l=520nm 时 GNR 的温度-电阻关系。插图为在 V_{sd}=1V 时,用该数据画出的电流对数与 $T^{-1/3}$ 的关系;方块表示实验数据,直线是线性拟合的。

图(a)、(b)转载自文献[91],图(c)、(d)转载自文献[93]

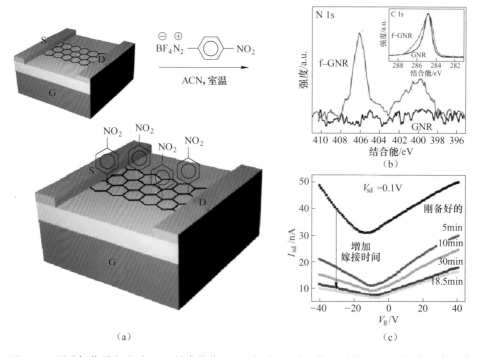

图 8.15　用重氮化学方法对 GNR 的官能化。(a)拥有 4-硝基苯基团的 GNR 器件化学官能化的示意图。用铂做源(S)极和漏(D)极的电子器件在 Si/SiO₂ 衬底上合成;用 p 型重掺杂 Si 作为背栅。(b)官能化 GNR 和刚备好的 GNR 的 N 1s 和 C 1s XPS 谱线。(c)在 V_{sd}=0.1V 时该 GNR 器件经过几次连续嫁接实验后的 I_{sd}-V_g 曲线,数字标注了总的嫁接时间(引自文献[94])